国家自然科学基金项目(51874231、51504184)资助
2017年陕西省"特支计划"青年拔尖人才资助
973计划前期研究专项(2014CB260404)资助
国家重点基础研究发展计划(973计划)项目(2015CB251600)资助
西部地区博士后人才资助计划(2015M572654XB)资助
陕西省博士后科研项目(2016BSHEDZZ29)资助

急倾斜坚硬特厚煤岩体耦合致裂基础研究

崔　峰　来兴平　著

中国矿业大学出版社

内 容 简 介

复杂条件下特厚煤层综放开采的关键是提高顶煤冒放性,降低煤岩体应力集中。本书以复杂环境下急倾斜煤岩体的耦合致裂为背景,采用理论分析、岩石力学实验、数值模拟、神经网络、现场监测和工业试验相结合的方法开展研究,在揭示急倾斜煤岩体覆岩运移规律及致灾机制的基础上,研究了复杂煤岩体注(水)后爆(破)耦合致裂增透卸压机制,并给出了耦合致裂技术实施时裂纹的扩展准则。构建了考虑急倾斜煤岩体应力特征的爆破动载作用下固-液耦合分析模型,建立了耦合致裂参数与煤体整体强度劣化程度的量化关系,掌握了离散化块体间的铰接结构及流动形态演化特征,形成了基于时-空-强参数等效转化的综合数值计算与分析方法。以煤岩体整体的强度为等效转化指标,实现了研究对象在不同算法间的等效转化。制定了提高煤体冒放性和实现岩体卸压的耦合致裂方案,完成了复杂环境下煤岩体耦合致裂工艺设计与效果评估,顶煤的冒放性和动力灾害问题均得到了较好的控制和解决。

本书可供采矿工程、矿业工程、岩石力学、工程力学等专业的工程技术人员学习使用,也可作为矿业类大专院校相关专业本科生和研究生的教学参考用书。

图书在版编目(CIP)数据

急倾斜坚硬特厚煤岩体耦合致裂基础研究/崔峰,来兴平著. —徐州:中国矿业大学出版社,2018.9

ISBN 978 - 7 - 5646 - 4070 - 5

Ⅰ. ①急… Ⅱ. ①崔… ②来… Ⅲ. ①特厚煤层采煤法—岩体力学—研究 Ⅳ. ①TD823.25

中国版本图书馆 CIP 数据核字(2018)第 180315 号

书　　名	急倾斜坚硬特厚煤岩体耦合致裂基础研究
著　　者	崔　峰　来兴平
责任编辑	黄本斌
出版发行	中国矿业大学出版社有限责任公司
	(江苏省徐州市解放南路　邮编221008)
营销热线	(0516)83885307　83884995
出版服务	(0516)83885767　83884920
网　　址	http://www.cumtp.com　E-mail:cumtpvip@cumtp.com
印　　刷	徐州中矿大印发科技有限公司
开　　本	787×1092　1/16　印张16.25　字数410千字
版次印次	2018年9月第1版　2018年9月第1次印刷
定　　价	40.00元

(图书出现印装质量问题,本社负责调换)

前　言

  在全国范围内,厚煤层(3~5 m及以上)的储量及其对应的产量都达到了45%左右。20世纪90年代以来,厚煤层、特厚煤层放顶煤开采方法作为煤炭资源开采的有效方法在国内得到了广泛的应用,在合适的地质条件下取得了良好的经济、技术效果。放顶煤开采的高产高效与煤层的冒放性密切相关,煤层的坚硬、难以破碎垮放特性一直是制约综放开采的主要难题。特别是在煤层和顶板岩层均坚硬的条件下,除了顶煤的冒放性得到抑制外也增加了顶板岩层发生动力灾害的可能性,因此实现厚煤层放顶煤工作面在"两硬"条件下的高产高效的问题越来越突出。

  复杂条件下特厚煤层综放开采的关键是提高顶煤冒放性、降低煤岩体应力集中。注水和爆破作为致裂煤岩体有效的手段得到了广泛使用。煤岩体结构及其材质的天然复杂性导致煤岩体耦合致裂问题是一个涉及煤/岩-裂隙-水-爆生气体多介质互相作用的复杂过程。研究固-液耦合体的耦合致裂机制、效果优化和煤体离散化的微观参数制取等有着重要的科学意义和工程应用价值。

  新疆是我国批建的第14个也是目前最后一个亿吨大型煤炭基地,预测储量2.19万亿t,占全国的39.3%,是我国重要的能源基地接替区和战略储备区。随着东部及中部煤炭资源的枯竭,以后新疆则将逐渐转为生产区,实现"疆煤东运"。新疆地处欧亚大陆腹地,在全球构造带中处于古亚洲构造域的核心,煤炭资源丰富,但是其自身由于身处构造的核心,造成了新疆地区煤炭资源的赋存环境属性、应力水平与东部地区迥异,且赋存着大量的厚及特厚煤层。如支撑着乌鲁木齐周边地区煤炭供应近50%的市场、约占新疆维吾尔自治区内煤炭总产量10%的乌鲁木齐矿区,矿区赋存的独具特色的四个急倾斜特厚煤层组平均厚度分别达到了30 m、44 m、52 m和35 m;"疆煤东运"煤炭资源勘查开发的主战场——沙尔湖煤田,新疆地矿局第一地质大队多次在沙尔湖煤田勘查区发现厚度超百米的煤层区域。可以说研究乌鲁木齐矿区有代表性的急倾斜特厚煤层放顶煤开采,奠定未来"疆煤东运"主战场中特厚煤层科学、高效开采的基础既具有现实意义又具有前瞻性,也是促进新疆经济发展和矿区经济社会整体安全与稳定的需要。

  本书以复杂环境下急倾斜特厚坚硬煤岩体的耦合致裂为背景,在揭示急倾斜煤岩体覆岩运移规律及致灾机制的基础上,研究了复杂煤岩体注(水)后爆(破)耦合致裂增透卸压机制,构建了考虑急倾斜煤岩体应力特征的爆破动载作用下固-液耦合分析模型,掌握了离散化块体间的铰接结构及流动形态演化特征,形成了基于时-空-强参数等效转化的综合数值计算与分析方法。以煤岩体整体的强度为等效转化指标,实现了研究对象在不同算法间的等效转化。制定了提高煤体冒放性和实现岩体卸压的耦合致裂方案,完成了复杂环境下煤岩体耦合致裂工艺设计与效果评估,顶煤的冒放性和动力灾害问题均得到了较好的控制和解决,在实践中取得了良好的应用效果,丰富了坚硬、特厚煤岩体高效致裂及资源高回收的理论与技术基础。

　　全书共十章,由来兴平负责完成全书章节的结构设计,崔峰负责全书内容的撰写。本书是作者结合多年主持的国家和省级相关项目研究成果及讲授"岩石力学"、"开采损害学"、"计算机工程应用"等课程内容的系统凝练,可供采矿工程、岩石力学、工程力学等专业的工程技术人员学习使用,也可作为矿业类高等院校相关专业本科生和研究生的教学参考用书。

　　由于作者水平所限,书中如有偏颇与不妥之处,敬请广大专家、学者指正。

作　者

2017 年 8 月

目　　录

第一篇　急倾斜坚硬特厚煤岩体物理力学特性与围岩运移规律

第二篇　煤岩体耦合致裂机制

第一篇　急倾斜坚硬特厚煤岩体物理力学特性与围岩运移规律

1 绪 论

　　煤炭作为我国经济和社会发展的主体能源的地位不可动摇,立足国内与当地是煤炭能源开发最为重要的战略之一,特别是在石油、天然气对外依存度已处于高位并进一步增长的态势下。我国石油对外依存度从 2002 年的 32.81% 开始飙升,尤其自 2009 年突破国际公认的 50% 警戒线以来仍不断升高,对外依存度从 2014 年的 59% 逐渐超过 60%,2015 年增加至 60.6%,2016 年达到 64.4%。2017 年我国国内石油净进口量约为 3.96 亿 t,对外依存度达到 67.4%。2015~2017 年这三年的时间,我国石油进口量在对外高依存度保持高位的情况下仍旧增长了 6.8 个百分点,成为全球最大的石油进口国,这表明我国的石油进口风险敞口也越来越大。按照此速度,2022 年我国石油对外依存度预计将达到 81%。与此同时,2007 年我国成为天然气净进口国,2014 年对外依存度已达 32.2%,形成了与 2002 年石油进口相似的局面。进入供暖季以后,由于煤改气成果显著,天然气供需矛盾再次凸显,2017年我国天然气对外依存度高达 39%,比 2014 年增长了 6.8 个百分点。按照此速度,2022 年我国天然气对外依存度将达到 50%。届时,石油、天然气两大能源对外依存度均分别达到81% 和 50%,随着全球地缘政治变化,国际能源需求增加和资源市场争夺加剧,我国能源安全形势严峻。海关数据显示,2013 年我国煤炭进口量达 3.3 亿 t,居世界首位,对外依存度为 8.65%,而 2012 年我国煤炭进口依存度为 7.11%,2017 年我国煤及褐煤进口量为 27 090万 t,对外依存度仍保持在 7.87%。煤炭作为化石能源中污染较大的品种,虽然在雾霾、环保面前要求煤矿限产、减产的呼吁不断出现,但在纷繁复杂的国际形势变化之下,煤炭的对外依存度如果与石油、天然气同样持续攀升,对于能源安全的稳定是非常不利的。

　　谢克昌院士在中国工程院重大咨询项目"推动能源生产和消费革命战略研究(一期)"成果发布会暨出版物首发仪式中明确提出了我国能源革命的战略目标,设计为"三大发展阶段"[1-2]:2020 年前为能源结构优化期,主要是煤炭的清洁高效可持续开发利用,淘汰落后产能,提高煤炭利用集中度,到 2020 年煤炭、油气、非化石能源消费比例达 6:2.5:1.5;2020年到 2030 年间为能源领域变革期,主要是清洁能源尤其是可再生能源替代煤炭战略,2030年煤炭、油气、非化石能源消费比例达 5:3:2;2030 年到 2050 年为能源革命定型期,形成"需求合理化、开发绿色化、供应多元化、调配智能化、利用高效化"的新型能源体系,2050 年煤炭、油气、非化石能源消费比例达 4:3:3。可以看出,煤炭消费占我国一次能源消费的比重在未来 30 多年中虽然比重将逐步减少,但大部分时间仍然是我国占比最大的一次能源,在 2050 年煤炭消费比例仍将达到我国能源消费总量的 40%。可以说煤炭是占据我国一次能源消费主体地位的能源品种,实现煤炭的稳产、清洁高产在我国现阶段乃至未来 20年内对经济和社会发展以及能源安全都具有积极的现实意义[3]。

　　在全国范围内,厚煤层(3~5 m 及以上)的储量及其对应的产量都达到了 45% 左右。20 世纪 90 年代以来,厚煤层、特厚煤层放顶煤开采方法作为煤炭资源开采的有效方法在国内得到了广泛的应用,在适合的地质条件下取得了良好的经济、技术效果[4-6]。放顶煤开采的高产高效与煤层的冒放性密切相关,煤层的坚硬、难以破碎垮放特性一直是制约综放开采的主要难题。特别是在煤层和顶板岩层均坚硬的条件下,除了顶煤的冒放性得到抑制外也增加了顶板岩层发生动力灾害的可能性,因此实现厚煤层放顶煤工作面在两硬条件下的高产高效越来越突出。

新疆是我国批建的第 14 个也是目前最后一个亿吨大型煤炭基地,预测储量 2.19 万亿 t,占全国的 39.3%,是我国重要的能源基地接替区和战略储备区。随着东部及中部资源的枯竭,新疆以后则将逐渐转为生产区,实现"疆煤东运"。

新疆地处欧亚大陆腹地,在全球构造带中处于古亚洲构造域的核心,煤炭资源丰富,但是其自身由于身处构造的核心,造成了新疆地区煤炭资源的赋存环境属性、应力水平与东部地区迥异,且赋存着大量的厚及特厚煤层。如支撑着乌鲁木齐周边地区煤炭供应近 50%的市场、约占新疆维吾尔自治区内煤炭总产量 10%的乌鲁木齐矿区,矿区赋存的独具特色的四个急倾斜特厚煤层组平均厚度分别达到了 30 m、44 m、52 m 和 35 m;"疆煤东运"煤炭资源勘查开发的主战场——沙尔湖煤田,新疆维吾尔自治区地质矿产勘查开发局第一地质大队多次在沙尔湖煤田勘查区发现厚度超百米煤层区域。

需要注意的是,我国西北赋煤区的倾斜和急倾斜煤层占到 60%左右,新疆 1 000 m 以浅潜在资源量占西北赋煤区的 61%(图 1-1),仅神华新疆能源有限责任公司开采的乌鲁木齐矿区急倾斜煤层低硫低灰高发热量煤炭储量即达到 36 亿 t(图 1-2)。

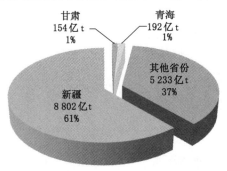

图 1-1　西北赋煤区 1 000 m 以浅潜在资源量(2010 年全国煤炭资源潜力评价)

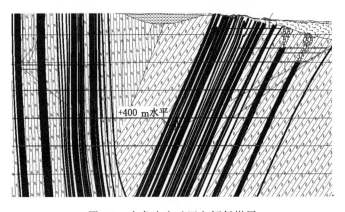

图 1-2　乌鲁木齐矿区急倾斜煤层

可以说研究乌鲁木齐矿区有代表性的急倾斜特厚煤层放顶煤开采,奠定未来"疆煤东运"主战场中特厚煤层科学、高效开采的基础既具有现实意义又具有前瞻性,也是促进新疆经济发展和矿区经济社会整体安全与稳定的需要。急倾斜特厚煤层高阶段综放开采是建设高产高效矿井、充分回收煤炭资源的重要手段。在特厚煤层的赋存条件及未来转向深部开采的形势下,攻克顶煤冒放性、煤岩体应力集中造成动力灾害的关键技术,对实现特厚煤层开采的安全高效具有科学性、必要性和现实性。

急倾斜坚硬特厚煤层开采扰动区内煤体及顶板运移规律复杂,高阶段煤体的弱化、顶煤与顶板的安全垮放是难题。急倾斜坚硬特厚煤层,不容易垮落,因此开采与顶煤弱化的措施不能够使煤体与顶板发生直接的失稳与破坏,从而导致大面积顶板处于悬空状态,在达到煤岩承载能力的极限时突然垮落,这给生产带来了极大的安全隐患。成功的实现急倾斜特厚煤层及岩体的致裂,提高顶煤冒放性、降低煤岩体应力集中是综放开采问题的关键,无论是对于急倾斜煤层还是对于一般倾斜及缓倾斜煤层都有着巨大的推广价值。

2 急倾斜特厚煤层群赋存及煤岩物理力学特性

2.1 急倾斜煤层赋存特征

乌鲁木齐矿区位于乌鲁木齐河与铁厂沟河之间,全矿区东西走向长 20 km,南北倾斜宽 2～3 km,面积 51.2 km²。矿区内自西向东分布有六道湾井田、苇湖梁井田、碱沟井田、小红沟井田、大洪沟井田和铁厂沟井田。

矿区含煤地层为中生界侏罗系中统西山窑组,地层总厚 513.77～902.9 m,含煤 40 余层,可采煤层 33 层,可采总厚度 117.05～175.45 m,含煤系数 15%～24.1%。煤层走向 46°～67°,倾向 322°～335°(铁厂沟煤矿倾向 157°),倾角 63°～88°(铁厂沟煤矿倾角 43°～51°)。

根据矿区煤层厚度、层位、层间距划分为四个煤组,第一煤组由 B_{1+2} 煤层(铁厂沟煤矿煤层编号为 45#)组成,平均厚度 30 m;第二煤组由 B_3、B_{4+6} 煤层(铁厂沟煤矿煤层编号为 43#、42#)组成,平均厚度 44 m;第三煤组由 B_7～B_{22} 煤层组成,薄、中厚煤层,厚 1.33～3.96 m,平均总厚度 52 m;第四煤组由 B_{23}～B_{33} 煤层组成,薄、中厚煤层,厚 0.87～3.00 m,平均总厚度 35 m。一煤组与二煤组间距为 60～90 m,二煤组与三煤组间距为 95～119 m,三煤组与四煤组间距为 23～45 m,三煤组和四煤组是急倾斜近距离煤层群。

井田内中侏罗统西山窑组下段(J_2x^1)中自上而下赋存的主要可采煤层有 B_{1+2}、$B_{3+4+5+6}$ 巨厚煤层。$B_{3+4+5+6}$ 煤层存在直接顶板、伪顶板及基本顶板,两层煤平均间距达到 82.57 m,其间多为粉砂岩,B_{1+2} 煤层发育有直接顶板及直接底板,伪顶板及伪底板或基本顶板,个别钻孔揭露该煤层的基本底板。依据中侏罗统西山窑组下段含煤岩系沉积结构、地质构造、水文地质条件,比较岩石物理力学测试结果发现:井田内煤层顶底板及围岩的稳定性一般为稳固性差类型。煤层顶底板岩性以粉砂岩、细砂岩、泥岩为主,以碳质泥岩次之,作为伪顶(伪底)的碳质泥岩,其抗压强度多小于 30 MPa,结构面多为层理面,虽然厚度不大,但岩性交替频繁。

乌鲁木齐矿区位于准噶尔盆地南缘地震带上,地震活动较为频繁,近年几乎均有小规模地震发生。据新疆地震局发布的资料,自 1934 年以来,邻近区域已发生大于 Ms 4.7 级的中强震 6 次,小的地震经常发生。本区是新疆地震多发区之一,其地震动峰值加速度为 0.20g,地震抗震设防烈度为 8 度。在工作面设计及开采中应注意加强支护强度,提升对抗地震及动力灾害的能力。

2.2 急倾斜煤层顶底板特征

矿井煤层顶底板的地质特征概况如表 2-1 所列。

表 2-1 煤层顶底板特征

顶底板名称	岩石名称	厚度/m	岩性特征
基本顶	粉砂岩	—	灰色,块状、节理较发育,泥钙质胶结
直接顶	粉砂岩	7.0~10.0	深灰色,块状,层理节理发育,泥钙质胶结
伪顶	碳质泥岩	0.2~1.0	黑色、灰黑色,薄层状,易破碎
直接底	碳质泥岩及泥质粉砂岩	2.5~3.0	灰色、灰白,层理节理发育,泥钙质胶结
基本底	粉砂岩	—	深灰色,块状,钙质胶结,稳定性好

2.3 急倾斜煤层物理力学特性

对于具体矿井而言,动力灾害事故是否会发生与煤岩层的物理力学性质有密切的关系,甚至可以说,煤岩层的物理力学性质从根本上决定了动力灾害的发生与否。对动力灾害事故的发生有显著影响的因素包括煤岩体的厚度、强度、弹脆性等。

(1) 煤层性质

单从煤层性质来看,厚度大、坚硬、弹脆性较好的煤层在回采过程中更容易引发冲击事故。特别在"两硬"(坚硬顶板、坚硬底板)条件下,煤层厚度与硬度决定了煤体中应力的分布状况。研究发现,"两硬"条件下随煤层厚度的减小,煤岩体中产生的应力集中程度将增大;随煤层硬度的增加,煤岩体中最大垂直应力也将增大。

对比分析国内发生过动力灾害的部分矿井煤层力学性质,煤层抗压强度在 12~22 MPa 之间,煤层弹脆性为脆性或较脆。乌东煤矿南采区赋存环境为"两硬"条件,且煤层抗压强度为 13.7 MPa,坚固性系数 $f=1.4$,属于坚硬特厚煤层,具有产生应力集中的条件。乌东煤矿南采区煤层力学性质如表 2-2 所列。

表 2-2 乌东煤矿南采区煤层力学性质

矿井	抗压强度/MPa	坚固性系数(f)	弹性模量/MPa	泊松比	弹脆性
乌东煤矿	13.7	1.4	2 400	0.19	较脆

针对乌东煤矿南采区煤层性质,采用放顶煤开采方法,提高阶段煤层厚度将有利于降低动力灾害发生的概率,回采过程中可通过煤层注水、松动爆破等手段降低煤层坚硬程度,以利于防止动力灾害事故的发生。

(2) 岩层性质

研究发现,在相同的采深条件下,较为坚硬的岩层中更容易储存弹性能,具有坚硬顶板的煤层更容易诱发动力灾害事故。实践证明,破坏程度大的动力灾害事故往往发生在顶板中赋存坚硬厚层砂岩的煤层中。急倾斜煤层层间岩柱作为 B_{1+2} 煤层的顶板与 B_{3+6} 煤层的底板,其岩性和稳定性与煤层安全回采息息相关。为掌握急倾斜岩柱岩性及裂隙发育程度,借助地表岩柱爆破大尺寸钻孔,运用三维钻孔电视对岩柱孔壁裂隙进行三维探测。如图2-1所示。

探测结果表明:急倾斜岩柱裂隙发育不明显,结构完整,三维岩芯显示岩柱整体较为密

图 2-1　三维钻孔电视岩层探测
(a) 钻机井架；(b) 三维钻孔电视现场探测；
(c) 三维岩芯；(d) 岩芯剖面

实。地质资料显示：急倾斜煤层层间岩柱本身岩性坚硬稳定，不随采动垮落，岩体含水量贫乏，渗透性极弱。在这种条件下，完整坚硬的岩柱作为 B_{1+2} 煤层的顶板与 B_{3+6} 煤层的底板来说，都是回采过程中的一个重大的危险源。B_{1+2} 煤层回采时，岩柱作为顶板不易垮落，悬空顶板面积过大时，易引发冒顶、冲击矿压等动力灾害问题。B_{3+6} 煤层回采时，急倾斜层间岩柱已经受 B_{1+2} 煤层开采扰动的影响，产生倾斜转动趋势，使 B_3 巷道产生底鼓、帮鼓等灾害问题。

对比分析国内发生过动力灾害的部分矿井顶板岩层的物理力学性质，具有动力灾害倾向性的矿井顶板厚度均大于 10 m，有些矿井顶板厚度在 50 m 以上，顶板硬度决定了垮落性为难冒或较难垮落。乌东煤矿南采区顶板岩层物理力学性质如表 2-3 所列，可知，乌东矿顶板具有产生应力集中的条件。

乌东煤矿特殊的地质赋存状况决定了其采用水平分段综放采煤方法，这使得矿井顶板类型与近水平煤层迥异。在煤层倾角平均 87° 的情况下，煤层顶板为急倾斜特厚岩柱与上方开采垮落体综合体。从表 2-3 可以看出，顶板厚度较大（>20 m），且较难垮落。

此外乌东煤矿南采区 B_{1+2} 煤层伪顶为碳质泥岩，平均厚度为 $0.1\sim0.2$ m，直接顶为粉砂岩或砂质泥岩，厚 $0.5\sim5$ m，B_{3+6} 煤层有着与 B_{1+2} 煤层相似的伪顶与直接顶。这使得煤岩体结构形成一种"硬顶-薄软层-煤层"结构，据统计，许多具有动灾倾向性的矿井都存在这种煤岩结构特征，此种煤岩结构也是动力灾害机理的一部分。

表 2-3　　　　　　　　　乌东煤矿南采区岩层物理力学性质

矿井	顶板岩层种类	厚度/m	单轴抗压强度/MPa	弹性模量/$\times 10^4$ MPa	垮落性	超前支承压力影响范围/m
乌东煤矿南采区	粉砂岩、细砂岩	24～60	27	3.5～4.0	较难垮落	25

2.4　其他开采技术条件

乌鲁木齐矿区由于煤层赋存角度大,煤层宽度小,实际采煤工作面倾向长度就是煤层的水平宽度。为增大产量不得不通过加大放煤高度来实现,所以放顶煤开采法一直是该矿区采煤方法的主导。随着采煤机械化的发展,放煤技术也经历了落后的仓储式放煤法、中深孔爆破放煤法、滑移顶梁放顶煤法,最后发展到机械化综采放顶煤法,即水平分段综合机械化放顶煤技术。

现代放顶煤技术是从 20 世纪 80 年代中期引进、研究和发展的,在 30 m 以上的特厚煤层开采中取得了成功。放顶煤工作面采高 3.0～3.5 m,水平分段的高度在 15～30 m,由于放煤高度和硬度都大,支架上方顶煤除依靠矿山压力的作用外并辅以顶煤弱化的手段,将支架上方处于整体状态的高阶段顶煤破碎成便于流动、放出的松散体,以提高顶煤的回收率,实现急倾斜特厚煤层的安全高效开采。

根据 2013 年 3 月新疆维吾尔自治区煤炭工业管理局的批复(新煤行管发〔2013〕70号),乌东煤矿为高瓦斯矿井,瓦斯相对涌出量为 6.68 m³/t,瓦斯绝对涌出量为 26.01 m³/min,二氧化碳相对涌出量为 9.66 m³/t,二氧化碳绝对涌出量为 37.64 m³/min。依据煤层自燃倾向性鉴定报告,45# 煤层易发火,自燃倾向为二级,发火期为 3～6 个月,属易自燃煤层;根据煤尘爆炸危险性测定,45# 煤层火焰长度为火苗,属爆炸危险性煤层,具有爆炸危险性。

通过以上数据显示,工作面必须加强综采工作面安全管理,杜绝各类事故的发生。

工作面采煤方法的确定:根据国家关于煤炭安全生产的方针政策和对矿井采煤机械化程度的要求;以及整体装备水平情况确定,采煤工作面一般采用水平分层综采放顶煤采煤方法。为严格贯彻《煤矿安全规程》第一百一十五条规定,在初放完成后,工作面采取超前预爆破工艺对顶煤进行松动预裂。

(1) 采放高度

工作面分层高度为 25 m,机采 3.5 m,放顶煤 21.5 m,采放比 1∶6.1。

(2) 放煤步距

采煤机截深 0.8 m,放煤步距 1.6 m,工作面日推进 6.4 m。

(3) 落煤方式

采用 MG300/355-NWD 型短臂销轨式电牵引采煤机割煤,采高 3 m。顶煤采用超前预爆破松动自然垮落法落煤。

(4) 装运方式

采煤机割下的煤利用采煤机滚筒螺旋叶片自行装煤,两端头人工辅助装煤,并由前部刮板输送机运至转载机上;放顶煤通过操作支架尾梁和尾插板的摆动、伸缩、低位放煤至后部刮板输送机,并由后部刮板输送机运至转载机上运出。

(5)工作面工艺流程

根据工作面实际情况,回采工艺流程如下:推移前部输送机机尾或机头→斜切进刀→推前溜→割煤、装煤、运煤→拉后溜→移架→放顶煤(在满 5 刀即 4 m 后)→在距工作面煤壁30 m 起爆一排超前松动爆破孔。

2.5　本章小结

本章主要介绍了急倾斜煤层的赋存特征、煤岩物理力学参数,阐述了井田地理位置和该地区的水文地质情况,归纳了该矿区的采煤方法发展历程。借助地表岩柱爆破大尺寸钻孔,运用三维钻孔电视对岩柱孔壁裂隙进行三维探测,发现急倾斜煤层层间岩柱本身岩性坚硬稳定,不随采动垮落,岩体含水量贫乏。

3 急倾斜特厚煤层群综放工作面覆岩运移规律

3.1 急倾斜煤层顶板垮落结构研究

3.1.1 沿倾斜剖面的垮落带高度

急倾斜煤层开采过程中,随着采煤工作面走向推进,采空区顶板在上覆岩层自身重力的作用下不但产生垂直于层面的法向位移和弯曲下沉变形,还在沿层面方向上产生滑移变形。当这两种变形超过顶板岩层自身允许的最大值时,顶板便发生弯曲、破碎断裂和垮落。在这种破坏作用下,顶板上覆岩层产生弯曲带、断裂带及垮落带。并且由于岩层倾角的差异导致"三带"分布和缓倾斜情况下的高度有所不同,急倾斜煤层开采条件下各带的高度表现为下小上大逐步变化的形态。在煤层开采结束后,沿工作面倾斜方向中部和上部垮落的矸石发生下滑运动,下滑矸石对下段的未充分垮落的顶板岩层起到了一定的充填支撑作用。因此顶板下部岩层的后续垮落受到很大限制,此范围内的直接顶和上部各岩层较早地达到稳定状态。中上部岩层由于垮落后下滑,此处破碎岩石堆积较少,导致此范围内岩层的下沉空间较大,甚至发生垮落现象,从而使得该处的垮落带和断裂带的高度较之工作面下部要大。

工作面顶板上覆岩层垮落高度沿倾斜方向上位置的变化而变化这个特点,受到很多因素和条件的影响。以采煤工作面下出口位置为坐标轴的原点,记作 O,沿顶板倾斜方向建立 X 轴,沿垂直顶板方向作为顶板上覆岩层垮落高度 $\sum h$ 的轴方向,则垮落高度 $\sum h$ 随位置变化关系如图 3-1 所示。

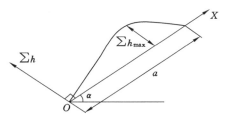

图 3-1 垮落高度 $\sum h$ 随位置 X 变化关系

顶板岩层倾角 α 的差异、顶板岩层的自身强度 R 及稳定性指数 W_z、采空区垮落矸石下滑后的充填度 C_m 和煤层开采高度 M 等因素都会影响 $\sum h$ 关系曲线的变化形态。因此,$\sum h$ 曲线可以描述为以上诸多因素的一个复合函数:

$$\sum h = f(\alpha, R, W_z, C_m, M, X) \tag{3-1}$$

对于一个具体的采煤工作面,顶板岩层倾角 α、顶板岩层的自身强度 R 及其稳定性指数

W_z 和下滑矸石充填度 C_m 等都为固定值,视为常量。则垮落高度 $\sum h$ 随位置变化关系是一个非线性函数曲线。有现场经验可以近似模拟为:

$$\sum h = kX^2 - 2akX \tag{3-2}$$

式中　k——垮落高度位置系数,大小由采煤工作面直接顶岩性、倾角、采高等实际条件决定。

这个公式直接反映了顶板岩层最大垮落高度 $\sum h_{max}$ 与垮落体处在岩层倾斜方向上的位置 a 的关系。k 值大小为:

$$k = \sum h_{max}/a^2 \tag{3-3}$$

研究表明,顶板在同等条件下,随着煤层倾角的增大,顶板岩层的最大垮落高度所处位置 a 和采煤工作面倾斜长度 L 越接近。当 $a>L$ 时,最大垮落高度所处的位置位于采煤工作面上出口位置附近。

3.1.2　工作面顶板应力分布数值模拟分析

在急倾斜煤层开采过程中,上覆岩层内部顶板悬空区,在采空区煤岩的承载能力达到极限时顶板突然间垮落,并瞬间造成地表的大面积坍塌。为了保障安全生产,需要将上水平及本水平开采形成的悬空顶板消除,首先是要摸清顶板悬空位置,然后实施放顶措施。数值模拟能按照需要直观展示力、位移等图形,利用这一特点来模拟 45°急倾斜煤层开采时顶板垮落的分布特征,以此确定实施强制放顶的区域。

FLAC³ᴰ数值计算模型根据乌东煤矿急倾斜煤层+620 m 水平西翼工作面设计,模型中水平方向代表工作面倾向,垂直方向代表埋藏深度。按照煤层赋存与开采条件,将模型从左到右依次分为基本顶、直接顶、煤层、直接底、基本底。为便于表示开采范围,将+620 m 水平和+630 m 水平用颜色区分出来,开采时将这两部分的煤层挖去并计算模拟煤层的开采,如图 3-2 所示。

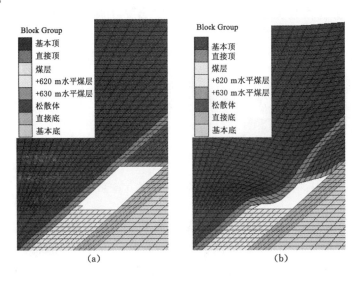

图 3-2　计算前与计算后岩层运移对比

(a) 计算前;(b) 计算后

　　图 3-3 和图 3-4 分别表示开采后垂直应力和位移的分布特征。从图 3-3 可知,工作面左部和右部出现了多层应力集中区,工作面中央出现了应力为正的"拱形"区域,反映出拱形区域的一部分岩层失去了上部岩层的悬吊作用,但大部分仍处于悬吊状态。图 3-4 中反映了工作面位移的分布特征,可以看出工作面中央上方形成了拱形的弯曲下沉梯度,工作面中央位移量最大,拱形的区域不断向上并向左、右扩展。成对角线方向的工作面南巷和上水平北巷区域的位移量较少,表明这两个区域岩层的运移受到了阻挡,结合图 3-3 应力分布特征看到的该区域处于应力集合区,分析认为该处岩层被压实,形成了坚固的拱角支撑着上覆顶板。此拱状稳定结构的支撑点主要为靠近工作附近的顶板,简称为稳定结构的"底部拱角"。拱状结构的"底部拱角"遭到破坏,拱状结构的稳定性将遭到破坏。

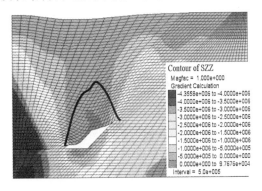 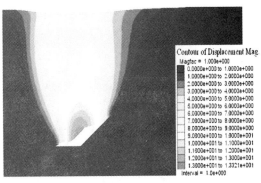

图 3-3　垂直应力分布特征　　　　　图 3-4　位移分布特征

3.1.3　急斜特厚煤层顶板运移数值计算分析

3.1.3.1　露天开采顶板垮落特征

　　为了更加直观地观察露天开采区顶板的垮落形态,煤体采用一次性开挖,如图 3-5 所示为露天开采阶段顶板的垮落特征。图 3-5(a)表明:随着煤体的全部开挖,顶板从三向受力状态转变为二向受力状态,运算初期顶板没有发生明显的变化,运算到 31 142 步时直接顶在

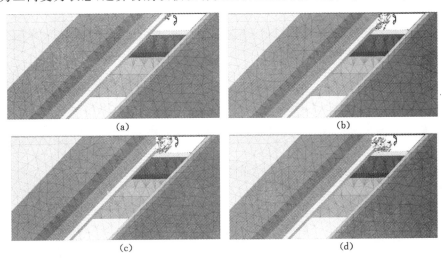

图 3-5　露天开采阶段顶板垮落特征

(a) 运算 31 142 步;(b) 运算 52 501 步;(c) 运算 101 301 步;(d) 运算 141 767 步

自身重力和上覆岩层作用力沿法向方分量作用下,直接顶开始向采空区垮落,基本顶有离层出现,顶板失稳形式表现为回转失稳。图3-5(b)表明:在运算到52 501步时直接顶已经完全垮落;随着直接顶的逐渐垮落,靠近地表的基本顶也发生了垮落。图3-5(c)表明:在运算到101 301步时顶板再次发生了大面积垮落。图3-5(d)表明:在运算到141 767步时,顶板已经基本稳定,不再发生垮落;经过露天开采扰动,顶板发生垮落的范围以及垮落后的形态和物理相似模拟基本一致。

3.1.3.2 第一分段开采顶板垮落特征

乌东煤矿在放顶煤之前,会对顶煤实施顶煤弱化措施,但由于段高的增加,上部顶煤的弱化效果随段高的增加会明显降低,很难使顶煤完全充分弱化,因此采空区就会残留一部分顶煤不会被放出,残留在采空区的顶煤阻碍了上区段采空区煤矸石的滑落,从而使"顶板-残留煤体-底板"形成一个空间。为了模拟现场采后顶板实际赋存环境,第一分段煤层不采用一次性全部开挖,而是预留5 m厚的顶煤,如图3-6所示为第一分段开采顶板的运移特征。

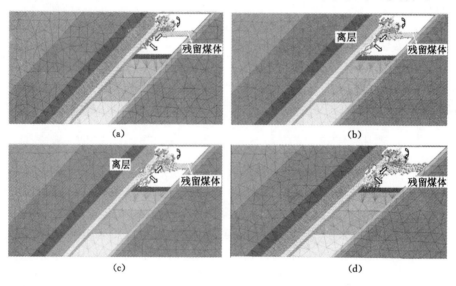

图3-6 第一分段开采顶板垮落特征

(a) 运算154 767步;(b) 运算170 767步;(c) 运算185 767步;(d) 运算203 901步

图3-6(a)表明:运算到154 767步时,由于残留煤体对上阶段采空区煤矸石的阻挡,上区段顶板没有发生明显的运移、垮落;在残留煤体的作用下,挤压失稳区顶板沿倾斜方向的直接顶中上部发生了垮落,基本顶有离层出现;在残留煤体与顶板铰接处,残留煤体也发生了垮落,因为残留煤体此处为应力集中区。

图3-6(b)表明:运算到170 767步时挤压失稳区直接顶已完全垮落;在失去挤压失稳区顶板支撑下,滑移失稳区顶板开始沿倾向向下滑移垮落;残留煤体中部已发生垮落现象,与底板铰接处并未出现离层、破碎、垮落等现象,印证了放煤过程中采空区会存在遗留的三角煤。

图3-6(c)表明:运算到185 767步时,随着挤压失稳区直接顶的全部垮落,挤压失稳区的范围逐渐向基本顶深处延伸,靠近直接顶的基本顶也在中部偏上区域发生了挤压失稳,而且离直接顶相对较远的基本顶也出现了离层与裂隙;原挤压失稳区垮落的顶板转换为滑移

失稳区的一部分;随着滑移失稳区顶板的滑移失稳,上区段采空区的有效空间逐渐增大,回转失稳区顶板发生了明显的回转失稳。

图 3-6(d)表明:运算到 203 901 步时,残留煤体已全部破碎,发生垮落;挤压失稳区基本顶垮落范围进一步扩大,但已基本稳定,并没有进一步向深处延伸;滑移失稳区顶板的滑移失稳范围也明显扩大;残留煤体所阻碍的上区段煤矸石也随着滑移失稳区顶板的滑移呈楔形沿煤层倾斜向下滑移,将会对靠近顶板侧的巷道产生较大的动力灾害;靠近地表的顶板发生了回转失稳,致使地表塌陷坑的范围沿顶板侧方向逐渐扩大。

3.1.3.3 第二分段开采顶板垮落特征

第二分段开挖和第一分段煤层的开挖方式一样,不采用一次性全部开挖,也是预留 5 m厚的顶煤,如图 3-7 所示为第二分段开采顶板的垮落特征。

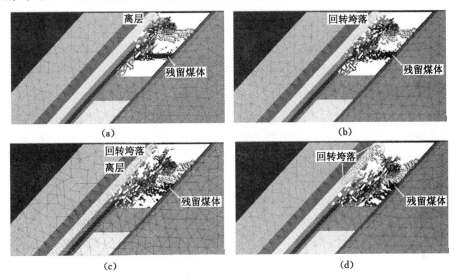

图 3-7 第二分段开采顶板垮落特征
(a) 运算 229 767 步;(b) 运算 248 767 步;(c) 运算 287 767 步;(d) 运算 352 992 步

图 3-7(a)表明:运算到 229 767 步时,挤压失稳区处的直接顶已经沿顶板的法向垮落充填采空区,基本顶有离层出现;在残留煤体与顶板铰接处,残留煤体也发生了垮落,因为残留煤体此处为应力集中区;上区段(第一分段)采空区顶板主要以滑移失稳为主;靠近地表处的基本顶随着采空区煤矸石沿煤层倾向发生滑移,失去了煤矸石在法向的支撑后,出现了离层活化。

图 3-7(b)表明:运算到 248 767 步时,挤压失稳区处的直接顶已全部垮落,基本顶也出现了垮落现象;在失去挤压失稳区顶板支撑下,滑移失稳区顶板开始沿倾向向下滑移垮落;相比之下第二分段残留煤体的垮落范围与垮落速度要比第一分段的残留煤体要大,因为随着采深的增加,作用在残留煤体上的作用力逐渐增加;随着采空区煤矸石的滑移,采空区的深度进一步增大;靠近地表处的基本顶已发生回转失稳。

图 3-7(c)表明:运算到 287 767 步时,挤压失稳区顶板垮落的范围进一步扩大,但是并没有进一步向深处延伸;残留煤体已全部垮落;随着采空区煤矸石进一步的滑移,基本顶的悬空面积逐渐增大,在外力与重力的作用下出现大范围离层。

图 3-7(d)表明:运算到 352 992 步时,挤压失稳区与滑移失稳区顶板垮落已基本稳定,而悬空顶板出现剪切破断,发生大范围回转垮落,采空区范围进一步扩大。

运用 3DEC(三维离散单元法程序)对急倾斜煤层分段开采过程中顶板的运移、垮落特征进行数值计算表明:

(1)在残留煤体的作用下,顶板受煤层开采扰动后,顶板运移存在明显的分区特征即挤压失稳区、滑移失稳区和回转失稳区。

(2)当挤压失稳区顶板发生失稳、充填采空区后,会转换为滑移失稳区的一部分。

(3)不同层位上的顶板运移、失稳会产生不同的动力显现特征,滑移失稳区顶板的滑移失稳会造成塌陷坑沿煤层倾向的逐渐延伸,而回转失稳区顶板的失稳则会造成地表塌陷坑在水平方向上范围的逐渐扩大。

3.2 急倾斜煤层护顶煤柱稳定性分析

由于乌东煤矿采用超前预爆破的措施,工作面护顶煤柱上方实施爆破弱化的顶煤具有散体性质,破碎后的顶煤随着工作面的开采经过护顶煤柱不断流入支架后部的刮板输送机。护顶煤柱正是在支架上方留设一定厚度的未实施爆破的顶煤,使其成为一个整体,阻隔、缓冲上方破碎顶煤在移架及推溜过程中溃入工作面以造成冒顶、片帮等事故。运用能够反映破碎顶煤散体特征的离散元计算程序 PFC,选取三种不同的护顶煤柱厚度,分别是 2.0 m、2.5 m、3.0 m 进行计算分析。具体方法是:放煤过程中在支架与前方煤体的连接处留设0.8 m 的煤体悬空,以观察悬空处煤体在顶煤大量放出的过程中是否会垮落、冒出,同时监测工作面支架载荷的分布特征,并计算放出颗粒即煤体的数量,分析顶煤放出过程中护顶煤柱、预裂后顶煤、护顶煤三部分形成的结构特点,为最终确定合理的护顶煤柱厚度提供依据。

3.2.1 综放工作面开采技术条件

(1)+620 m 水平 43# 煤层综放工作面

超前预爆破炮孔采用扇形布孔,采用液压钻机分别在北巷向煤层顶板方向和南巷向底板方向布孔,炮孔爆破覆盖整个综放工作面。每排炮孔共布置 7 个,炮孔排距 4 m,排炮孔直径 100 mm。工作面长 35.2 m,倾角 47°,工作面上方护煤柱厚 3 m,位于+620 m 水平以上 6 m 处,爆破钻孔最高处距+645 m 水平 2.5 m,段高 25 m。

(2)+620 m 水平 45# 煤层综放工作面

超前预爆破炮孔采用扇形布孔,采用液压钻机在北巷向煤层顶板方向布孔,炮孔爆破覆盖整个综放工作面。工作面宽度为 39.5 m 时每排炮孔共布置 9 个,工作面宽度为 26 m 时每排炮孔共布置 7 个,炮孔排距 4 m,排炮孔直径 100 mm。工作面长 39.5 m,倾角 42°,工作面上方护煤柱厚 3 m,位于+620 m 水平以上 6 m 处,爆破钻孔最高处距+645 m 水平 2.5 m,段高 25 m。

3.2.2 PFC 数值计算模型

3.2.2.1 计算原理

PFC[2D] 计算中假定颗粒碰撞时保持形状不变,而是互相叠加,如图 3-8(a)所示,两个颗粒的法向叠加量(U)越大,颗粒所受的力也就越大。通过对 t 时刻加速度用中心差分形式导出 $t+\Delta t$ 时刻的位移,这样,颗粒 i 就移动到一个新的位置,并产生新的接触力和接触力矩,计算其所受的合力和合力矩,从而使颗粒 i 到达一个新的位置。这个过程一直如图 3-8(b)循环下去,就会得到每个颗粒以及颗粒整体的运动形态。

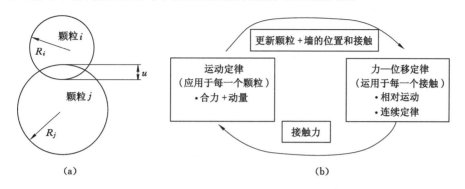

图 3-8　PFC²D数值计算原理

(a) 模型内颗粒的叠加;(b) PFC²D中的计算循环

3.2.2.2　计算模型

本研究以乌东煤矿＋620 m水平综放面煤层赋存环境与推进技术条件为背景,利用二维颗粒流程序 PFC²D,构建了弱化后的 PFC²D 计算的力学模型(图 3-9)。

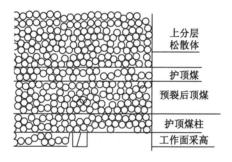

图 3-9　工作面走向数值计算模型

护顶煤柱厚度设计了三种方案:2.0 m、2.5 m、3.0 m。对顶煤弱化之后留设的不同厚度护顶煤柱在综放开采推进过程中的稳定性进行研究,分析放煤过程中是否有颗粒从悬空处冒出、放出的颗粒数量、超前支承压力、放煤形成的结构等。在模拟时按照现场开采的顺序,首先进行初始运算,使支架上方的顶煤垮落至支架后部,然后打开支架后部的插板开采放煤,在运算 44 000 步之后,打开支架与前方煤体结合处的缺口,再运算 50 000 步,共94 000 步,观测放煤过程中是否有煤体从悬空处垮落、冒出,模型下部用来收集落下的顶煤,以便于统计分析。

3.2.3　PFC 模型计算结果及分析

运用 PFC 软件对三种不同厚度护顶煤柱的数值计算,分析了放煤过程中工作面冒顶可能性、放出颗粒数量、煤岩体结构等,得到了不同厚度的护顶煤柱在放煤过程中的运动形态及相关结论,下面将一一叙述。

3.2.3.1　工作面冒顶可能性分析

工作面冒顶可能性通过模型运算 4 000 步达到初始平衡后,在支架开始放煤运算

40 000步后,打开支架前端与煤壁的结合处,模拟支架移架过程中上方煤体悬空,继续运算50 000步后,观察在支架与煤壁缺口打开时有无颗粒垮落、放出以分析工作面冒顶的可能性。图 3-10 是根据上述建立的模型框架,可以看到在支架前方有一个缺口,这个缺口按照方案在运算 44 000 步后打开,检验顶煤是否从这里垮落、放出。

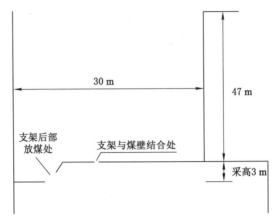

图 3-10　模型框架图

图 3-11 反映了按照三种煤柱厚度方案建立的数值计算模型,为突出表现顶煤是否垮落,运用不同的颜色对各部分煤体进行了区分,包括:上水平的松散体(包含了黄土、遗留煤炭、杂物等),预裂后的煤体和与上水平结合处的护顶煤,工作面支架上方的护顶煤柱。留设的护顶煤柱随着模型的初始平衡首先向下运动分布在支架后方,成为最先放出的颗粒。

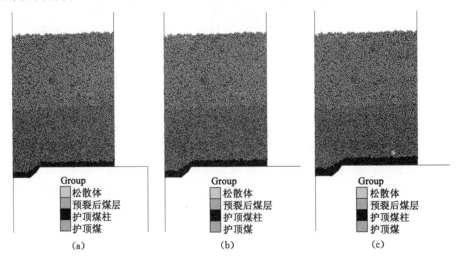

图 3-11　三种煤柱厚度方案(初始模型)
(a) 护顶煤柱 2.0 m;(b) 护顶煤柱 2.5 m;(c) 护顶煤柱 3.0 m

(1) 运算 9 000 步

在模型建好之后经过 4 000 步的运算达到初始平衡,打开支架后部插板开始放煤,从图 3-12 可以看出,在打开插板运算 5 000 步后有许多颗粒已经放出,首先是代表护顶煤柱的黑色颗粒放出,然后为预裂后的煤层开始流出。随着颗粒的放出,三个图中的煤层与松散体的结合处均出现了弯曲。

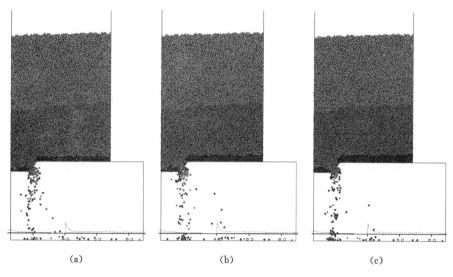

图 3-12　三种煤柱厚度方案(运算 9 000 步)

(a) 护顶煤柱 2.0 m;(b) 护顶煤柱 2.5 m;(c) 护顶煤柱 3.0 m

此后将继续放煤,随着放出煤量的增加,煤层与上分层松散体结合处的曲线越来越向左部倾斜,表明开采引起了上覆煤岩体的移动。

（2）运算 19 000 步

在运算 19 000 步后(图 3-13),支架后部代表护顶煤柱的黑色颗粒已基本被放出,预裂后的颗粒开始大量流出,表明在此阶段预裂后的煤层突破护顶煤柱的阻隔开始逐渐被放出,间接反映出护顶煤柱起到了缓冲破碎顶煤突然垮落的作用。

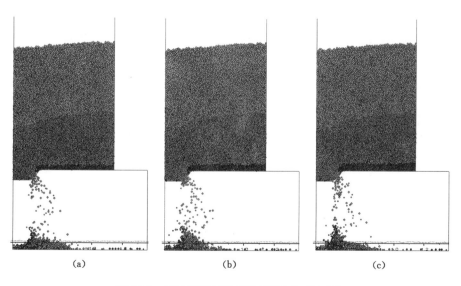

图 3-13　三种煤柱厚度方案(运算 19 000 步)

(a) 护顶煤柱 2.0 m;(b) 护顶煤柱 2.5 m;(c) 护顶煤柱 3.0 m

（3）运算 29 000 步

从图 3-14 可以看出,在运算 29 000 步后已经有较多的预裂后煤层被放出,模型框架下部堆积了较多的预裂后煤层。此时无论护顶煤柱是 2.0 m 还是 3.0 m 均保持稳定,支架前方的煤体未出现裂缝、空隙等情况,支架前方的护顶煤柱、预裂后煤层保持完整状态。

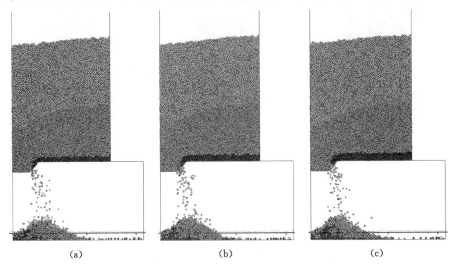

图 3-14　三种煤柱厚度方案(运算 29 000 步)

(a) 护顶煤柱 2.0 m;(b) 护顶煤柱 2.5 m;(c) 护顶煤柱 3.0 m

（4）运算 39 000 步

从图 3-15 可以看出,护顶煤柱为 2.0 m 时煤层与松散体结合处即模型左部较为平坦,长度也大于另外两图中的距离,表明护顶煤柱小时可以使上覆煤岩体较为顺畅的放出。

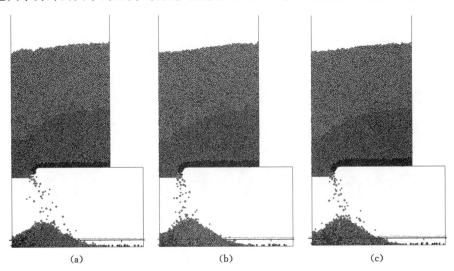

图 3-15　三种煤柱厚度方案(运算 39 000 步)

(a) 护顶煤柱 2.0 m;(b) 护顶煤柱 2.5 m;(c) 护顶煤柱 3.0 m

（5）运算 49 000 步

在运算 44 000 步后,将打开支架前方与煤壁结合处的缺口(0.8 m 宽)。图 3-16 为打开缺口并运算 5 000 步的放煤情况,此时支架尾梁上部积聚了较多的黑色颗粒,表明护顶煤柱部分的大块卡在支架上方,但煤块仍旧可以继续放出。打开缺口位置的煤体保持完好状态,三个方案中均没有颗粒从中冒出,反映出护顶煤柱起到了防止大量煤块涌入工作面的作用。

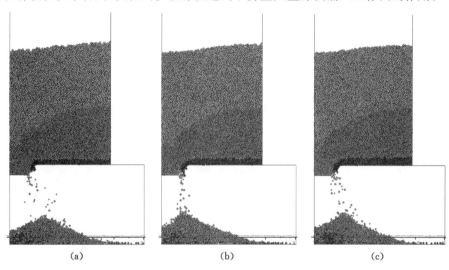

(a)　　　　　　　　　(b)　　　　　　　　　(c)

图 3-16　三种煤柱厚度方案(运算 49 000 步)

(a) 护顶煤柱 2.0 m;(b) 护顶煤柱 2.5 m;(c) 护顶煤柱 3.0 m

(6) 运算 59 000 步

在打开缺口运算 15 000 步后,前方缺口处仍旧没有颗粒放出,但是可以看出在图 3-17(a)和(b)中特别是图 3-17(a)中缺口处有了一个较小的空间,护顶煤柱 2.0 m 的图中没有发现这种情况。

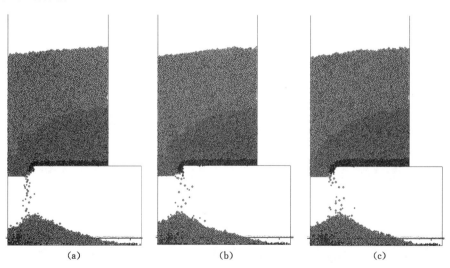

(a)　　　　　　　　　(b)　　　　　　　　　(c)

图 3-17　三种煤柱厚度方案(运算 59 000 步)

(a) 护顶煤柱 2.0 m;(b) 护顶煤柱 2.5 m;(c) 护顶煤柱 3.0 m

（7）运算 69 000 步

在运算 69 000 步后，上分层松散体已经逐渐运移到支架后部。从图 3-18（b）、（c）可以看出，上覆松散体颗粒已经侵入支架后部的煤体中，特别是图 3-18（c）中已有上覆松散体颗粒接近支架后部的放煤口，这反映出在护顶煤柱较厚的情况下高位垮落预裂的破碎顶煤容易诱发上分层松散体的垮落，护顶煤柱为 2.0 m 时煤层颗粒运移较为均衡。

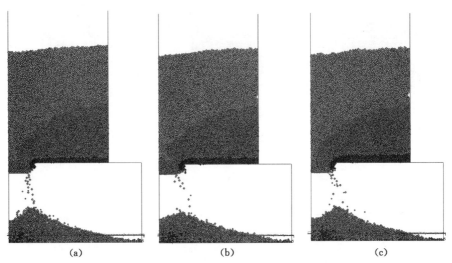

图 3-18　三种煤柱厚度方案（运算 69 000 步）

（a）护顶煤柱 2.0 m；（b）护顶煤柱 2.5 m；（c）护顶煤柱 3.0 m

（8）运算 79 000 步

从图 3-19 可以看出，上覆松散体颗粒在三个图中均已侵入支架后部的煤体中，在图 3-19（a）、（b）中较为明显，上覆松散体即将被放出，需注意架后煤矸的分布情况。此时图 3-19（b）中支架前方的缺口较为明显，缺口裂隙相对最大，护顶煤柱为 2.5 m 的煤体在支架

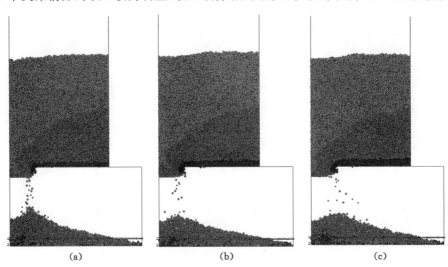

图 3-19　三种煤柱厚度方案（运算 79 000 步）

（a）护顶煤柱 2.0 m；（b）护顶煤柱 2.5 m；（c）护顶煤柱 3.0 m

与煤壁结合处处于稳定状态。

（9）运算 89 000 步

在运算到 89 000 步时，图 3-20（a）中已有若干上覆松散体颗粒放出，图 3-20（a）、（c）中松散体侵入煤体的位置较低，而护顶煤柱为 2.5 m 时松散体侵入煤体的位置反而较高。

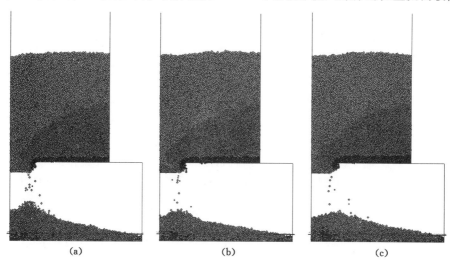

图 3-20　三种煤柱厚度方案（运算 89 000 步）

（a）护顶煤柱 2.0 m；（b）护顶煤柱 2.5 m；（c）护顶煤柱 3.0 m

（10）运算 94 000 步

在运算到 94 000 步时，只有护顶煤柱为 2.5 m 时支架前方缺口有扩大的趋势，其他两个方案中煤体保持稳定状态。综合来看，护顶煤柱为 2.0 m 和 3.0 m 时工作面煤体均能保持稳定，发生冒顶、片帮的概率较小，护顶煤柱为 2.5 m 时工作面前方支架与煤壁结合处的缺口有扩大趋势。

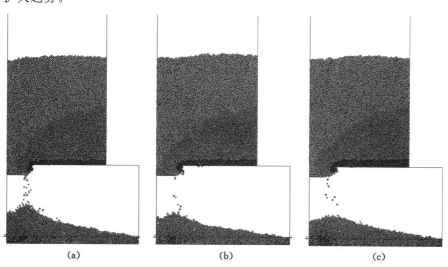

图 3-21　三种煤柱厚度方案（运算 94 000 步）

（a）护顶煤柱 2.0 m；（b）护顶煤柱 2.5 m；（c）护顶煤柱 3.0 m

3.2.3.2 放煤结构分析

采用放顶煤开采时上覆煤岩体从一个完整的结构逐渐由于下部煤体的放出出现结构异化。利用颗粒与颗粒间的相互铰接所形成的结构来反映破碎顶煤中煤块与煤块间的相互作用,分析模型中颗粒间的铰接关系能否保持稳定来判断护顶煤柱是否能缓冲上覆煤岩体对工作面生产空间及设备的冲击。

(1)运算 9 000 步

为反映颗粒在放煤过程中所形成的结构,利用离散元软件模拟了颗粒间在流动过程中颗粒铰接的动态变化特征。从图 3-22 可以,看出模型下部的护顶煤柱和中间的护顶煤部分的颗粒铰接较为致密,最上部的松散体颗粒间的铰接最为稀疏,表明此部分结构松散;代表预裂后煤层的颗粒间铰接相对密集。在放煤作用下,支架上部出现了较大的颗粒无铰接即空白区域,表明此处的煤块没有形成稳定的结构可以被完全放出。预裂后煤层中局部也出现了无铰接区域,反映出爆破使得处于整体状态的煤层离散成相互无链接的颗粒,这有利于煤块的顺利放出。箭头表明颗粒的流动方向和速度,箭头越大代表该颗粒流动速度越大。

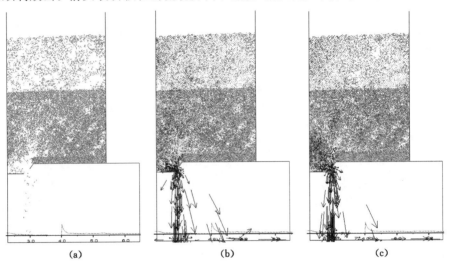

(a)	(b)	(c)

图 3-22　颗粒间铰接关系特征(运算 9 000 步)

(a) 护顶煤柱 2.0 m;(b) 护顶煤柱 2.5 m;(c) 护顶煤柱 3.0 m

图 3-23 是松散体颗粒的演化特征图,煤层全部用黑色表示,由于放煤的作用支架附近的煤层演化为离散状态,随着煤层的不断放出,离散状态的颗粒将不断增加,其颜色与模型上部的松散体类似。

(2)运算 19 000 步

随着下部煤体放出数量的增加,煤体中颗粒间的铰接关系也越来越稀疏,流动速度也越来越大,这从图 3-24 可以看出;颗粒间铰接关系的减少使得过多的颗粒处于离散状态,图 3-25 明确表明了这一点,这一时刻已有较多的颗粒处于散体状态,并以护顶煤柱为 2.0 m时离散体范围最小,护顶煤柱为 2.5 m 时离散体范围最大。离散区域不仅垂直向支架上部发展,也不断向支架前方演化,这一特征在图 3-25(b)中较为明显,在三个方案中,护顶煤柱为 2.5 m 时离散体区域向工作面前方演化最为迅速。

(3)运算 29 000 步

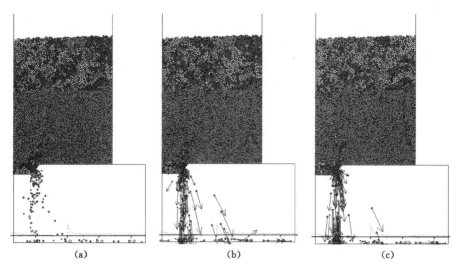

图 3-23 散体颗粒演化特征(运算 9 000 步)

(a) 护顶煤柱 2.0 m;(b) 护顶煤柱 2.5 m;(c) 护顶煤柱 3.0 m

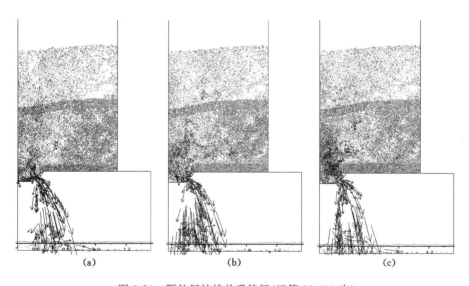

图 3-24 颗粒间铰接关系特征(运算 19 000 步)

(a) 护顶煤柱 2.0 m;(b) 护顶煤柱 2.5 m;(c) 护顶煤柱 3.0 m

运算至 29 000 步时,从图 3-27(c)可以看出该方案中离散状态的颗粒最多,但此时工作面的护顶煤柱和预裂煤层上部的护顶煤均没有出现离散状态的颗粒,表明这些煤层起到了维持煤层整体性的作用,图 3-26 中颗粒间的铰接关系图也反映了这一点,上述两处的颗粒间铰接仍较为密集。支架上方的护顶煤处于悬吊状态,没有失去前方煤体的支撑作用,但是支架上部与护顶煤下部之间的煤层已有大部分处于离散状态,该区域不断向工作面前方发展,支架附近煤体的放出影响到前方煤体的结构稳定。

(4) 运算 69 000 步

由于运算 29 000 步至 69 000 步之间的颗粒间铰接及离散演化特征不明显,不再一一列出,仅描述煤体结构发生重大变化的时刻。从图 3-28 和图 3-29 可以看出,各图与前述煤体

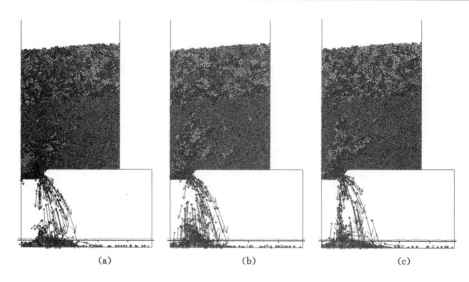

图 3-25　散体颗粒演化特征(运算 19 000 步)

(a) 护顶煤柱 2.0 m;(b) 护顶煤柱 2.5 m;(c) 护顶煤柱 3.0 m

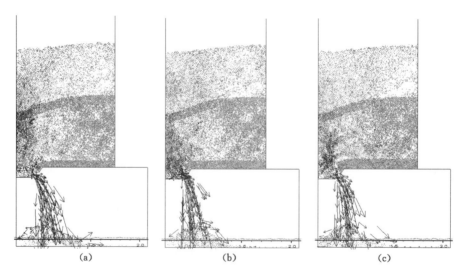

图 3-26　颗粒间铰接关系特征(运算 29 000 步)

(a) 护顶煤柱 2.0 m;(b) 护顶煤柱 2.5 m;(c) 护顶煤柱 3.0 m

结构不同的是预裂煤层上部的护顶煤从悬吊状态演化为垮落、失稳状态。护顶煤右部与下部预裂后煤层的结合处出现了离散状态的颗粒,表明护顶煤在开采过程中会由于煤体的不断放出而弯曲、垮落,但由于该处的煤体没有受到爆破预裂,基本处于完整状态,因此可以阻隔上部松散体涌入支架后部,从而避免含矸率增加和冒顶的发生。工作面支架上方的护顶煤柱结构稳定,护顶煤柱为 2.5 m 的方案中支架前方缺口相对较大。

(5) 运算 94 000 步

在运算至 94 000 步时,图 3-30(a)中支架上方的护顶煤首先与前方的护顶煤破断。此时三个方案中破断与未破断的护顶煤和工作面前方铰接的煤块联合护顶煤柱一同形成一个

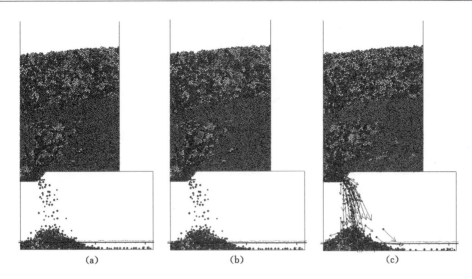

图 3-27　散体颗粒演化特征(运算 29 000 步)

(a) 护顶煤柱 2.0 m;(b) 护顶煤柱 2.5 m;(c) 护顶煤柱 3.0 m

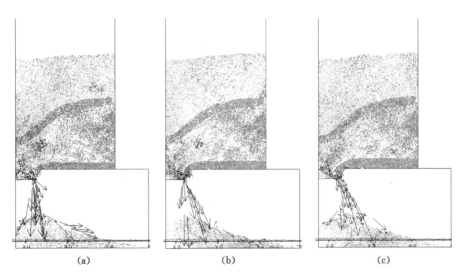

图 3-28　颗粒间铰接关系特征(运算 69 000 步)

(a) 护顶煤柱 2.0 m;(b) 护顶煤柱 2.5 m;(c) 护顶煤柱 3.0 m

包含了离散状态煤块的三角形,见图中的三角形。三角形的三条边正是护顶煤、护顶煤柱、工作面前方铰接的煤块,这三条边起到了保护工作面、阻隔上覆松散体大量垮落冲击工作面生产空间及设备的作用。数值计算分析表明,护顶煤柱为 2.0 m、2.5 m、3.0 m 均能保持工作面前方煤体稳定形成三角形的铰接结构,护顶煤柱留设厚度越大护顶煤越难破断,这在一定程度上延缓了周期来压,增大了周期来压步距。但厚度过大的护顶煤柱在支架的反复支撑作用下折断、垮落时会瞬间施加较大的载荷,未受爆破影响的护顶煤柱将形成的较大煤块分布于支架上方,这会阻隔上覆破碎顶煤的顺畅放出,从而降低采出率。

3.2.3.3　放煤过程中支架载荷动态分析

采用放顶煤开采时,上覆煤岩体的垮落、放出必将对支架产生冲击作用。由于本工作面

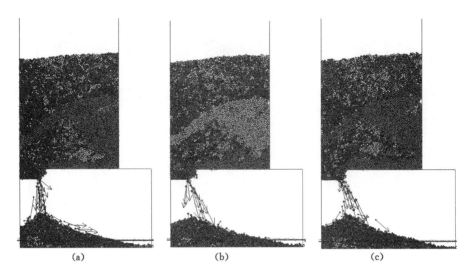

图 3-29　散体颗粒演化特征(运算 69 000 步)
(a) 护顶煤柱 2.0 m;(b) 护顶煤柱 2.5 m;(c) 护顶煤柱 3.0 m

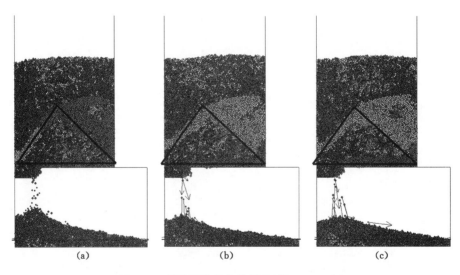

图 3-30　散体颗粒演化特征(运算 94 000 步)
(a) 护顶煤柱 2.0 m;(b) 护顶煤柱 2.5 m;(c) 护顶煤柱 3.0 m

段高 25 m,在放煤过程中煤块在如此大的高差下落对支架的冲击作用不可忽视,严重时会导致支架压死、倾斜等,并携带采空区的瓦斯、硫化氢等有害气体一起涌入工作面,是放顶煤开采的一大危害。

在放煤过程中监测了支架的顶梁和尾梁随计算步数所承受载荷的动态变化特征,以此可分析不同厚度的护顶煤柱在放煤过程中对支架的冲击作用,选出对支架冲击作用最小的一个方案,可以防止支架在煤块的冲击下出现压死、倾斜等事故的发生。从图 3-31 可以看出,在 44 000 步之前,护顶煤柱为 2.0 m 时支架顶梁承受的载荷最小,在此之后直至运算 94 000 步时,护顶煤柱为 3.0 m 时支架顶梁承受载荷最大,护顶煤柱为 2.5 m 时支架顶梁承受载荷最小,护顶煤柱为 2.5 m 时支架顶梁承受的载荷居于中间。

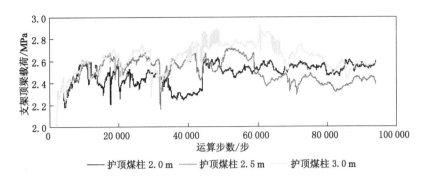

图 3-31 护顶煤柱不同厚度时支架顶梁载荷动态变化特征

综合来看,护顶煤柱为 2.0 m 时支架顶梁承受载荷平均较小,基本在 2.6 MPa 以下,只有个别超过;护顶煤柱为 2.5 m 时支架顶梁载荷在 60 000 步前大于护顶煤柱为 2.0 m 时的载荷,60 000 步之后载荷逐渐降低,载荷相对较小;护顶煤柱为 3.0 m 时支架顶梁载荷最大,较大部分时间处于另外两个曲线上方,反映出护顶煤柱厚度越大支架顶梁承受载荷越大。

从护顶煤柱不同厚度下支架尾梁承受载荷的变化特征图 3-32 可以看出,护顶煤柱为 2.0 m 时尾梁在水平即 X 方向上承受的载荷最小,护顶煤柱为 2.5 m 时尾梁承受的水平载荷最大,随着煤量的不断放出,护顶煤柱为 2.5 m、3.0 m 厚时承受的载荷最终趋于一致,不过仍旧高于护顶煤柱为 2.0 m 时的载荷。在垂直方向上,护顶煤柱为 2.0 m 时承受的载荷最小,护顶煤柱为 2.5 m 时承受的垂直载荷最大。

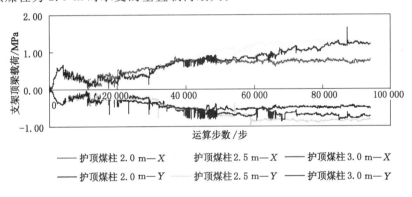

图 3-32 护顶煤柱不同厚度时支架尾梁垂直(Y)与
水平(X)方向载荷动态变化特征

综合可以看出,护顶煤柱为 2.0 m 时支架尾梁在水平方向和垂直方向上承受的载荷均较小,选用此方案可减少支架所受到煤块的冲击作用,降低大量煤块裹挟有毒有害气体涌入工作面的概率。

3.2.4 放出颗粒数量统计分析

在运算 94 000 步后,对放出的颗粒数量进行了统计分析,结果见图 3-33。护顶煤柱在 2.0 m 时运算相同的步数放出的颗粒数量最多,护顶煤柱 2.5 m 时放出颗粒数量最少,护顶煤柱 3.0 m 时放出颗粒数量介于前两者之间。表明护顶煤柱厚度越小,其阻隔破碎顶煤流出的阻力越小,放出的颗粒数量越多。

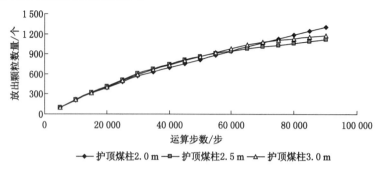

图 3-33　不同护顶煤柱厚度条件下放出颗粒数量统计

3.2.5　PFC 走向放煤分析

3.2.5.1　煤体走向力链动态变化分析

工作面上方的煤体在爆破作用下从一个整体破裂为较为松散的散体介质,这样有利于顶煤的流动,可增加采出率。同时,煤块间裂隙的增加与流动会导致在流动过程中产生一种动态的结构,如数值软件中的颗粒一般,煤块与煤块之间会相互作用,存在一个铰接力,当铰接力达到一定程度会形成稳定结构,从而使煤块的流动暂时停止。

急斜水平分段放顶煤工作面上方的顶煤和矸石属于散体介质,以拱和拱壳的形态存在,拱壳的平衡是暂时的和有条件的。随着工作面推进,拱壳会失衡。煤层开采后,悬露顶板的面积当达到极限程度时,会沿着倾向和走向破断,并沿倾斜方向形成铰接岩块结构。由于急倾斜特厚煤层的工作面长度较短,一般只有几十米,在本例子中煤层的厚度就是工作面的长度,约 50 m。较短的工作面使工作面倾向方向的悬臂梁难以垮落,在倾向上会保持一定的稳定。走向上随着工作面的不断推进,再加上顶煤中实施的超前预爆破措施,顶煤及顶板也难以形成传统意义上的较长范围的砌体梁结构,因为顶煤及顶板均已被炸断。

放煤后支架后方的煤体结构发生变化,图 3-34 反映了放煤后模型中各部分接触结构、力链的演化分布特征,黑色的为压应力链、局部有拉应力链,力链的分布表明了顶煤流动过程中结构的演化,力链的粗细反映了该处结构力的大小,力链越粗代表此处块体间力的铰接力越大,反之越小。支架上部和底部后部的煤层存在较大的压力链,局部分布着拉应力链,放煤窗口斜向后方应力链结构较为稀疏,表明破碎充分,应力链无法形成,这有利于顶煤的有效放出。从图 3-34(a)可以看出,在放煤初期由于煤体还处在一个较为规整的状态,力链分布较为密集,在支架上方和支架的左部充满了黑色的压应力链,随着放煤的进行,支架斜后方的煤块结构开始变得稀疏;在图 3-34(b)中已经可以看到斜后方出现了若干个空洞,表明此处的煤块无法形成结构处于放出状态;在图 3-34(c)中更为明显,相对于前两个放煤状态此时的力链在整体上已经较为稀疏,支架上方相对来说仍存在黑色较粗的力链,从侧面反映了超前支承压力的存在,支架斜后方的主要放煤区域已经变得清晰,力链通常较为细小,现场观测表明此时是放煤的良好时机;随着放煤的进一步进行,上覆岩层开始垮落,地表出现了弯曲下沉盆地,见图 3-34(d),垮落的岩层作用在下部的煤体上导致煤体结构出现变化,从稀疏的结构力链变成密集的力链,不过此时支架后方的结构力链仍处于相对稀疏的状态;在图 3-34(e)和图 3-34(f)中顶煤的放出达到了最大,继续放煤将有较多的矸石放出,此时代表了煤体结构力链的最终状态,在地表形成了弯曲的下沉盆地,且最低点并没有处在支架的正上方而是支架后方。支架斜后方形成的结构力链空洞较多,表明结构体力链稀疏是放煤的关键。总体上看,放煤过程中煤体结构力链经历了密集—稀疏—密集—稀疏的演化过程,随着工作面的下一循环,上述过程将重复出现。

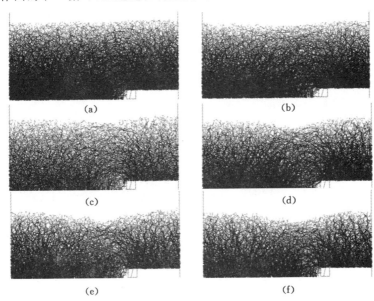

图 3-34　煤体走向力链演化历程

(a) 10 000 步;(b) 40 000 步;(c) 80 000 步;(d) 120 000 步;
(e) 160 000 步;(f) 180 000 步

3.2.5.2　走向煤体速度场分布特征

在放煤过程中煤块体的流动速度是不尽相同的,图 3-35 反映了在放煤过程中煤块度场的动态演化特征。图中的黑色箭头表示煤块的流动速度和方向,箭头长度越大速度越大,反之越小。从图 3-35(a)可以明显看出,支架斜后方的煤块黑色密集,流动速度明显较大,且箭头多指向支架;在图 3-35(b)中支架斜后方的上部煤体流动速度开始加大,形成了流动速度大的黑色区域;在图 3-35(c)中煤块流动速度开始变得集中起来,除了在地表形成弯曲下沉外,地表的颗粒受到放煤的影响越来越大,上部颗粒的流动速度也有所加大,地表出现了黑色密集区,在支架斜后方及上部的煤体中形成了一条弯曲的流动速度较大区,见图中两条黑色曲线的中间地带。在该区域中煤块流动速度相对较大,在图 3-35(d)、(e)、(f)中可以看出流动速度较大的颗粒基本都处在这个区域中。表明破碎后煤体放出的煤量也基本来自这个区域。

综合来看,流动速度经历了初期较小、继而加大、集中流动、最终均衡的演化过程。这与煤体结构的动态演化相对应,初期流动速度小对应了结构体力链的密集,继而加大对应了力链的稀疏使块体流动速度加大,集中流动对应了煤体结构的再次密集,实质是上覆岩层的垮落、压实使得下部煤岩体结构紧凑、挤实,最终均衡对应了煤块力链的再次稀疏,这是放煤后期随着放煤量的增加,块体结构间空隙加大流动变得均衡。

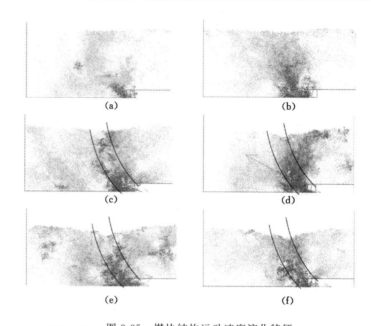

图 3-35　煤块结构运动速度演化特征

(a) 10 000 步；(b) 40 000 步；(c) 80 000 步；(d) 120 000 步；(e) 160 000 步；(f) 180 000 步

3.2.5.3　工作面支架载荷变化

走向放煤过程顶煤不断垮落在支架的顶梁和尾梁上，支架载荷不断发生变化，模拟记录了支架各个部分承受载荷的变化情况，为准确确定支架工作阻力提供了依据。图 3-36 表明了支架顶梁承受的载荷随计算时步的变化。从顶梁(7)在 X、Y 方向的载荷随计算时步的变化可以看出，在 X 方向上载荷较小，载荷在较多的时间内为零；Y 方向上承受的载荷要大于 X 方向，大小变化频繁，这主要是上覆煤体不断落下对顶梁产生的冲击所致，X、Y 方向上载荷的峰值几乎在同一时间发生。总体上看，顶煤的垮落在 X 方向上对顶梁的影响不大，顶梁承受着较大的垂直应力。

3.2.6　基于 PFC 模拟的结果综合分析

运用离散元分析程序对护顶煤柱的合理厚度问题进行研究，通过对不同厚度下护顶煤柱在放煤过程中结构稳定性、放出煤量、支架载荷变化等分析，得出以下结论：

(1) 护顶煤柱为 2.0 m 时工作面能够使支架上方的煤体处于稳定状态。数值计算分析表明，并不是顶煤留设厚度越大、顶煤越不容易垮落工作面越安全，由于顶煤留设厚度的增加会导致预裂后的破碎顶煤沿着大的裂隙流入工作面，同时厚度过大的护顶煤柱在支架的反复支撑作用下折断、垮落会在支架上瞬间施加较大的载荷，更易导致冒顶事故的发生。合理厚度的护顶煤柱起到了阻隔、缓冲上方破碎顶煤溃入工作面的作用。

(2) 护顶煤、护顶煤柱、工作面前方铰接的煤块形成了一个包含离散状态煤块的三角形，三角形的三条边起到了保护工作面、阻隔并缓冲上覆松散体大量垮落冲击工作面生产空间及设备的作用。

(3) 护顶煤柱为 2.0 m 时支架顶梁承受煤块冲击载荷平均较小，支架尾梁在水平与垂直方向上承受的载荷最小；护顶煤柱为 2.5 m 时支架尾梁承受的水平与垂直载荷最大；护顶煤柱为 3.0 m 时支架顶梁承受载荷最大。

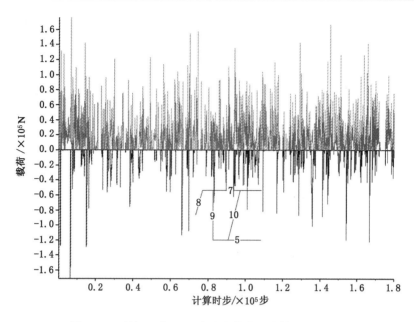

图 3-36 顶梁(7)在 X、Y 方向的载荷随计算时步的变化

(4)护顶煤柱为 2.0 m 时运算相同的步数放出的颗粒数量最多,即采出率最大,护顶煤柱 2.5 m 时放出颗粒数量最少。且护顶煤柱为 2.0 m 时支架前端与煤壁连接处结构稳定,可有效阻隔上覆煤体从工作面垮落、冒出,上覆煤体形成了保护工作面的三角形结构,该结构使得支架顶梁承受流动煤块带来的冲击载荷平均较小,支架尾梁承受的水平与垂直方向上的冲击载荷最小,单位时间内放出煤量最多,因此建议该工作面护顶煤柱留设 2.0 m。

(5)超前预爆破后,煤体强度降低,块度减小,内部原有块体接触结构发生改变,放煤口附近应力链、接触结构稀疏,有利于顶煤的流出,使工作面得以快速推进,提高了推进度和回采率。

(6)支架斜后方形成的结构力链空洞较多,结构体力链稀疏是放煤的关键。总体上看放煤过程中煤体结构力链经历了密集—稀疏—密集—稀疏的演化过程,随着工作面的下一循环,上述过程将重复出现。

(7)支架后部煤块的流动速度场经历了初期较小、继而加大、集中流动、最终均衡的演化过程。这与煤体结构的动态演化——对应,验证了煤体结构力链的存在及正确性。这为优化顶煤超前预爆破参数与合理放煤、保障安全开采提供了理论依据。

3.3 急倾斜煤层岩体运移规律物理相似模拟分析

3.3.1 实验设计

3.3.1.1 物理相似模拟基本原理

在几何学中,两个三角形如果对应角相等,其对应边保持相同的比例,则称这两个三角形相似,同样多边形、椭圆形等满足一定条件后也可相似,这类问题属于平面相似。空间也可以实现几何相似,如三角锥、立方体、长方体、球体的相似则属于空间相似。推而广之,各种物理现象也都可以实现相似,相似模型与原型之间的各种物理量,如长度、时间、力、速度等都可以抽象为二维、三维空间的坐标,从而把物理相似简化为一般的集合相似问题,为相似模型试验创造了理论基础。

合理的类岩材料选取及配比确定决定着模型与原型岩体的强度准则和应力-应变的本构关系是否相似。本次实验的几何尺寸比为1:400,结合岩石物理力学测试结果及实验室模拟材料的自身容重特点(密度为$1.5 \sim 1.7 \text{ g/cm}^3$),可基本确定本次实验的容重相似常数为1:1.6,应力相似常数以及与应力有相同量纲的物理量均有与应力相同的相似常数。在实际模拟实验过程中,由于E、G、γ、ν、φ、C、R_c和R_t等都是独立的物理量,而且要使这些物理量都满足相似关系是很困难的,因此只能使主要的物理力学指标满足相似条件,即应力相似系数。

单值条件包括几何条件(空间条件)、物理条件(介质条件)、边界条件和初始条件等。相似模拟必须保证相关单值条件相似才能复合现场工程实际需求。初始状态是指原型的自然状态,对煤岩体而言,主要的初始状态是煤岩体的结构状态,相似模型中需要深入探索其空间变异性特征:① 煤岩体结构特征;② 结构面的分布特征,如方位、间距、切割度以及结构体的形状与大小;③ 结构面上的力学性质。在模拟各种不连续面时,如断层、节理、层理以及裂隙时,首先应当区别那些不连续面对于所研究的问题有决定性意义。对于主要的不连续面,应当按几何相似条件单独模拟。如系统的成组结构面,应按地质调查统计数据及赤平极射投影原理绘制获得的优势结构面的方位与间距模拟,在这种情况下,可以按岩体结构中单元的形状和几何尺寸制作相应的砌块来砌筑模型。对于次要的结构面,往往一并考虑在煤岩体本身的力学性质之内,一般采用降低不连续面所在范围内煤岩体的弹性模量与强度的方法来解决这一问题。

根据相似原理,在模型与原型中,结构体的现状与大小应保持与整体模型相同的几何相似关系,但是从变形角度来考虑,不论模型块体如何接触紧密,其间隙总是大于按原型缩制的要求,都有可能导致整个体系的变形过大。为了保持模型与原型在总体上的变形相似,可以适当地减少模型中不连续面的裂隙度,即按照总体变形模量相似的要求调整结构尺寸。当断层中有软弱夹层时,首先估算出闭合结构面与张开结构面的百分数,并在模型中按此百分比铰接不连续面;其次应查明原型中含水情况,由于摩擦角与黏土或泥岩的含水量有密切关系,所以只有掌握其含水量的多少,才能正确测得原型软夹层的摩擦角在模型中复现。

相似模型是根据实际工程原型抽象而来的。在进行相似模拟实验时,通常都采用缩小的比例或在某些特殊情况下用大的比例来制作模型。同时为了便于测量应力与应变值,一般采用一些与原型不同的材料。根据相似第一定理,便可在模型实验中将模型系统中得到的相似判据推广到所模拟的原型系统中;相似第二定理则可将模型中所得的实验结果用于与之相似的事物上;相似第三定理指出了做模型试验所必须遵守的法则,这三个定理是相似模拟实验的理论依据。

(1)相似第一定理

相似的现象,其单值条件相似,其相似准则的数值相同。这个结论的导出是由于相似现象具有如下的性质:① 相似的现象必然在几何相似的系统中进行,而且在系统中所有各相应点上,表示现象特性的各同类量间的比值为常数,即相似常数相等;② 相似现象服从于自然界同一种规律,所以表示现象特性的各个量之间被某种规律所约束着,它们之间存在着一定的关系。如果将这些关系表示为数学的关系式,则在相似的现象中这个关系式是相同的。上述①说明了相似的概念,但它只能说明相似的定义,不能找出相似现象所共同服从的规律;上述②说明了可以由描述现象的方程式经过相似转换获得相似准则,并可以得出:"相似的现象,其准则的数值相同"的定理。

（2）相似第二定理

若有一描述某现象的方程为:

$$f(a_1, a_2, \cdots, a_k, b_{k+1}, b_{k+2}, \cdots, b_n) \tag{3-4}$$

式中,$a_1, a_2, \cdots, a_k$ 表示基本量;$b_{k+1}, b_{k+2}, \cdots, b_n$ 表示导来量,这些量都具有一定的因次,且 $n > k$。

因为任何物理方程中的各项量纲都是齐次的,则上式可以转换为无因次的准则方程:

$$F(\pi_1, \pi_2, \cdots, \pi_{n-k}) = 0 \tag{3-5}$$

可以看出:

① 任一现象的函数式子都可以用准则方程来表示;

② 准则数目为 $n-k$ 个;

③ 准则是无因次的。对于有数学方程的现象,就能将它转换为准则方程,以利于研究。对于只知道参量但还不知道其数学方程的现象,可以根据相似第二定理求出其准则方程,再进行研究。

以上两个定理只明确了相似现象所具备的性质及必要条件,是在假定现象相似是已知的基础上导出的,但是它们没有指出,决定任何两个互相对应现象是否相似的方法。因此,就发生要按照什么特征可以确定现象是互相相似的,这是第三定理要给出的相似现象的充分条件。

（3）相似第三定理

当现象的单值条件相似且由单值条件所组成的相似准则的数值相等时,则现象就是相似的。相似第三定理明确地规定了两个现象相似的必要和充分条件。考查一个新现象时,只要肯定了它的单值条件和已研究过的现象相似,而且由单值条件所组成的相似准则的数值和已经研究过的现象相等,就可以肯定这两个现象相似,因而可以把已经研究过的现象的实验结果应用到这一新现象上去,而不需要重复进行实验。所谓单值条件就是为了把个别现象从同类物理现象中区别出来所要满足的条件。具体地是指:① 几何条件:说明进行该过程的物体的形状和尺寸;② 物理条件:说明物体及介质的物理性质;③ 初始条件:现象开始产生时,物体表面某些部分所给定的位移和速度以及物体内部的初应力和初应变等;④ 边界条件:说明物体表面所受的外力,给定的位移及温度等;⑤ 时间条件:说明进行该过程在时间上的特点。

上述三定理是相似理论的中心内容,它说明了现象相似的必要和充分条件。在矿山压力研究方面的课题中,相似理论的应用就显得特别有实际运用价值,所以相似理论已成为实验研究的理论基础。

根据相似理论认为:① 试验中应量测各相似准数中包含的物理量;② 要尽可能根据相似准数来整理实验数据,也可利用相似准数综合方程的性质,通过作图等方法来找出相似准数间的关系式;③ 只要单值条件相似,单值条件组成的相似准数相等,则现象必然相似。根据相似三定理的结论可以设计模型,正确地安排实验,科学地整理实验数据,推广实验成果。

3.3.1.2 实验设计思路

（1）几何相似

利用模型研究某原型有关问题时，要使模型与原型各部分的尺寸按同样的比例缩小或放大以满足几何相似。即：

$$\frac{l_p}{l_m} = C_l \tag{3-6}$$

式中下标 p 表示原型，m 表示模型，下同。C_l 表示几何相似常数，l_p 表示原型几何尺寸，l_m 表示模型几何尺寸。

在设计中应注意：① 对立体模型，必须保持式（3-6）的要求，即各方向按比例制作；② 对于平面模型或者可简化为平面问题研究的三维模型（长度比另外两方向的尺寸要大很多，在其中任取一薄片，其受力条件均相同的结构，如长隧道、挡土墙、边坡等），只要保持平面尺寸几何相似即可，此时可按稳定要求选取模型厚度；③ 对采矿类问题，定性模型的几何相似常数通常为 100～200 之间，而定量模型的几何相似常数取 20～50 之间；④ 在构筑小模型时，某些构件如果按整个模型的几何比例缩小制作，往往在工艺或材料上发生困难，此时可以考虑采用非几何相似的方法来模拟这一局部问题。

（2）物理相似

在物理模拟实验中，主要的物理量的常数往往因模型所要解决的问题不同而有差异。

（3）初始状态相似

所谓初始状态是指原型的自然状态，对于岩体来讲，最重要的初始状态是它的结构状态。在原型与模型中，结构面形状与大小应保持与模型相同的几何相似关系。但从变形的角度来考虑，不论模型块体如何接触紧密，其间隙总是大于按原型缩制的要求，这就有可能导致整个体系的变形过大。为了保持原型与模型在总体上的变形相似，常常不得不适当地减小模型中不连续面的频率，即按总体变形模量相似的要求调整模型尺寸。

（4）边界条件相似

使用平面应变模型应采用各种措施保证前后表面不产生变形。这一要求对软岩层或膨胀岩层尤为重要。采用平面应力模型来代替平面应变模型时，由于在前后表面上没有满足原边界条件，模型中岩石具有的刚度将低于原型，为了弥补刚度不足的缺陷，通常在设计中用 $\left(\dfrac{E}{1-\mu^2}\right)$ 值来代替原来的 E_m 值。

3.3.1.3 物理相似模型构建

相似模拟以乌东煤矿+575 m 水平 45$^\#$ 煤层西翼综放工作面为实例，在实验室按照 1∶100 的相似比例设计采场模型，构建 45$^\#$ 煤层模拟采场实验台，如图 3-37 所示。采场模型模拟综放开采实际的工作面，其设计相应参数如下：煤层赋存倾角 45°，试验工作面分层高度为 25 m，机采 3.5 m，放顶煤 21.5 m，采放比 1∶6.1，放煤步距为 1.6 m，采煤机截深 0.8 m，工作面日推进 8 m。

45°煤层相似模拟采场实验装置系统由以下 3 部分组成：45°煤层分段综放工作面模型主体、供液系统、数据采集系统。同时需要部分辅助设备、材料，如数字化智能声发射仪、照相机、红外监测仪等。45°煤层综放面围岩移动规律相似模拟实验中试样制备选取的介质材

图 3-37 45°煤层模拟采场原型

料为河沙、石膏、大白粉和水,介质模拟材料的配比如表 3-1 所列。

表 3-1   介质模拟材料配比

材料	河沙(煤粉)	土	大白粉	石膏	油	水	煤
砂土	8/9	0	1/45	4/45	0		0
页岩	7/8	0	3/80	7/80	0		0
粉砂岩	8/9	0	1/18	1/18	0		0
泥岩	9/10	0	1/50	4/50	0		0
煤层	21/50	0	1/10	1/10	0		19/50
夹矸	8/9	0	3/90	7/90	0		0
石灰岩	6/7	0	3/70	7/70	0		0
隔水层	4/9	4/9			1/9		0

3.3.2 实验结果分析

3.3.2.1 水平分段综放岩层运移规律

（1）第一水平开挖、放煤特征

注水之前特征:在第一水平分层开挖过程中,对上方煤层厚度进行一次性开采,如图 3-38 所示。在开挖阶段初期,未出现明显的裂隙发育,上方煤层及覆岩基本保持原先状态,但在开挖结束后,顶煤开始出现裂隙发育,并随着时间延长,存在明显的下沉现象,裂隙发育加剧,沿着之前的裂纹扩展,从煤层顶部延至底部。然而,第一水平上方的顶底板却相对比较稳定,未出现明显的裂隙发育,整体保持完好,如图 3-39 所示。从图上可以看出,第一水平上方煤体出现大的裂隙,却未延深至顶底板。

由于采动影响诱导上方煤体出现的裂隙发育,有利于在放煤过程时顶煤的垮落和放出。

图 3-38　第一水平开挖

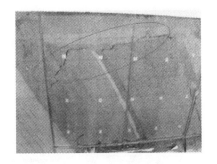

图 3-39　第一水平开挖后裂隙发育

但由于煤质相对较硬,同时,底板岩层对顶煤存在支撑作用以及顶板岩层本身具有一定的约束力,上方煤体很难充分破碎,因此,顶煤不可自动滑落,难以顺利被放出。针对现场以及试验中出现的情况,采取了对上方煤体进行注水软化的方法进行处理。在第一水平开挖结束之后,对顶煤实行注水软化,为使煤体充分软化、破碎,每次注水之后留设一定的间隔时间。

　　注水之后特征:在上方煤体实施注水一段时间之后,煤体内部松动裂隙不断增多,最终形成"三角形"垮落。但由于"顶板-煤层-底板"形成的整体结构对上覆煤体起到一定的承载作用,阻碍了顶煤的进一步垮落,导致还有一部分煤体附着在顶板上以及靠近底板上的煤体未垮落,如图 3-40 所示。为使顶底板周围的煤体也顺利垮落、放出,间隔一段时间之后,继续对上方煤体进行注水软化。最终彻底垮落呈碎块状。但在垮落煤体上方的顶板岩层只出现了显著的离层现象,由于受到煤体的支撑作用,未出现顶板岩层的垮落,如图 3-41 所示。

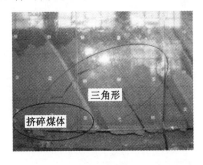

图 3-40　第一水平分层"三角形"垮落结构

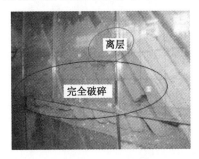

图 3-41　顶煤完全垮落

　　放煤前、后特征:在第一水平通过实施注水软化之后,上阶段上方煤体裂隙扩展延伸至顶底板充分破碎,顶煤开始发生垮落,如图 3-42 所示。从图中可以看到剩余的上方顶煤形成的由"顶板-煤层-底板"所组成的自然拱状结构,暂时趋于一种稳定状态,使顶煤无法正常垮落。但这种拱状结构容易造成上方煤岩体发生失稳现象,随着注水时间的延长,顶煤完全垮落,顶板岩层向采空区弯曲并有沿层面向下移动的趋势,底板也有轻微的凸起现象。在清理上方垮落的煤体之后,上覆岩层出现了垮落带、裂隙带和整体移动带,底板也形成了整体移动带或裂隙带,如图 3-43 所示。45°急倾斜煤层经过注水软化之后岩层移动所表现的特点,是由于水平分层放顶煤开采顶板一侧形成了丰富的裂隙带,因此,可以通过注水充分将上方煤体裂隙发育。

　　(2) 第二水平开挖、放煤特征

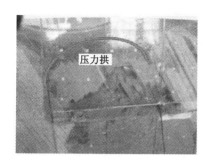

图 3-42　第一水平分层放煤前

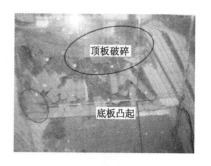

图 3-43　第一水平分层放煤后

首先对第二分层煤层进行初次开挖模拟,在开挖结束后,顶煤开始出现裂隙发育,并随时间延长,存在明显下沉现象,裂隙发育加剧,沿着之前的裂纹扩展,但煤体中的裂隙未相互贯通。在进行注水软化之后,第二分层阶段煤体出现了"三角形"垮落结构,如图 3-44 所示。根据上下两分层阶段都出现了"三角形"垮落结构特征,可以推断这种垮落方式是 45°急倾斜煤层垮落的一种常见方式,对这种垮落结构形状、特征的研究,可以为工作面的支护和特厚煤层的安全放煤提供依据。随着注水软化时间的延长,上方煤体中的裂隙相互贯通,最终导致顶煤充分破碎。将模拟实验中的煤体放出之后,煤层顶板发生了大面积的垮落,垮落结构具有急倾斜煤层共有的特征。靠近煤体附近中的岩层向采空区侧经历"弯曲—折断—滑落"过程规律,上覆岩层距煤体由近到远呈现此种垮落方式,同时,在底板处也有大片岩层发生隆起、下滑。煤层上方的表土层及地表形成巨大的由多次沉陷而导致的塌陷坑,坑周边产生多组间距较大的地表裂缝,如图 3-45 所示。

图 3-44　第二水平分层垮落结构图

图 3-45　第二水平分层放煤后

3.3.2.2　基于数字近景摄影的 45°煤层综放工作面模型岩层位移测量

（1）模型设置

依据乌东煤矿+575 m 水平 45#煤层西翼综放工作面为工程背景设计相似材料模型,此试验工作面分层高度为 25 m,机采 3.5 m,放顶煤 21.5 m,采放比 1:6.1,采煤机截深 0.8 m,放煤步距 1.6 m,工作面日推进 8 m。模型比例尺为 1:100,在相似材料模型的表面布设了 95 cm×120 cm 的平面控制格网（可作为检测点）,在模型煤体周围布置了 66 个变形监测标志点（含两个正对红绿三角形的矩形白色纸片）,监测标志点的位移变化情况,判定模型在不同开采水平阶段岩层运动变化情况及层位结构演化规律。在上覆岩层内部埋设 5 个声发射（AE）传感器,辅助观测采空区上覆岩层损伤及破坏情况,详见图 3-46。

图 3-46　相似模拟实验架(5.0 m)全景

（2）监测原理

数字近景摄影测量方法三维空间模型的建立，即利用非量测数码相机对研究对象进行影像获取，通过数码相机的检校，影像数据预处理，影像同名特征提取及匹配，数据编辑，真实纹理粘贴等步骤，建立可量测的三维立体模型的过程。

Photo Modeler 摄影测量方法三维重建，包括实景目标（布设有相对控制信息）影像数据的获取及预处理，同名特征的提取及匹配，结合相机检校信息、摄影测量方法目标点 3D数据流的生成，三维重建及纹理粘贴等步骤。特征提取是通过图像分析和变换提取所需特征的方法，是影像匹配和三维信息提取的基础，也是影像分析与单幅影像处理的最重要任务。特征提取是通过特征提取算子实现的，算子分为点、线和面状特征提取算子。本实验中主要是通过点状特征提取算子来进行特征提取的。

影像匹配是指对物方空间中同一目标所获得的不同影像进行配准，并识别同名点（共轭点）的过程，常用的方法有基于核线约束条件的同名点匹配和基于特征的匹配两种方法。对于基于核线约束条件的同名点匹配方法，只要找到左右影像上对应的同名核线，则同名核线与影像上特征线的交点即为同名点。

三维重建是指通过一定方法获取物体表面上一系列点在某一参考坐标系的三维坐标及表面纹理信息，并重现其立体模型的过程。基于数字近景摄影测量的三维重建，主要包括目标及其相对控制系统影像数据的获取和预处理，结合相机检校结果进行同名特征点的提取和影像匹配，并对目标三维重建等过程。根据实验目的，依据所建可量测三维模型可分别基于点、线、面等特征实现预测模型随开采变化规律、模型岩层运动变化情况及层位结构演化规律等。

（3）监测数据分析

在 45°煤层综放工作面顶板围岩移动规律物理相似实验中，将煤层划分了两个分层进行开采，第一个水平分层开挖，放煤时在相似模拟煤体周围各布设了 3 排变形监测点，每排11 个。利用近景摄影测量技术监测标志点的位移特征，绘制出标志点的下沉曲线，对比分析在上分层开挖过程中注水前、后顶煤及覆岩的下沉情况，判定层位结构的演化规律。

第一分层注水前、后覆岩下沉分析。在第一分层开挖后注水前、后,顶煤及覆岩层位发生了较大变化,观测数据如表 3-2 所列,表中分别记录了三排监测标志点的高程值,第一水平分层开挖后注水前、后对比如图 3-47 所示。在开采过程中上方煤体及岩层下沉具有瞬间突发性,下沉都是由下位岩层逐渐向上位岩层发展,由图可以看出,在注水前岩层移动值较小,只在第三排的观测点曲线稍微存在变化,一、二两排近乎为直线,表明在未注水的情况下,开挖后顶煤及覆岩由于裂隙发育不明显,保持完整性。但在注水之后,煤体及岩层裂隙开始大量产生,顶煤开始向工作面移动,三个排的观测点移动值都较明显,最终煤体及岩层移动达到稳定,一排的观测点在水平位置 60 cm 处变化值也达到 25 mm,上方煤体基本垮落至工作面,为下步的放煤工作顺利进行提供了保障。

表 3-2 第一分层开挖后注水前、后观测数据

观测点水平位置/cm	注水前			注水后		
	第一排观测点高程/mm	第二排观测点高程/mm	第三排观测点高程/mm	第一排观测点高程/mm	第二排观测点高程/mm	第三排观测点高程/mm
20	0	−125	−275	−5	−130	−277
30	−4	−130	−279	−7	−133	−280
40	−8	−135	−283	−13	−137	−285
50	−9	−136	−285	−18	−145	−288
60	−10	−137	−290	−25	−153	−303
70	−8	−135	−288	−20	−151	−300
80	−6	−133	−284	−18	−145	−299
90	−5	−130	−282	−15	−142	−294
100	−4	−128	−280	−12	−139	−286
110	−2	−127	−277	−9	−135	−283
120	0	−125	−275	−6	−131	−278

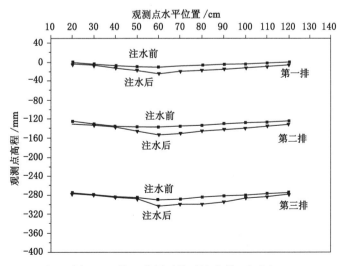

图 3-47 第一分层开挖后注水前、后对比

第一分层放煤前、后覆岩下沉分析。如图 3-48 所示,观测数据如表 3-3 所列。由图可知,放煤过程中引发上覆煤体及岩层发生了较为剧烈的移动,出现明显的下沉盆地、沉陷中心和台阶位移。下沉稳定后地表呈现非对称"V"字形下沉盆地,岩层整体向底板侧运动,最大位移变化量出现在下沉盆地中部,约在水平位置 60 m 处,由第一排地表标志点位移变化特征曲线可得出最大下沉量达到 225 mm。中上部岩层移动与地表移动类似,下沉曲线与地表下沉曲线相似,说明中上部岩层在运动过程中具有同步运动特征(由第二、三排标志点位移变化特征得出)。靠近工作面的岩层运动特征为整体垮落式运动方式,位移量几乎相等,下沉量平均为 57 mm。

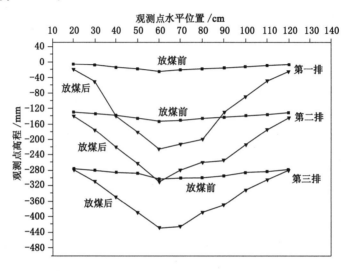

图 3-48　第一分层放煤前、后对比

表 3-3　第一分层放煤前、后观测数据

观测点水平位置/cm	放煤前			放煤后		
	第一排观测点高程/mm	第二排观测点高程/mm	第三排观测点高程/mm	第一排观测点高程/mm	第二排观测点高程/mm	第三排观测点高程/mm
20	−5	−130	−277	−20	−140	−280
30	−7	−133	−280	−50	−175	−310
40	−13	−137	−285	−140	−220	−350
50	−18	−145	−288	−182	−262	−390
60	−25	−153	−303	−225	−310	−430
70	−20	−151	−300	−212	−280	−425
80	−18	−145	−299	−200	−260	−390
90	−15	−142	−294	−130	−255	−370
100	−12	−139	−286	−90	−215	−330
110	−9	−135	−283	−50	−175	−305
120	−6	−131	−278	−25	−145	−280

3.3.2.3　基于声发射顶板垮落特征分析

3.3.2.3.1　声发射监测原理

材料局部聚集能量产生瞬态弹性波的现象称为声发射（Acoustic Emission，AE）现象，声发射是一种常见的物理现象，大多数材料变形和断裂时有声发射发生。目前声发射技术能够监测到的声源极其广泛：材料的塑性变形，即位错运动和孪生变形；裂纹的形成和扩展；岩石复合材料的钢纤维断裂、基体开裂、界面分离；坚硬岩石的断裂失稳等。实际上，被检测声发射信号的频带很宽，从几十赫兹到 2 MHz，幅度均较低，所以必须利用灵敏的电子仪器进行检测。从声源发出的弹性波在材料中传播，被置于物体表面的传感器接收，传感器将接收到的波形转换成电信号，再经信号放大器处理放大后，经滤波器去除背景噪声等无效信号成分，对有效信号再次放大后经计算机处理形成各种声发射信号参数，如图 3-49 所示。

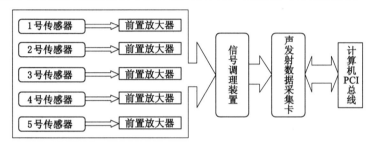

图 3-49　SWAES 声发射测试系统

声发射监测仪是根据监测到的声发射波形特征来分析煤岩体在垮落过程中的变化规律。实验之前，要先设置一个幅度门限，使声发射信号刚好出现，即最低幅度。实验时仪器只记录幅度大于这个最低幅度的声发射事件，监测时间段内大于最低幅度的幅度和时间所构成的图形的面积即为这段时间的能量。

3.3.2.3.2　监测数据分析

（1）第一水平开挖过程声发射监测数据结果分析

① 1# 通道声发射信号分析：在模型实验中 1# 通道接收的声发射传感器数据来源于模型最上部的信号。第一水平分层开挖过程的声发射关系特征如图 3-50 所示。从图 3-50（a）可以看出，在开挖初期未出现较多的振铃，表明此时煤岩释放的弹性波能量较小，上方的煤岩体基本未发生破裂。在 12 min 左右振铃计数突发增加，这时，存在煤岩的断裂、破碎释放弹性波信号，图 3-50（b）、（c）持续时间和能量与到达时间的关系特征图上基本反映与振铃计数所表现的规律相同。在持续时间与到达时间的图上反映了在开挖初期接收到大量的小能量弹性波信号，且释放能量很密集，表明在开挖初期整个岩层处于细微裂隙发育阶段，声发射信号活跃但围岩保持稳定。在开挖阶段的后期，约在注水时间达到 30 min，监测到一些声发射大事件，由于注水软化导致煤岩有新的裂纹损伤扩展，反映了在水的作用下煤岩微小裂隙的扩展过程。

② 3# 通道声发射信号分析：在模型实验中 3# 通道接收的声发射传感器数据来源于模型开切眼上部的信号，其声发射关系特征如图 3-51 所示。从图 3-51（a）可以看出，在开挖 18 min 左右接收到较多的振铃计数，在开挖初期由于顶煤及覆岩完整性较好，监测到的声发射信号很微弱，大事件、总事件数目较少，整体呈现波浪式跳跃发展，随着工作面推进，顶

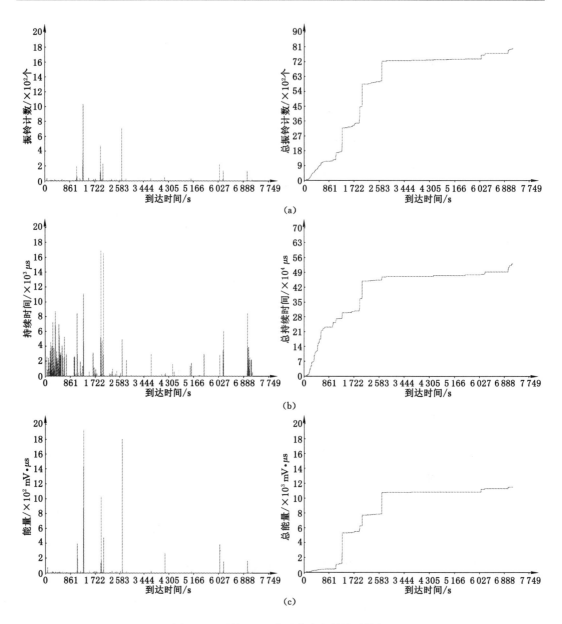

图 3-50　开挖过程 1# 通道声发射关系特征

（a）振铃计数-到达时间、振铃总数-到达时间关系特征；

（b）持续时间-到达时间、总持续时间-到达时间关系特征；

（c）能量-到达时间、总能量-到达时间关系特征

煤及覆岩整体性开始遭到破坏，裂隙大量发育，同时，能量和持续时间也反映出煤岩体的断裂与破坏。图 3-51（b）反映了在开挖初期接收到了大量的小能量弹性波信号，且释放能量很是密集，表明在开挖初期整个岩层处于细微裂隙发育阶段。在开挖阶段的后期，约在注水时间达到 20 min，监测到一些声发射大事件，由于注水软化导致煤岩有新的裂纹损伤扩展，反映了在水的作用下煤岩裂隙的扩展过程。

　③ 4# 通道声发射信号分析：模型实验中 4# 通道接收的声发射特征如图 3-52 所示。在

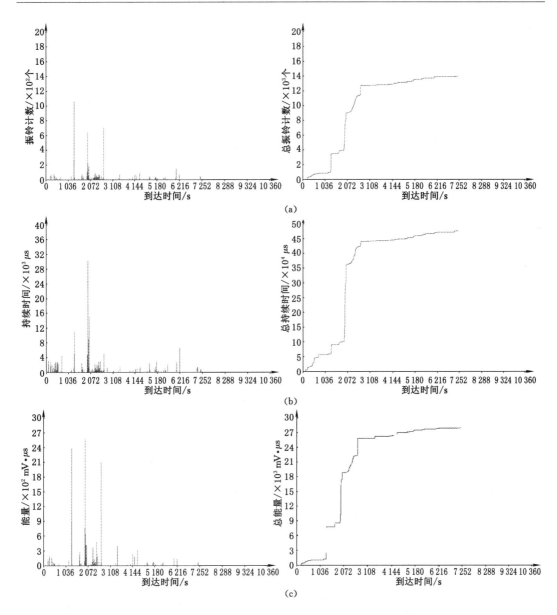

图 3-51　开挖过程 3# 通道声发射关系特征

（a）振铃计数-到达时间、振铃总数-到达时间关系特征；

（b）持续时间-到达时间、总持续时间-到达时间关系特征；

（c）能量-到达时间、总能量-到达时间关系特征

开挖初始阶段，由于上方煤体及岩层完整性较好，声发射信号较为微弱，振铃计数间断出现，经历几次较小范围的波动，振铃总计数最高达到 1 000 个，表明煤体中的裂隙逐步发育、扩展、延伸，能量逐渐累积，当到达一定极限后，产生较多的弹性波释放能量。从图 3-52（c）可以看出，在开挖初期呈现阶梯状上升趋势，最终趋于平缓，能量的释放过程每隔几分钟释放一次，产生大事件，反映了煤岩体裂隙的发育过程，但裂隙发育不是特别频繁，煤岩体未充分破碎。在开挖后期，随着注水时间的延长，煤岩体中的裂隙由于水的软化及渗流压力作用，

裂隙再次扩展,监测到声发射信号。

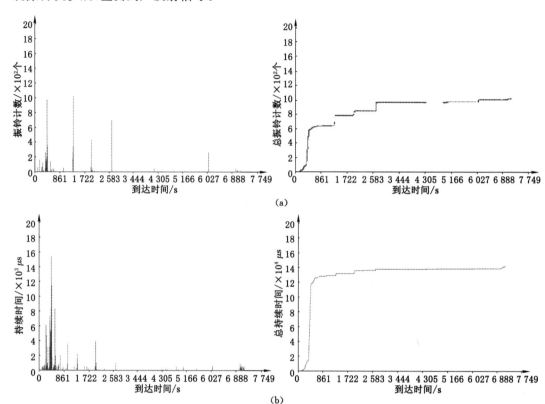

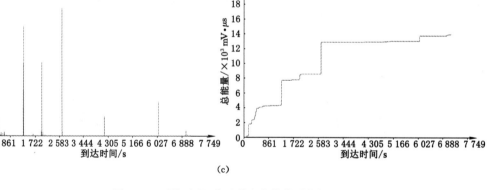

图 3-52　开挖过程 4# 通道声发射关系特征

(a) 振铃计数-到达时间、振铃总数-到达时间关系特征;

(b) 持续时间-到达时间、总持续时间-到达时间关系特征;

(c) 能量-到达时间、总能量-到达时间关系特征

(2) 第一水平放煤过程声发射监测数据结果分析

① 1# 通道声发射信号分析:放煤过程 1# 通道声发射的特征参数及规律如图 3-53 所示。在放煤前煤层及岩层处于基本稳定的状态,由于破碎煤体从工作面放出,顶煤及覆岩中的裂隙开始扩展,突然发生大面积垮落,声发射信号强度急增,振铃计数、能量以及持续时间均有剧烈的突增过程,并趋于平缓,经历一段时间的平静后,再次出现较小范围内的波动,表

明放煤过程是一个动态的波动过程。从图 3-53(a)可以看出,在放煤初期,较频繁地出现了大事件,并且振铃计数最高也达到 450 个,这时,工作面上方的破碎煤体不断地被放出,裂隙持续发育、扩展。但随着放煤的进行,裂隙发育趋于稳定,表明煤岩体不再受到压力作用;当上方的煤体出现较大范围的悬空状态时,煤岩体再次产生高强度的声发射信号,表明煤岩体发生失稳,顶煤充分破碎。

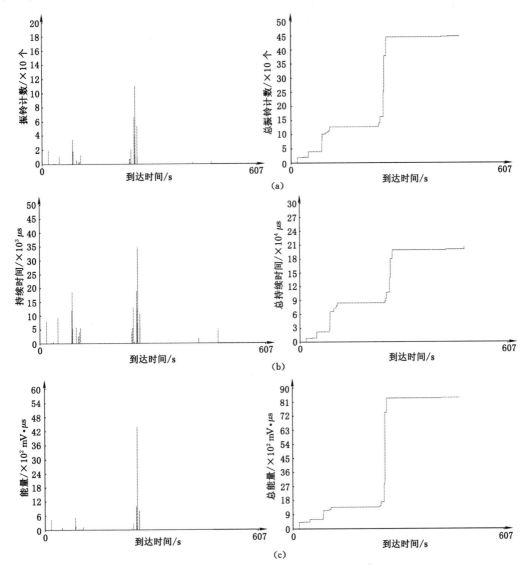

图 3-53　放煤过程 1# 通道声发射关系特征
(a) 振铃计数-到达时间、振铃总数-到达时间关系特征;
(b) 持续时间-到达时间、总持续时间-到达时间关系特征;
(c) 能量-到达时间、总能量-到达时间关系特征

②3# 通道声发射信号分析:在模型实验中 3# 通道接收的声发射传感器数据来源于模型开切眼上部放煤过程中产生的弹性波信号,其声发射关系特征参数及规律如图 3-54 所

示。从图 3-54(b)可以看出,在放煤初期 2 min 内监测的信号持续时间较长,表明这时产生的信号比较密集,顶煤及覆岩裂隙发育比较频繁,在放煤的同时裂隙不断扩展;在 2～4 min 时,未监测到声发射大事件,接收到的振铃计数也相对很少,此时,裂隙发育处于稳定时期;但在放煤时间约 4 min 时,再次出现较为频繁的弹性波信号,判断为上方的煤体出现较大范围的悬空状态时,煤岩体再次产生高强度的声发射信号,表明煤岩体发生扭转等失稳,顶煤充分破碎。从图 3-54(c)可以看出,整个监测时域内,只在 4 min 时产生的信号能量最高,说明顶煤及覆岩在发生失稳的瞬间,内部裂隙发育最为剧烈,接收到的振铃计数也最多。

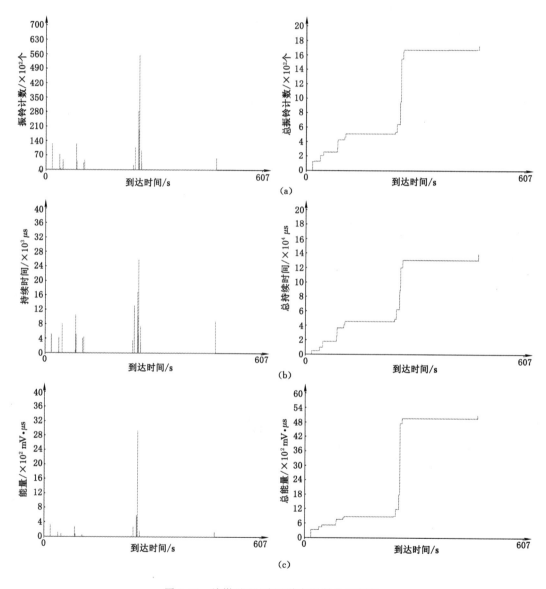

图 3-54　放煤过程 3# 通道声发射关系特征

(a) 振铃计数-到达时间、振铃总数-到达时间关系特征;

(b) 持续时间-到达时间、总持续时间-到达时间关系特征;

(c) 能量-到达时间、总能量-到达时间关系特征

③ 4# 通道声发射信号分析：在模型实验中 4# 通道接收的声发射传感器数据来源于模型开切眼上部顶板岩层中产生的声发射信号，其声发射关系特征参数及规律如图 3-55 所示。从图 3-55(a)可以看出，在整个放煤过程中 4# 通道接收到的声发射数据信号最弱，表明在放煤时岩层裂隙基本无发育，只在上方煤体及覆岩发生失稳阶段岩层裂隙才开始发育。图 3-55(b)、(c)关系特征图上也显示基本没有较多的弹性波信号，振铃计数、能量以及持续时间几乎为零，裂隙无发育。从图 3-55 可以判断在模型试验放煤阶段，顶板岩层受采动影响较小，损伤与破裂不剧烈，裂隙不再产生。

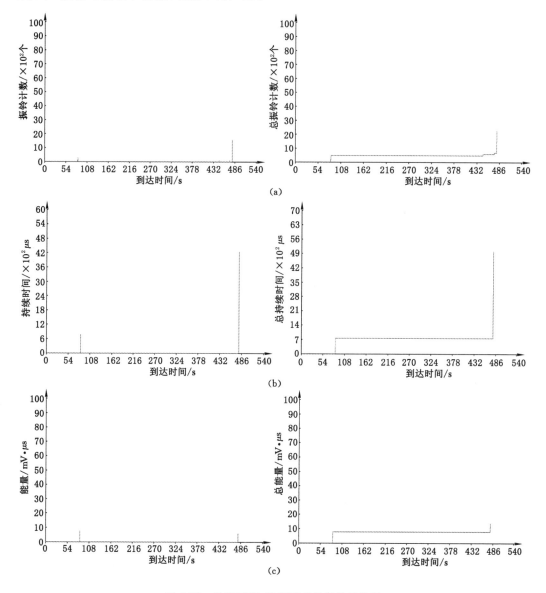

图 3-55　放煤过程 4# 通道声发射关系特征

(a) 振铃计数-到达时间、振铃总数-到达时间关系特征；

(b) 持续时间-到达时间、总持续时间-到达时间关系特征；

(c) 能量-到达时间、总能量-到达时间关系特征

（3）第二水平开挖过程声发射监测数据结果分析

① 1# 通道声发射信号分析：在模型实验中 1# 通道接收的声发射传感器数据来源于二阶段煤层最上部的信号，其声发射关系特征参数及规律如图 3-56 所示。从图 3-56(a) 可以看出，在开挖初期未监测到声发射大事件，振铃计数几乎为零，只在开挖即将结束时开始出现声发射大事件，表明在开挖初期阶段最上方的煤体裂隙发育很弱，释放的弹性波能量较小，基本未发生断裂破碎。在开挖后期，煤岩体受到的水的软化和渗流压力作用，造成煤体内部损伤不断产生裂隙，监测到大量振铃计数。图 3-56(b)、(c) 关系特征图上基本反映与振

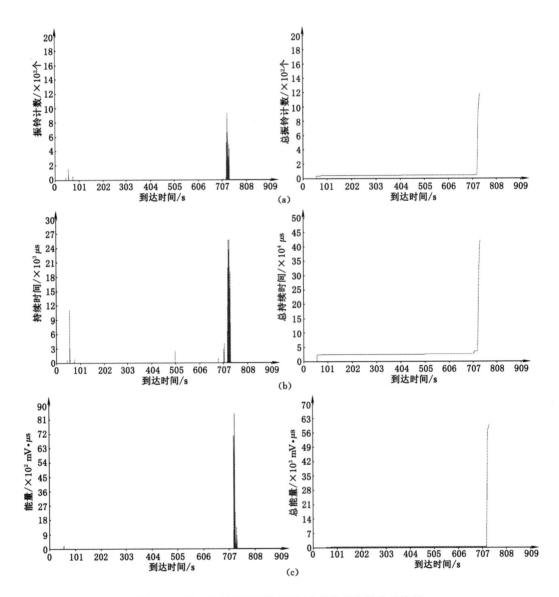

图 3-56　第二水平分层开挖过程 1# 通道声发射关系特征

（a）振铃计数-到达时间、振铃总数-到达时间关系特征；

（b）持续时间-到达时间、总持续时间-到达时间关系特征；

（c）能量-到达时间、总能量-到达时间关系特征

铃计数所表现的特征相同,只在注水软化时段内有新的裂纹损伤扩展,凸显了水对顶煤和岩层裂纹发育及延伸的作用。

② 3#通道声发射信号分析:在模型实验中 3#通道接收的声发射传感器数据来源于二阶段煤层开切眼的信号,如图 3-57 所示。从 3-57(a)可以看出,在开挖 7 min 左右接收到声发射大事件,但信号的能量很小,表明在开挖初期煤岩层处于细微裂隙发育阶段,裂纹未发生扩展、贯通;在开挖 12 min 左右,监测到一些声发射大事件,由于注水软化导致煤岩有新的裂纹损伤扩展,反映了水的软化及渗流压力作用下煤岩微小裂隙的扩展过程。图3-57(b)反映了在顶煤注水后接收到了大量的小能量弹性波信号,且释放能量很密集,表明在煤岩层

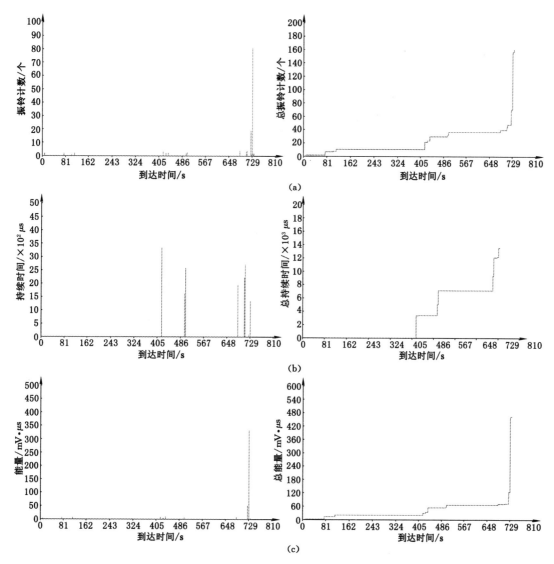

图 3-57　第二水平分层开挖过程 3#通道声发射关系特征

(a) 振铃计数-到达时间、振铃总数-到达时间关系特征;

(b) 持续时间-到达时间、总持续时间-到达时间关系特征;

(c) 能量-到达时间、总能量-到达时间关系特征

处于细微裂隙发育阶段,声发射信号活跃但由于能量很小说明顶板岩层保持稳定性,未发生岩层失稳等动力现象。

③ 4#通道声发射信号分析:如图 3-58 所示。在开挖初始阶段,由于上方煤体及岩层完整性较好,监测的声发射信号大事件数较少,振铃计数基本为零,在开挖约 7 min 时开始出现较少的振铃计数,表明煤岩层裂隙开始发育,处于细微裂隙发育阶段。从图 3-58(b)、(c)

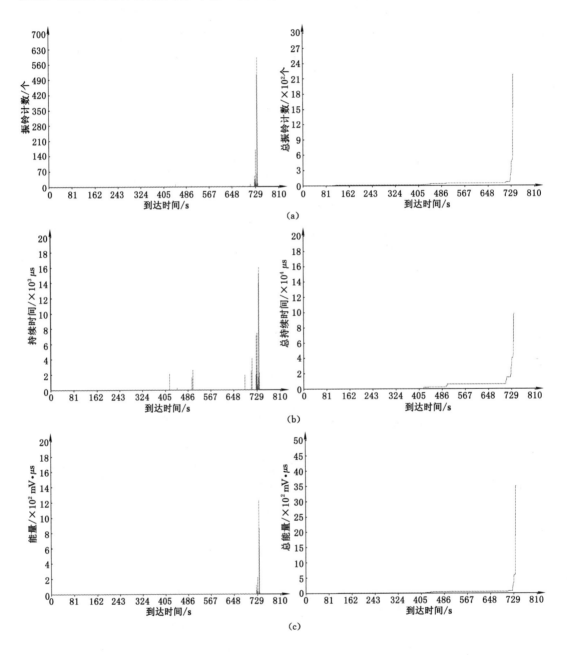

图 3-58　第二水平分层开挖过程 4#通道声发射关系特征

(a) 振铃计数-到达时间、振铃总数-到达时间关系特征;

(b) 持续时间-到达时间、总持续时间-到达时间关系特征;(c) 能量-到达时间、总能量-到达时间关系特征

可以分析出,在此阶段接收的弹性波信号能量很弱,但持续时间较长,表明释放出的弹性波比较频繁,属于弱能量事件。在开挖后期快结束时,监测到大量高能量事件,事件的振铃计数最高也达到 560 个,表明煤岩体裂隙大量产生,并存在裂纹扩展和延伸现象,释放较多的弹性波能量,为下一步顺利放煤提供有利的基础。

（4）第二水平放煤过程声发射监测数据结果分析

① 1# 通道声发射信号分析:如图 3-59 所示,在放煤初期,声发射信号强度较强,振铃计数、能量以及持续时间均有剧烈的突增过程,经历一段时间平静后,再次出现较小范围内的

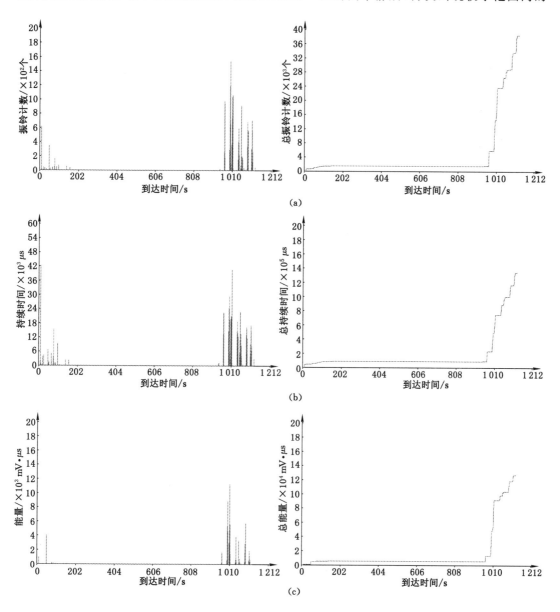

图 3-59　第二水平分层放煤过程 1# 通道声发射关系特征

（a）振铃计数-到达时间、振铃总数-到达时间关系特征;

（b）持续时间-到达时间、总持续时间-到达时间关系特征;（c）能量-到达时间、总能量-到达时间关系特

波动,表明放煤过程是一个动态的波动过程。从图 3-59(a)可以看出,放煤初期 3 min 内,较频繁地出现了大事件,并且振铃计数最高也超过 600 个,这时,工作面上方的破碎煤体不断地被放出,裂隙持续发育、扩展。但随着放煤的进行,裂隙发育趋于稳定,表明煤岩体不再受到压力作用,当上方的煤体出现较大范围的悬空状态时,在结束前 4 min 时,煤岩体再次产生高强度的声发射信号,表明煤岩体发生扭转失稳,顶煤充分破碎,释放大量弹性波能量。

② 3# 通道声发射信号分析:如图 3-60 所示。从图 3-60(a)可以看出,在放煤初期 3 min

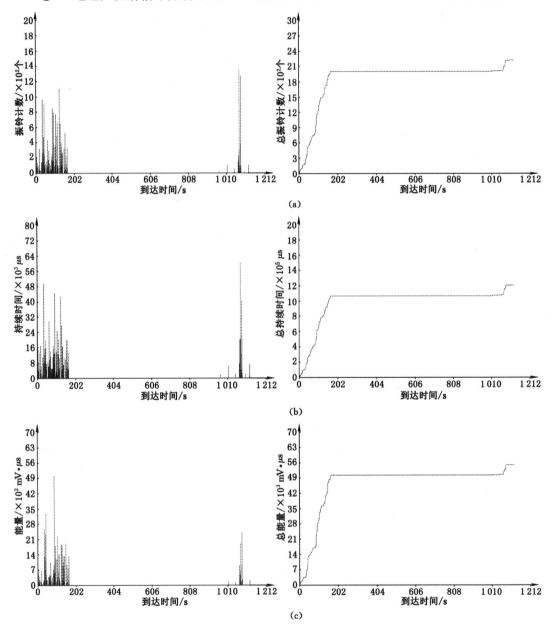

图 3-60 二水平分层放煤过程 3# 通道声发射关系特征

(a) 振铃计数-到达时间、振铃总数-到达时间关系特征;

(b) 持续时间-到达时间、总持续时间-到达时间关系特征;(c) 能量-到达时间、总能量-到达时间关系特征

内监测的信号持续时间较长,其中持续时间最长的一个事件有 4.8×10^4 μs,表明这时产生的信号的振铃较多,释放的弹性波很频繁,顶煤及覆岩裂隙在放煤的同时裂隙不断扩展;之后,未监测到声发射事件,总持续时间与到达时间近似水平直线,表明煤岩体不再产生声发射现象,裂隙发育处于稳定时期,没有新的裂纹产生和扩展,判断在放煤过程中期会出现一段时间裂隙发育平静期。在放煤结束阶段,再次监测到较多的振铃计数,表明放煤顶煤及覆岩发生失稳,内部裂隙又剧烈发育。

③ 4# 通道声发射信号分析:如图 3-61 所示。从图 3-61(a)可以看出,4# 通道在放煤初期未监测到声发射事件,因其位于岩层中,在放煤初期只有破碎顶煤从工作面放出,岩层未

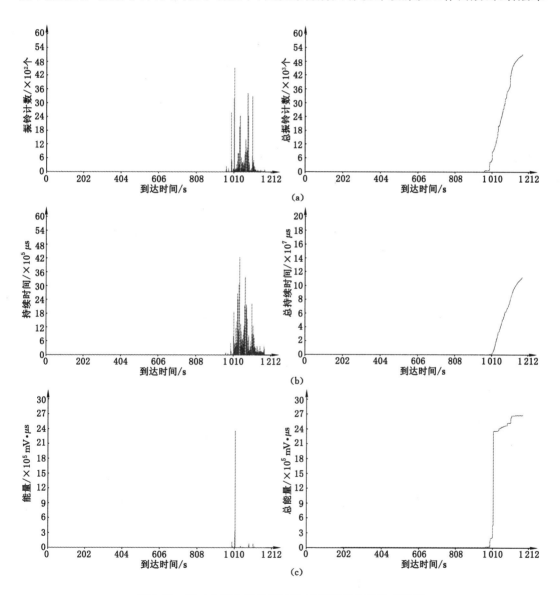

图 3-61　第二水平分层放煤过程 4# 通道声发射关系特征
(a) 振铃计数-到达时间、振铃总数-到达时间关系特征;
(b) 持续时间-到达时间、总持续时间-到达时间关系特征;(c) 能量-到达时间、总能量-到达时间关系特征

受到相互挤压力作用,总体保持稳定,内部未产生裂隙。在放煤 15 min 以后,开始监测到大量声发射事件,振铃计数最大超过 $4.2×10^3$ 个,此时岩层释放出大量的弹性能,判断上方覆岩发生断裂、失稳,内部裂纹不断产生、扩展、贯通,直至放煤结束,监测的振铃计数才开始下降,趋于稳定。

3.3.2.4　基于红外热像仪监测覆岩水体运移特征

通过红外热像仪对模型实验过程进行连续拍摄,得到一系列红外成像图,经软件分析、处理,选取在实验过程中各阶段有代表性的 6 组。模型实验中拍摄的红外成像图上都会呈现出颜色深浅不一的"热斑","热斑"区域的温度相比于周围区域偏高。热图中央的"热斑"即对应着模型在该处的温度较高,"热斑"显现得越明显,"热斑"区域与实验周围区域的温度差越大。

(1)上分层开采注水后红外仪成像图分析

如图 3-62 所示,随着上分层煤体的开挖,热水由顶部开始注入,从模型的整体结构分析,左上边缘和靠近右侧上边缘出现了较为明显的"亮斑",并且颜色变化混沌不明显,基本表现为白色;整个下边缘和左右两个下半部边缘的颜色呈现出黑色;中间出现一个类似方瓶状的区域。这是由于模型实验的上方煤体及覆岩较厚且煤岩层裂隙还未贯通造成热水注入后沿着煤层的两帮向下渗透,同时,还由于模型设置了一部分隔水层(位于煤层上方),造成水难以从煤层上方流入。

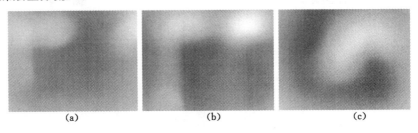

图 3-62　上分层开采注水后红外仪成像

(a) 初期;(b) 中期;(c) 稳定期

随着煤层的开挖和热水的注入和渗透,煤层上覆的隔水层逐渐被穿透并贯通,因此,煤层的上方岩层出现两个非常明显的椭圆形"亮斑",同时,该两处"亮斑"区域的下方也出现了明显的细条状白色区域,模型上边缘下方逐渐由之前的"瓶状"变为两部分近似长方体,说明此处裂隙有一定量的热水向下移动且温度逐渐扩散。在煤层开挖程度不断增加的作用下,顶煤开始整体垮落,即实现放顶煤的模拟,由于上覆煤岩整体性垮落与铰接,整个上分层的结构发生变化,左侧的煤体大范围的垮落造成热水无法继续向下渗透,形成一定范围的热量积聚。因此,模型的红外热像仪成像图像出现了一部分很明显的弯曲状"热斑",颜色呈由外向内逐渐变亮的趋势。

(2)下分层开采注水后红外仪成像图分析

如图 3-63 所示,下分层图像出现两个稳定的椭圆形"亮斑"区域,该区域的颜色由外到内逐渐变亮,颜色逐渐变暖,呈现出明显的温度上升梯度,由于上分层的整体性垮落,造成下分层中间出现"隔墙",两个"亮斑"区域中间出现较细的黑色区域,模型的其余部分颜色则呈现截然相反的冷色。随着热水的渗透,下分层煤体中的裂隙逐渐贯通,因此少量的裂隙出现了渗透的现象,一系列细微的白色条状区域开始显现。随着下分层的不断开挖和上分层的滑移作用造成下分层的顶煤得到冒放,且由于热水的下渗及温度的扩散,之前的"亮斑"范围不断扩大,呈现近似的圆形区域,该区域颜色亮度相比较有所降低,表明温度出现一定程度的下降。整个图像的温度梯度可以近似归为3个部分,从上到下依次为:较低、高、较低。

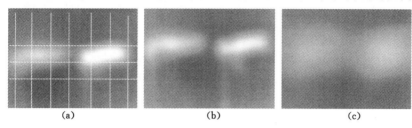

图 3-63　下分层开采注水后红外热像仪成像
(a) 初期;(b) 中期;(c) 稳定期

(3) 上、下分层放煤稳定后红外热像仪成像图分析

模型实验在开挖完毕上、下两层顶煤基本垮落稳定后红外热像仪成像如图 3-64 所示,此时,上分层垮落并与下分层铰接在一起。从图上可以分析发现整个模型的颜色表现为两个明显的部分,模型中间不规则的弯曲"亮斑"区域和四周的黑色区域,"亮斑"所占的面积达到整个模型面积的一半。热水在渗透过程中,由于上、下分层的垮落程度逐渐增加,直至两个分层实现完全铰接,上覆岩层和顶煤逐渐向下滑移和下沉,出现了很大的裂隙,而且部分区域已经压实。此时,热水只能沿着这些有明显裂隙的垮落区域渗透和扩散热量,而压实的部分则无法有效渗透,整个热水的渗透情况完全由垮落的结构和裂隙所决定。随着热水的渗透,温度的变化,模型中"亮斑"的形状出现一定程度的变化,而周围的温度并未出现明显变化,说明整体垮落后,由于煤体结构的导水裂隙带发育程度较高,而垮落的岩层则相对较弱。

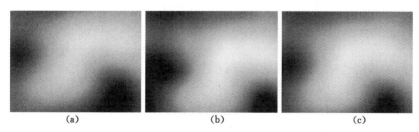

图 3-64　上、下分层放煤稳定后红外热像仪成像
(a) 初期;(b) 中期;(c) 稳定期

综上所述,煤岩体是渗透性存在高度差异的渗透介质,由于煤岩体内部孔隙水压的存在和裂隙的不连续扩展与贯通,造成热水注入的整个过程中其渗透与流向的非均匀性。从红外热像仪成像图的变化过程得出,以热水为指示的流体介质在模拟试验中呈现出渗透—聚集—渗透—沿裂隙流动的整体特征。由于孔隙水压力对裂纹的扩展和贯通是双向的,因此,含水节理会进一步扩展,扩展的过程中渗流也在不断地发生。本实验反映出流体的渗透与致裂主要沿着煤层的倾斜方向发生,对 45°煤层采空区积水与注水处理、参数设置提供了实验依据。

3.4 本章小结

本章针对综放工作面上覆岩层运动规律,分析煤体采出后工作面顶板垮落的特征,通过PFC 数值计算模型分析护顶煤柱稳定性,采用急倾斜煤岩体运移规律物理相似模拟实验揭示水平分段综放岩层运移规律。得出以下结论:

(1)顶板在同等条件下,随着煤层倾角的增大,顶板岩层的最大垮落高度所处位置 a 和采面倾斜长度 L 越接近。当 $a>L$ 时,最大垮落所处的位置位于采煤工作面上出口位置附近。

(2)在残留煤体的作用下,顶板受煤层开采扰动后,顶板运移存在明显的分区特征,即挤压失稳区、滑移失稳区和回转失稳区。当挤压失稳区顶板发生失稳、充填采空区后,会转换为滑移失稳区的一部分。不同层位上的顶板运移、失稳会产生不同的动力显现特征,滑移失稳区顶板的滑移失稳会造成塌陷坑沿煤层倾向的逐渐延伸,而回转失稳区顶板的失稳则会造成地表塌陷坑在水平方向上范围的逐渐扩大。

(3)护顶煤柱为 2.0 m 时运算相同的步数放出的颗粒数量最多,即采出率最大,护顶煤柱 2.5 m 时放出颗粒数量最少。护顶煤柱为 2.0 m 时支架顶梁承受煤块冲击载荷平均较小,支架尾梁在水平与垂直方向上承受的载荷最小护顶煤柱为 2.0 m 时工作面能够使支架上方的煤体处于稳定状态。

(4)顶煤实施超前预爆破后,煤体强度降低,块度减小,内部原有块体接触结构发生改变,放煤口附近应力链、接触结构稀疏,有利于顶煤的流出。使工作面得以快速推进,提高了推进度和回采率。支架斜后方形成的结构力链空洞较多,结构体力链稀疏是放煤的关键。总体上看,放煤过程中煤体结构力链经历了密集—稀疏—密集—稀疏的演化过程,随着工作面的下一循环,上述过程将重复出现。支架后部煤块的流动速度场经历了初期较小、继而加大、集中流动、最终均衡的演化过程。这与煤体结构的动态演化一一对应,验证了煤体结构力链的存在及正确性。这为优化顶煤超前预爆破参数与合理放煤、保障安全开采提供了理论依据。

(5)急倾斜煤层经过注水软化之后,随着注水软化时间的延长,工作面上方煤体中的裂隙相互贯通,最终导致顶煤充分破碎。从红外热像仪成像图的变化过程得出,以热水为指示的流体介质在模拟试验中呈现出渗透—聚集—渗透—沿裂隙流动的整体特征。本实验反映出流体的渗透与致裂主要沿着煤层的倾斜方向发生。将模拟实验中的煤体放出之后,煤层顶板发生了大面积的垮落,垮落结构具有急倾斜煤层共有的特征。靠近煤体附近中的岩层向采空区侧经历"弯曲—折断—滑落"过程规律,上覆岩层距煤体由近到远呈现此种垮落方式,同时,在底板处也有大片岩层发生隆起、下滑。煤层上方的表土层及地表形成巨大的由多次沉陷而导致的塌陷坑,坑周边产生多组间距较大的地表裂缝。

4 急倾斜煤岩体动力灾害发生机制分析

4.1 急倾斜特厚煤层顶板运移规律分析

急倾斜特厚煤层水平分段综放开采,其工作面正上方不是顶板而是上分段开采形成的采空区,正下方不是底板而是下阶段的顶煤,工作面赋存环境具有独特性,属于顶空开采[47]。开采扰动的影响使顶板围岩从三向应力状态变为二向受力状态。煤岩体赋存环境的独特性,造成顶板的应力状态与破坏形式和近水平煤层不同,呈现出非对称状态。从物理相似模拟实验可以看出,由于煤层倾角,以及开采扰动的影响,采空区顶板将会沿顶板法向方向随时间推移发生垮落失稳,但顶板在不同层位将会表现出不同的破断方式、失稳形态。采空区顶板将在空间上产生"挤压—滑移—回转"有规律的交替运动,极易演化为围岩介质的强度劣化并产生坍塌失稳,进而诱发动力灾害。为了实现顶板突然失稳造成动力学破坏过程中储能的改变与转移,削减顶板储存的应力强度,减缓顶板与采空区残留煤体沉降所造成的局部应力集中,提出对顶板耦合致裂的有效方案,因此对采后采空区顶板在不同层位上的动态运移规律进行分析研究具有重要的实际意义。

4.1.1 顶板运移演化过程

随着采深与段高的增加,单纯只研究一个段高范围内顶板结构的失稳特征,已不能满足矿区安全生产的需求,有必要从空间上对急倾斜水平分段开采煤层的顶板所形成的结构以及运移规律进行分析研究。急倾斜水平分段开采所形成的顶板结构和近水平煤层所形成的"砌体梁"有所不同,其在顶板倾斜方向的不同层位将会表现出不同的运移特征,且不同层位的结构失稳所诱发的动力灾害的类型、强度、显现方式将会不同。根据乌东煤矿急斜特厚煤层水平分段开采顶板垮落特点,将顶板从空间上依次分为挤压失稳区、滑移失稳区、回转失稳区。其工作面赋存环境与分区划分如图4-1所示。

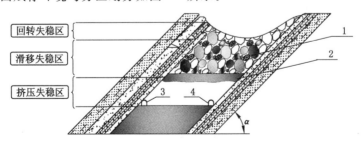

图 4-1 工作面赋存环境与分区划分

1——采空区;2——残留煤体;3——运输巷道;4——回风巷道

顶板悬露面积将会随着工作面的走向与倾向的推进逐渐增大,在上覆岩层作用力与自身重力的作用下,挤压失稳区的顶板将会沿工作面后方采空区即其法向发生大范围的弯曲变形。当变形超过其最大承载强度时,将会发生破断失稳并充填采空区;挤压失稳区顶板发生失稳破断后,滑移失稳区顶板将会失去倾向的支撑力。当自身重力与上覆岩层沿切向的分力的合力大于上覆岩层和采空区矸石对其沿切向摩擦力的合力时,将会发生滑移失稳;滑移失稳区顶板发生失稳后,回转失稳区顶板将会失去滑移失稳区顶板对其的作用力,则会发生回转,充填采空区。其顶板动态运移过程如图 4-2 所示。

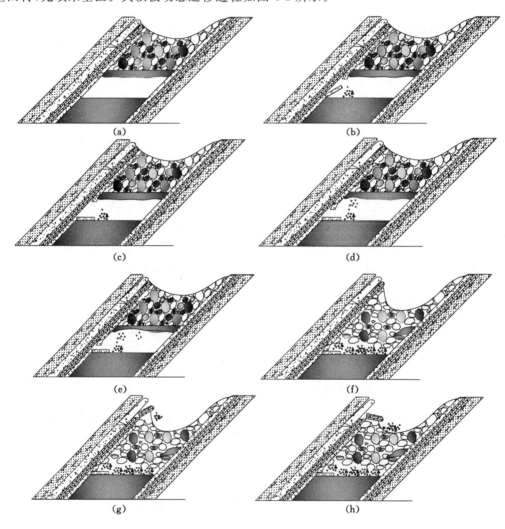

图 4-2 顶板动态运移过程

4.1.2 挤压失稳区顶板失稳特征

4.1.2.1 挤压失稳区顶板力学模型建立

水平分段放顶煤在放煤之前,先对顶煤实施超前预爆破[7-8],即顶煤弱化处理,但由于段高的增加与煤层倾角的影响,上部顶煤的弱化效果随段高的增加效果会明显降低,很难使顶煤完全充分弱化。乌东煤矿 45# 煤层倾角为 45°,煤层倾角与自然安息角非常接近,促使顶板与顶煤自然垮落难度增加,导致部分残留煤体的自然垮落将滞后工作面的推进,从而使"顶板—残留煤体—底板"形成一个空间。挤压失稳区覆岩结构如图 4-3(a)所示[9]。在小变形的前提下,为简化计算,将顶板底端简化为固定端约束;忽略顶板与顶煤之间的相对运动,将顶板与顶煤连接点简化为固接;不考虑由于采动影响下沿倾斜滑落的煤矸石对顶板的支撑,可简化成顶板与工作面上方残留煤体的梁结构力学模型[图 4-3(b)]。残留煤体刚度为 E_2I_2、顶板的刚度为 E_1I_1,煤层厚度为 l_2,受到均布荷载 q_2 作用。顶板倾斜长度为 l_1,受到均布荷载 q_1 的作用,煤层倾角为 α。

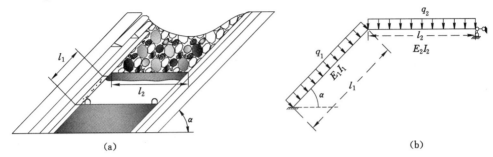

图 4-3　挤压失稳区覆岩结构与力学简化模型

(a) 挤压失稳区覆岩结构;(b) 力学简化模型

在小变形的条件下,图 4-3(b)通过叠加原理分解为如图 4-4(a)所示顶板只受均布荷载 q_1 作用和残留煤体只受均布荷载 q_2 作用下相叠加。在残留煤体只受均布荷载 q_2 的作用下,解除底板对残留煤体的约束并用广义力 x_1 和 x_2 代替得到如图 4-4(b)所示的基本体系。

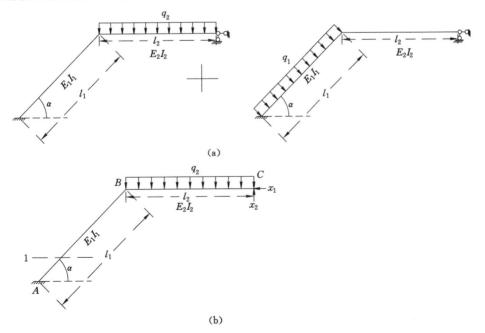

图 4-4　受力分解与基本体系

(a) 受力分解;(b) 基本体系

图 4-4(b)基本体系为二次超静定结构,通过材料力学对此结构分析有如下方程:

$$\begin{cases} \delta_{11}x_1 + \delta_{12}x_2 + \Delta_{1p} = 0 \\ \delta_{21}x_1 + \delta_{22}x_2 + \Delta_{2p} = 0 \end{cases} \tag{4-1}$$

式中 δ_{ij}——j 处的广义力在 x_j 方向所引起的广义位移$(i,j=1,2)$;

Δ_{ip}——外荷载即 q_2 在 $x_{ij}(i,j=1,2)$ 方向上所引起的位移。

由摩尔积分定理可知方程(4-1)中的系数如下:

$$\delta_{11} = \frac{1}{E_1 I_1}\int_0^{l_1}(x\sin\alpha)^2 \mathrm{d}x$$

$$\delta_{12} = \frac{1}{E_1 I_1}\int_0^{l_1}x\sin\alpha(l_2 + x\cos\alpha)\mathrm{d}x$$

$$\delta_{12} = \delta_{21}$$

$$\delta_{22} = \frac{1}{E_1 I_1}\int_0^{l_1}(l_2 + x\cos\alpha)^2\mathrm{d}x + \frac{1}{E_2 I_2}\int_0^{l_2}x^2\mathrm{d}x$$

$$\Delta_{2p} = \frac{1}{E_1 I_1}\int_0^{l_1}(l_2 + x\cos\alpha)(-\frac{1}{2}q_2 l_2^2)\mathrm{d}x + \frac{1}{E_2 I_2}\int_0^{l_2}x(-\frac{1}{2}q_2 x^2)\mathrm{d}x$$

$$\Delta_{1p} = \frac{1}{E_1 I_1}\int_0^{l_1}(-\frac{1}{2}q_2 l_2^2\sin\alpha)x\mathrm{d}x$$

为了使计算过程容易分析,特令 $E_1 I_1/E_2 I_2 = k$,则把以上系数带入式(4-1)可得:

$$x_1 = -\frac{3}{4}\frac{q_2 l_2(2l_1^2\cos\alpha - l_2^2 k + 2l_2 l_1 k\cos\alpha)}{l_1\sin\alpha(3l_1 + 4l_2 k)} \tag{4-2}$$

$$x_2 = \frac{3}{2}\frac{q_2 l_2(l_1 + l_2 k)}{3l_1 + 4l_2 k} \tag{4-3}$$

当广义力 x_1 和 x_2 求出后,图 4-4(b)的二次超静定问题就可以用静定结构的知识来求解,即在 A 点列平衡方程:

$$\begin{cases} \sum F_x = 0; F_{A_x} = x_1 \\ \sum F_y = 0; F_{A_y} + x_2 = q_2 l_2 \\ \sum M_C = 0; F_{A_y}(l_2 + l_1\cos\alpha) + M_A = F_{A_x}l_1\sin\alpha + \frac{1}{2}q_2 l_2^2 \end{cases} \tag{4-4}$$

式中 F_{A_x}——A 点 x 方向的支座反力;

F_{A_y}——A 点 y 方向的支座反力;

M_A——A 点弯矩。

将式(4-2)和式(4-3)代入式(4-4),就可以求出 A 点的支座反力 F_{A_x} 与 F_{A_y},与弯矩 M_A。并在 1—1 截面上以 A 点为起点取矩可得顶板在只有 q_2 作用下的弯矩方程:

$$M_2^1(x) = \frac{q_2 l_2(12l_1^2\cos\alpha + 16l_1 l_2 k\cos\alpha - 3l_2^2 k)}{4l_1(3l_1 + 4l_2 k)}x + \frac{q_2 l_2(l_2^2 k - 16l_2 l_1 k\cos\alpha - 12l_1^2\cos\alpha)}{4(3l_1 + 4l_2 k)} \quad (0\leqslant x\leqslant l_1) \tag{4-5}$$

同理,按照上述方法对顶板只受均布荷载 q_1 的作用下进行分析可得到顶板的弯矩方程:

$$M_1^1(x) = \frac{q_1(4l_2 k + 3l_1)}{2(3l_1 + 4l_2 k)}x^2 + \frac{q_1(3l_1^2 + 5l_1 l_2 k)}{2(3l_1 + 4l_2 k)}x - \frac{q_1(l_1^3 + 2l_1^2 l_2 k)}{4(3l_1 + 4l_2 k)} \quad (0\leqslant x\leqslant l_1) \tag{4-6}$$

其中，$M_i^j(x)$ 中的 $i(1,2)$ 表示在 q_i 作用下的弯矩；j 表示在 $j=1$ 截面上计算。

特设顶板的挠度为 $\omega_{顶板}$，在小变形情况下有：

$$\begin{cases} \omega\big|_{x=0} = 0 \\ \dfrac{\mathrm{d}^2\omega}{\mathrm{d}x^2} = \dfrac{M}{EI} \end{cases} \tag{4-7}$$

将式(4-5)与式(4-6)代入式(4-7)最终得到：

$$\omega_2^1(x) = \frac{q_2 l_2(12l_1^2\cos\alpha + 16l_1 l_2 k\cos\alpha - 3l_2^2 k)}{24E_1 I_1 l_1(3l_1 + 4l_2 k)}x^3 +$$
$$\frac{q_2 l_2(l_2^2 k - 16l_2 l_1 k\cos\alpha - 12l_1^2\cos\alpha)}{8E_1 I_1(3l_1 + 4l_2 k)}x^2 \quad (0 \leqslant x \leqslant l_1) \tag{4-8}$$

$$\omega_1^1(x) = \frac{q_1(4l_2 k + 3l_1)}{24E_1 I_1(3l_1 + 4l_2 k)}x^4 + \frac{q_1(3l_1^2 + 5l_1 l_2 k)}{12E_1 I_1(3l_1 + 4l_2 k)}x^3 -$$
$$\frac{q_1(l_1^3 + 2l_1^2 l_2 k)}{8E_1 I_1(3l_1 + 4l_2 k)}x^2 \quad (0 \leqslant x \leqslant l_1) \tag{4-9}$$

则由叠加原理得挤压失稳区顶板挠度曲线函数为：

$$\omega_{顶板} = \omega_1^1 + \omega_2^1 \tag{4-10}$$

由式(4-10)可知，顶板变形的主要因素是顶板抗弯刚度、煤层倾角、悬空长度。顶板变形与顶板悬空长度成正比，与刚度和倾角成反比。

4.1.2.2　+575 m 水平挤压失稳区顶板变形参数计算

在考虑构造应力的情况下垂直作用于顶板的均布荷载 $q_1 = \gamma H_1(\cos\alpha + \lambda\sin\alpha)$；侧压力系数 λ 取 0.3。+575 m 水平乌东煤矿北采区工作面的埋深 H_1 取 145.0 m；煤层倾角 α 取 45°；上覆岩层平均容重 γ 取 20 kN/m³；未充分弱化的残留煤体厚度为 3.0～5.0 m，工作面长度 l_2 取 35.0 m；顶板刚度 $E_1 I_1$ 取 9.0×10^4 MPa·m³；残留煤体的刚度 $E_2 I_2$ 取 2.25×10^4 MPa·m³；顶板的倾斜长度 l_1 取 35.0 m；垂直作用于残留煤体的 $q_2 = 0.2\gamma H_2$；k 取 4；$H_2 = H_1 - l_1\sin\alpha$。将以上力学参数代入公式(4-10)可得到乌东煤矿 +575 m 水平北采区挤压失稳区顶板变形曲线，如图 4-5(a)所示。

图 4-5(a)表明：顶板沿倾斜方向的中上部变形区域变形量最大，顶板变形量先以一定速率的增长，达到最大值后开始减小，且减小部分的速率比增加部分的速率快。当倾斜长度 l_1 大于 20.0 m 时曲线的增速明显变大；工作面顶板倾斜长度为 35.0 m 时，顶板最大变形量约为 600.0 mm，最大的变形量为顶板倾斜长度的 4/7 处。

为了得到顶板的倾斜长度对顶板的变形量的影响，在煤层倾角为 45°的条件下，将顶板倾斜长度为 25.0 m、30.0 m、35.0 m 依次代入公式(4-10)得到不同倾斜长度下顶板变形曲线；如图 4-5(b)所示，倾斜长度为 25.0 m、30.0 m、35.0 m 时的最大变形量分别为 220.0 mm、350.0 mm、600.0 mm；随段高增加，曲线增速依次增大；最大变形位置沿顶板倾斜方向向上移动，并保持在中部偏上。

4.1.2.3　煤层倾角对顶板变形量的影响

在顶板倾角不变的情况下，首先在顶板倾斜长度为 25 m 和 30 m 的条件下将煤层倾角 45°、65°、75°依次带入公式(4-10)，通过 Maple 专业处理软件绘制得到顶板变形曲线如图 4-6 所示。曲线表明：在段高一定的情况下，挤压失稳区顶板的变形量，随煤层倾角的增大依次减小；顶板变形曲线随着倾角的增大增速逐渐减小；随煤层倾角的增大，顶板变形量最大位

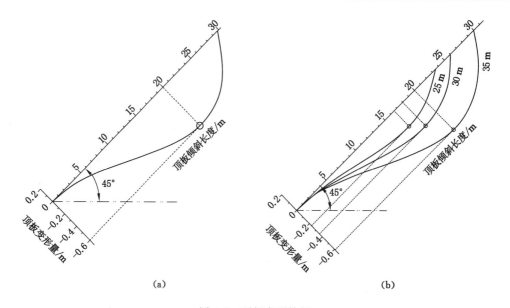

(a)   (b)

图 4-5　顶板变形特征

（a）+575 m 水平挤压失稳区顶板变形曲线；（b）顶板倾斜长度对顶板变形量的影响

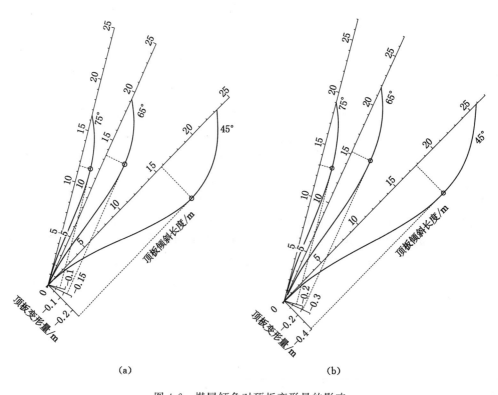

(a)   (b)

图 4-6　煤层倾角对顶板变形量的影响

（a）段高 25 m 下倾角对顶板变形的影响；（b）段高 30 m 下倾角对顶板变形的影响

置将会沿倾向向下移动，即在倾向上越靠近工作面，顶板变形量越大；在相同角度下通过对
比发现，段高 30 m 时顶板在 45°、65°、75°下的变形曲线比段高 25 m 时的曲线的最大变形量

都大。因为随倾角的增大,顶板上覆岩层作用在顶板上的作用力沿切向方向的分力将逐渐增大而沿法向方向的分力逐渐减小。

表明+575 m水平乌东煤矿北采区的段高应控制在20~25 m范围内,如果部分区域煤层倾角变大,则可以适当调整段高,以期实现安全高效开采的目的。

4.1.2.4 挤压失稳区顶板失稳动力灾害显现特征

挤压失稳区顶板的悬空面积将随着工作面在走向与倾向推进逐渐增大,当上覆岩层作用在顶板的作用力超过其最大承载力时,悬空顶板将会发生突然失稳,挤压失稳区顶板的突然失稳将会对工作面支架、巷道内的锚索、锚网等产生强冲击载荷,制约着矿井的安全生产。挤压失稳区顶板失稳将会发生如图4-7所示的2010年8月22日B$_6$西掘进巷动力失稳现象。

 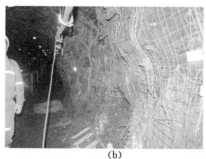

(a)   (b)

图4-7 B$_6$西掘进巷道破坏情况描述

4.1.3 滑移失稳区顶板失稳特征

4.1.3.1 滑移失稳区顶板力学模型建立

随挤压失稳区顶板变形量的增加,当变形超过其强度时,将会发生破断并充填采空区。由于挤压破坏区顶板的垮落导致滑移失稳区的顶板失去法向的支撑力,当顶板上覆岩层作用在沿顶板切向向下的合力大于沿切向向上的合力时将发生滑移失稳,其覆岩结构如图4-8(a)所示,可简化为图4-8(b)的力学模型。

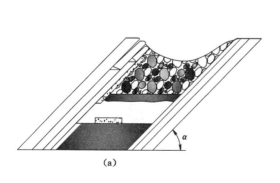 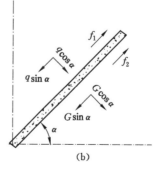

(a)   (b)

图4-8 滑移失稳区覆岩结构与力学简化模型
(a)滑移失稳区覆岩结构;(b)力学简化模型

把上覆岩层作用在滑移失稳区顶板上的合力简化为q,倾角为α,则上覆岩层作用在顶板上的切向分量为$q\sin\alpha$,法向分量为$q\cos\alpha$;顶板自身重力为G,则切向分量为$G\sin\alpha$,法向

分量为 $G\cos \alpha$,上覆岩层对顶板的摩擦力为 f_1,煤矸石对顶板的摩擦力为 f_2,上覆岩层对顶板的摩擦系数为 μ_1,煤矸石对顶板的摩擦系数为 μ_2。当顶板发生滑移失稳时必须满足下列关系式:

$$\begin{cases} q\sin \alpha + G\sin \alpha > f_1 + f_2 \\ f_1 = q\mu_1\cos \alpha \\ f_2 = (q+G)\mu_2\cos \alpha \end{cases} \qquad (4\text{-}11)$$

将式(4-11)进行化简最终可以得到:

$$q > \frac{\mu_2 - \tan \alpha}{\tan \alpha - \mu_1 - \mu_2}G \qquad (4\text{-}12)$$

急倾斜煤层倾角在 $45°\sim90°$ 之间,对于式(4-12)而言,q 与 G 都是恒大于零的常数,且 α 在 $45°\sim90°$ 之间时分子是小于零的常数,要使式(4-12)恒成立,分母为正时则恒成立,最终可以得到:

$$\alpha > \arctan(\mu_1 + \mu_2) \qquad (4\text{-}13)$$

即当 $\alpha > \arctan(\mu_1 + \mu_2)$ 时顶板将会沿着煤层倾向发生滑移失稳。

4.1.3.2 滑移失稳区顶板失稳动力灾害显现特征

滑移失稳区顶板一旦突然失稳,将对工作面形成严重影响,将会产生比挤压失稳区顶板失稳更为严重的动力灾害。上分段以上采空区所残留的煤矸石、聚集的有毒气体将会突然冲击工作面,造成严重的动力灾害以及气体超限;顶板的滑移失稳将会使工作面与地表形成一条供氧通道,容易造成煤体自燃、煤尘爆炸等动力灾害;地表水以及雨水也会顺着通道流入井下,容易造成矿井突水;采空区残留煤矸石大量的滑移,将会使地表形成台阶下沉,对地表农田、建筑物等形成动力灾害。地表台阶下沉如图 4-9 所示。

图 4-9 乌东煤矿地表台阶下沉

4.1.4 回转失稳区顶板失稳特征

4.1.4.1 回转失稳区顶板力学模型建立

滑移失稳区顶板发生失稳后,回转失稳区顶板将会失去滑移失稳区顶板与采空区煤矸石对其的支持力。滑移失稳区顶板与采空区煤矸石的大面积突然滑移失稳,将会在采空区形成一个空间自由面,使回转失稳区顶板有相应的空间发生回转。滑移失稳区顶板沿倾向的滑移,促使回转失稳区顶板失去一定的支撑力,则会向采空区产生回转运动。顶板的回转失稳是一个动态过程,通过动力学对其进行分析,顶板在回转的过程中,真实的外力有上覆岩层与采空区煤矸石对其的作用力以及 A 点的支持力和顶板的自身重力。假设:顶板为均质材料,顶板绕 A 点做定轴回转,转过的角度为 β,则回转的角速度为 $\dot{\beta}$,角加速度为 $\ddot{\beta}$。其覆岩结构如图 4-10(a)所示,可简化为图 4-10(b)的力学模型。

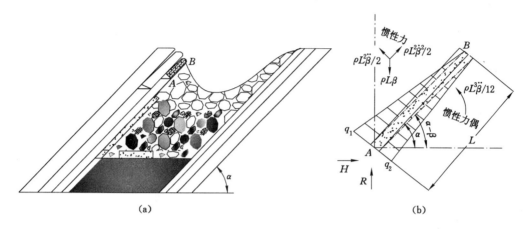

图 4-10 回转失稳区覆岩结构与力学简化模型

(a) 回转失稳区覆岩结构;(b) 力学简化模型

对 A 点利用动量矩定理有:

$$\rho L g \cdot \frac{L}{2}\cos(\alpha-\beta) + q_1 \cdot \frac{L}{2} \cdot \frac{L}{3} - q_2 \cdot \frac{L}{2} \cdot \frac{L}{3} = \frac{1}{3}\rho L \cdot L^2 \ddot{\beta} \qquad (4\text{-}14)$$

式中 L——回转失稳区顶板的倾斜长度;

q_1——上覆岩层对顶板的作用力;

q_2——采空区煤矸石对顶板的作用力;

ρ——顶板密度;

$\alpha-\beta$——顶板回转 β 角后与水平面的夹角。

由公式(4-14)可以求得回转失稳区顶板回转任意角度 β 后顶板的角加速度为:

$$\ddot{\beta} = \frac{1}{2\rho L}\left[3\rho g\cos(\alpha-\beta) + q_1 - q_2\right] \qquad (4\text{-}15)$$

在距离 A 点为 x 处取微元 $\mathrm{d}x$,微元 $\mathrm{d}x$ 受到的力有:上覆岩层的作用力 $(q_1 - q_1 x/L)\mathrm{d}x$;采空区煤矸石的作用力 $(q_2 - q_2 x/L)\mathrm{d}x$;由于加速度的影响还受到切向惯性力 $x\ddot{\beta}\rho\mathrm{d}x$;自身重力 $\rho g\mathrm{d}x$ 的作用;离心惯性力 $x\dot{\beta}^2\rho\mathrm{d}x$ 的作用。微元受力分析如图 4-11所示[10]。

影响顶板回转的只有垂直于顶板分布的横向荷载,容易确定此处的横向分布荷载为:

$$q(x) = \rho g\cos(\alpha-\beta) - \rho x\ddot{\beta} + \left(q_1 - \frac{q_1}{L}x\right) - \left(q_2 - \frac{q_2}{L}x\right) \qquad (4\text{-}16)$$

为简化计算过程令 $q_1 - q_2 = k$,因为 B 端为自由端,剪力为零,则 A 点的剪力为:

$$Q_A = \int_0^L q(x)\mathrm{d}x = \rho L g\cos(\alpha-\beta) - \frac{L^2}{2}\rho\ddot{\beta} + \frac{1}{2}Lk \qquad (4\text{-}17)$$

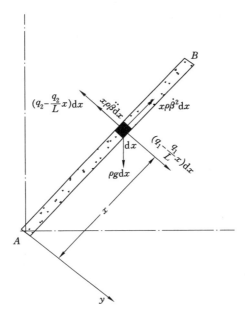

图 4-11　微元受力分析

将角加速度式(4-15)代入式(4-17),化简得:

$$Q_A = \frac{1}{4}Lk + \frac{1}{4}\rho Lg\cos(\alpha-\beta) \tag{4-18}$$

则整个回转失稳区顶板的剪力分布为:

$$Q(x) = Q_A - \int_0^x q(x)\mathrm{d}x = \frac{\rho g\cos(\alpha-\beta)+k}{4L}(3x-L)(x-L) \tag{4-19}$$

A 端为铰接点,因此该处的弯矩为零。利用此条件,对式(4-19)进行积分,可得到弯矩分布为:

$$M(x) = -\int_0^x Q(x)\mathrm{d}x = -\frac{\rho g\cos(\alpha-\beta)+k}{4L}(L^2x-2Lx^2+x^3) \tag{4-20}$$

通过式(4-20)可看出回转失稳区顶板转过 β 角后,弯矩最大值的位置。由式(4-19)可以看出,$x=L$ 与 $x=L/3$ 处剪力为零。由力学知识可知,剪力为零的点对应的是弯矩的极值点,由于 $x=L$ 对应的是回转失稳区顶板的自由端 B 点,因此回转失稳区顶板回转时变形量最大点,即发生二次断裂的位置位于 $x=L/3$ 处。将 $\rho g=\gamma$,$q_1-q_2=k$ 带入式(4-20),γ 为顶板岩石的容重,则最大弯矩为:

$$|M|_{\max} = \left|M\left(\frac{L}{3}\right)\right| = \frac{L^2}{27}[\gamma\cos(\alpha-\beta)+q_1-q_2] \tag{4-21}$$

通过式(4-21)可以看出,滑动失稳区顶板的最大弯矩随着转角 β、顶板倾斜长度 L 以及上覆岩层与采空区煤矸石对其作用力的合力的增大而增大,当最大弯矩超过由材料特性和截面积决定的临界断裂弯矩时,将会在 $L/3$ 处发生二次断裂。这将为现场顶板弱化方案的设定提供理论指导。

4.1.4.2　回转失稳区顶板失稳动力灾害显现特征

滑移失稳区顶板的失稳垮落,会使地表形成塌陷坑,随着每一分段的煤层开采深度的增加,促使地表塌陷坑沿垂向向下扩展。而随着回转失稳区顶板的失稳垮落,会使地表塌陷坑的半径逐渐增大,将会使塌陷坑形成一个移动的"动态漏斗"。塌陷坑范围不断扩大,不仅对矿井的安全生产造成严重的影响,也对地表植被、建筑、河流等造成损害,因此应对地表塌陷坑实施人工充填,减缓塌陷坑的扩展速度。地表塌陷坑如图 4-12 所示。

图 4-12　乌东煤矿地表塌陷坑

结果表明:挤压失稳区顶板变形量随段高增大而增大,顶板变形量增速依次增大,最大变形位置沿顶板倾斜方向向上移动,并保持在中部偏上;随煤层倾角的增大,顶板的变形量依次减小且顶板变形量最大位置将会沿倾向向下移动;滑移失稳区顶板沿煤层倾向发生滑移失稳的条件为 $\alpha > \arctan(\mu_1 + \mu_2)$;回转失稳区顶板发生二次断裂的位置在其倾斜长度的 $L/3$ 处,滑移失稳区顶板的失稳垮落,会使地表形成塌陷坑,随着煤层开采深度的增加,将会促使地表塌陷坑沿垂向向下扩展。

4.2　采空区结构变形规律分析

4.2.1　采空区变形失稳特征

急倾斜煤层开采后,其覆岩变形破坏的主要范围位于采空区偏上山方向的上方,岩层在其自重的作用下,直接顶在产生法向弯曲的同时,易受沿层理面法向分力的作用而产生沿层理面向采空区方向的移动和滑落。当煤层倾角越大时,这种现象可扩展到煤层的底板岩层中。同时,直接顶上端易被拉断或剪断,在采空区的上端易形成一个梁结构用于支撑其正上方的覆岩,在其直接顶的中段形成悬臂梁,其中下部由于垮落矸石的充填,对顶板起到支撑作用。同时,采空区上部未采的煤层直至地表,由于煤层的垮落或沿底板滑动,易产生垮落坑和塌陷漏斗。整个采空区覆岩形成不同形态的类似抛物线拱平衡力学支撑结构。而覆岩顶板两端由于受到垮落顶与底部矸石的支撑形成非对称移动拱,并逐步向上位岩层扩展。

急倾斜煤层采空区变形失稳有四大特征:① 尺度大,开采形成的"大采空区"是在一定的煤岩地质条件、构造环境以及脆弱的生态与干旱的气候中形成的,其变形的数量级别大,这不同于其他坚硬材料的微尺度变形,形成的"平衡"结构可能维持几天,甚至几年。但从本质上讲,它是一个"暂时的"结构,一旦受到某种外因的诱发,就可能造成大尺度的动力失稳现象,从而演变为动力灾害。② 变形速率大,采空区的失稳与层状矿床开采围岩沉陷有所不同。前者围岩失稳与坍塌速率大,有动力学破坏特征。③ 危害大,这类围岩断裂与失稳发生的时间和地点具有"随机性",发生过程具有"突变性",其力学现象具有"冲击性"。因此,其造成的围岩断裂、错动、失稳以及耦合破坏(有害气体溢出或爆炸)等动力学效应对生产和安全的危害极大,甚至造成矿井停产或关闭,造成的经济损失很大。④ 社会负面因素大,这类突发性灾害造成的社会效应对矿区的经济和政治稳定影响很大。

4.2.2 采空区变形失稳影响因素

由于乌东煤矿赋存煤层多为急倾斜特厚煤层,广泛使用的开采方法是水平分段放顶煤开采。这种采煤方法主要依靠矿山压力和支架反复支撑作用破碎顶煤,以及顶煤的采出靠强制放顶和注水弱化,这对顶板的管理造成很大影响。同时,当上部岩层采完后,其下方煤层再次开采时会使上覆岩土层受扰动程度加剧,进而发生破坏失稳。在相同或相似的条件下,重复采动次数越多,导致采空区动力灾害越危险。开采扰动区(EDZ)内采空区坍塌是在特定地质条件下,因某种自然因素或人为因素触发形成。采空区上覆煤岩结构稳定主要由自然作用和围岩结构的连接作用来维持。由于不同矿区的地质条件相差很大,导致采空区失稳坍塌的主要因素包括地质因素、环境因素和开采因素三大方面。

4.2.2.1 地质因素

(1)岩体结构:岩体结构由结构面和结构体两个要素组成,是反映岩体工程地质特征的最根本因素,不仅影响岩体的内在特征,而且影响岩体的物理性质及其受力变形的过程。结构面和结构体的特征决定了岩体结构的特征,也决定了岩体的结构类型。

(2)地质构造:复杂的地质构造带容易发生岩爆,如褶曲、断层、岩脉以及岩层的突变等。还有岩石质量的优劣直接影响岩体的变形特征和变形量。

(3)不连续面性状:不连续面的光滑或粗糙程度、组合状态和充填物的性质,都反映了不连续面的性质,直接影响结构面的抗剪特性。结构面越粗糙,其抗剪强度中的摩擦因数越高,对块体运动的阻抗能力越强,越不容易失稳。

4.2.2.2 环境因素

(1)工程埋深:工程埋深决定原岩应力的大小、方向与分布状态,进而影响工程地质和环境状况。

(2)渗流效应:湿润的岩体较容易发生失稳,这是由于渗流对岩体的作用造成的。对于煤矿而言,煤体内部气体运动速率增加,如煤与瓦斯突出诱发等。

(3)气候原因:西部自然降水较少,造成生态环境极其脆弱,这就为采空区动力破坏孕育提供了自然条件。

4.2.2.3 开采因素

(1)开采强度与规模增大。采取大规模,高强度的开采技术。

(2)开采方式与工作面结构参数优化不合理,尤其是保护煤柱的结构参数不合理或支撑体系结构内部力学特性劣化。

(3)不规范开采。如地方小窑、小井的不规则开采,其数量之多,破坏性之大,加之小窑之间的井界间距有限,这样很容易产生破坏作用叠加效应。

采空区主要依靠煤壁和煤柱维持围岩稳定。但由于在岩体内部形成一个空洞,使其天然应力平衡状态受到破坏,产生局部的集中应力。当采空区面积较大、围岩强度不足以抵抗上覆岩土重力时,顶板岩层内部形成的拉张应力(或剪切应力)超过抗拉强度极限时产生弯曲和移动,进而产生断裂。随着采掘推进,受影响的岩层范围不断扩大,采空区顶部围岩在应力作用下不断发生破裂、位移和突然坍塌。

4.2.3 诱发采空区顶板事故的原因

4.2.3.1 冒顶机理分析

采空区顶板事故按力源可分为压垮型、漏冒型和推垮型三种。冒顶是已破碎的直接顶失去有效支护造成的。直接顶经常处于破断状态,且无水平力的挤压作用,故难于形成结构。

(1)离层。在直接顶和基本顶间弱面接触的情况下,支柱或支架受直接顶影响下缩或下沉,导致直接顶处于游离状态。

基本顶的最大挠度为:

$$y_{\max} = \frac{(\gamma h_1 + q_1)}{384 E_1 J_1} L_1^4 \tag{4-22}$$

直接顶的最大挠度为:

$$(y_{\max})_n = \frac{\sum h \gamma}{384 E_2 J_2} L_1^4 \tag{4-23}$$

式中　E_1, E_2——基本顶、直接顶的弹性模数;

　　　J_1, J_2——基本顶、直接顶的断面惯矩。

显然,基本顶与直接顶之间不能形成离层的条件为:

$$\frac{\sum h \gamma}{384 E_2 J_2} \leqslant \frac{(\gamma h_1 + q_1)}{384 E_1 J_1} \tag{4-24}$$

若令 $q = \gamma \sum h$,且 $\sum h = a h_1$,则有 $\sqrt{\frac{E_1}{E_2(1+a)}} \leqslant \frac{\sum h}{h_1}$,即当直接顶厚度小于或等于基本顶厚度时,易形成离层。

(2)断裂。在原生裂隙和采动裂隙的作用下,离层的直接顶形成不稳定结构。

(3)支护阻力小于岩块活动的推力。阻止活动岩层运动的有下方岩层(F_1)和支护的阻力(F_2)。当两者之和($F_1 + F_2$)小于活岩下推力 T 时,直接顶失稳。

4.2.3.2 断层破碎带产状及压力分布

在断层破碎带中,其充填物为松散、破碎、完整性差的碎块岩体和岩泥,故用松散岩体力学理论进行地压计算,即 $q = \gamma H$,式中 q 指作用在巷道的垂直地层压力;γ 指断层破碎带充填物容量;H 指巷道压力拱高度。断层破碎带倾角不同,对其围岩压力分布影响很大,q 可分解为:垂直压力 $q_1 = \gamma H \cos \beta$ 及平行压力 $q_2 = \gamma H \sin \beta$,$\beta$ 为断层破碎带倾角。

由此可见:① 对上盘岩层基本无影响或很小;② 断层破碎带压力主要影响下盘岩层,且倾角越小影响范围越大;③ 以倾角 45°为临界角,小于 45°时,压力影响主要表现在下盘岩层,大于 45°时,主要表现在破碎带内下盘边缘处。

4.2.4 采空区覆岩变形失稳模式

急倾斜煤层开采移动过程中,采空区周围岩层的移动形式主要有三种:

(1)弯曲:弯曲是岩层移动的主要形式,采动上覆岩层从直接顶开始沿层理面的法线方向,依次向采空区方向弯曲,直至地表。在整个弯曲的范围内,岩层具有保持连续性和层状结构的特点,此时岩层处于弹性或弹塑性状态。

(2)岩层的垮落(或垮落):直接顶岩层弯曲而产生拉伸剪切变形,当拉伸或剪切超过岩层的允许强度后,岩板断裂破碎充填采空区,由于破碎其体积增大,致使对直接顶板下段起到支撑作用,上部岩层移动逐渐减弱。在采区顶端未采煤层由于受采动影响和顶部应力的变化易破碎而垮落到采空区,在顶部易形成煤层的滑动垮落。

(3)岩层沿层面滑移:岩层沿层面滑移是急倾斜煤层开采岩层移动的一种特殊形式,由于岩石的自重力方向与岩层层理面不垂直,有一个沿层面的分量使岩石易产生沿层理面方向的移动。岩层移动使采空区上山方向的岩层发生拉伸,甚至被剪断,而下山方向的部分岩层受压缩,使地表出现塌陷漏斗、陡坎或台阶状下沉盆地。

急倾斜煤层开采岩层移动形成的"厂"形移动拱形态与水平煤层开采形成的岩层移动形态有不同的特征(图 4-13),其传力机制和受力方式有较大的不同。水平煤层开采上覆岩层只受到竖向荷载和自重力的作用,采空区上方的岩层通过组合梁(板)将重力载荷传到两侧的支座上,形成岩体的平稳下沉。当附加应力超过岩石强度极限时,直接顶便断裂而垮落,岩体将发生变形,产生位移。当垮落的岩体尺寸小于开采空间时,岩体可以在开采空间内自由移动,这部分岩体构成了水平煤层开采的垮落带,称为"下位岩层"。垮落带上方的岩层由于尺寸大于下落空间,这部分岩块会平稳地下沉,而且保持层状沿法向方向弯曲,形成整体移动带,称为"上位岩层"。上位岩层以板弯曲的形式变形。

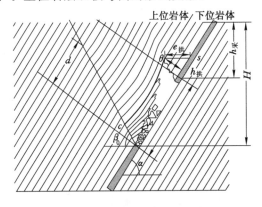

图 4-13　急倾斜煤层岩体滑移

对于地下开采层状或似层状矿体,缓斜条件且开采深度较大时,覆岩移动和分带的基本模式是形成"三带":垮落带、裂隙带和弯曲下沉带。对于倾斜和急倾斜矿层的开采,除上述基本移动模式外,还有以下几种模式:① 岩石沿层理方向滑移;② 垮落岩石下滑(或滚动);③ 底板岩石隆起;④ 矿体挤压(片帮)。

4.3　急倾斜煤层层间岩柱失稳分析

4.3.1　层间岩柱失稳机理

煤炭开采前,地下煤岩体处于静态平衡状态,巷道的开挖及煤层的回采使煤岩体静态平衡受到破坏,处于动态平衡状态。在此过程中,煤岩体释放积聚的弹性能同时也吸收新的塑性变形能,当处于特殊应力条件下,煤岩体突然、快速释放巨大能量时,常常发生煤岩破裂、失稳,进而诱发矿山动力学灾害。

4.3.1.1 岩柱破坏演化过程

煤岩体受力变形、发生失稳破坏进而引发动力灾害事故是一个十分复杂的过程,但同时也遵循一定的变化规律。研究煤岩体受力变形的关键问题是探究煤岩体破坏过程中应力与应变关系,即煤岩体受力变形失稳的本构关系。

岩石试样在受压作用下,变形的全部过程可以用图 4-14 表示。根据全应力-应变曲线,可以将岩石受压变形直至破坏的过程分为四个阶段。

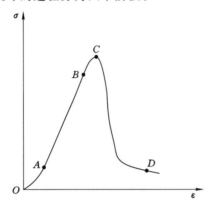

图 4-14 岩石全应力-应变曲线

(1) 微裂纹压密阶段(OA 段)。该阶段岩石试样中原有的微裂纹、裂隙受压闭合,岩石整体被压密,此阶段变形为非弹性变形。

(2) 弹性变形阶段(AB 段)。此阶段曲线近似呈线性,岩石发生弹性变形,当受力停止时,形变可以恢复。

(3) 裂纹扩展为破裂阶段(BC 段)。B 点为屈服点,该处的应力称为屈服应力,此点之后岩石试样从弹性变形转为塑性变形,此阶段岩石破裂不断发展,直到破坏。

(4) 失稳后阶段(C 点以后阶段)。到达峰值强度以后,岩样内部破裂迅速扩展、试样失稳,一般发生斜剪切破坏,试样承载力急剧下降,到达 D 点为残余强度。

确定煤岩体受力后诱发动力灾害的预警关键点是解决矿山安全开采问题的难点,要解决此难题,就要揭示岩体变形破坏的内在机理并做好预警关键点的识别。从图 4-14 可以看出,曲线 AB 段曲率最大,但岩石并未破坏,且处于可恢复的弹性变形阶段。当变形到达 B 点以后,岩体内部破裂迅速贯通扩展,直至失稳破坏,所以可以认为 B 点为岩体变形破坏的预警关键点,重点关注 B 点之后岩体变形情况。

4.3.1.2 基于能量的失稳机理分析

煤岩体因体积变形和形状变形积聚弹性能,在三向应力状态下,地下煤岩体因体积变形而积聚的弹性能可表示为:

$$U_v = \frac{(1-2\mu)(1+\mu)^2}{6E(1-\mu)^2}\gamma^2 H^2 \tag{4-25}$$

形状变形而积聚的弹性能为:

$$U_f = \frac{(1+\mu)(1-2\mu)^2}{3E(1+\mu)^2}\gamma^2 H^2 \tag{4-26}$$

式中　γ——煤岩重力密度；

　　　μ——泊松比；

　　　E——弹性模量；

　　　H——开采深度。

形状变形能用于煤岩体的塑性变形，体积变形能用于煤岩体失稳、运动及破坏。当煤岩体受压超过峰值强度后，积聚的体积变形能释放造成动力灾害事故。

动力灾害破坏的强度可用弹性能指数 $F = \Phi_{sp}/\Phi_{st}$ 判断研究。Φ_{sp} 为失去围压后仍储存在岩石内部的应变能，Φ_{st} 是岩石受压过程中塑性变形和内部产生微破裂而消耗的能量。

弹性能指数中各能量关系如图 4-15 所示。Φ_{st} 与 Φ_{sp} 的计算公式如下：

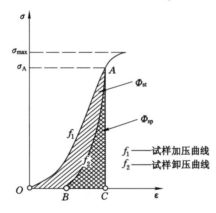

图 4-15　岩柱能量积聚示意图

$$\Phi_c = \int_0^C f_1(\varepsilon)\,d\varepsilon \tag{4-27}$$

$$\Phi_{sp} = \int_B^C f_2(\varepsilon)\,d\varepsilon \tag{4-28}$$

$$\Phi_{st} = \Phi_c - \Phi_{sp} \tag{4-29}$$

式中　Φ_c——失去围压前岩石储存的总应变能；

　　　f_1——试样加压曲线；

　　　f_2——卸压曲线。

乌东煤矿岩柱岩性为粉砂岩（$f=3.5\sim4.0$），塑性变形较小，Φ_{st} 很小，Φ_{sp} 很大，弹性能指数 $F=\Phi_{sp}/\Phi_{st}$ 趋于比较大的数值。因此可以推论，岩柱在深部发生失稳破坏时，将很有可能产生比较大的冲击作用，引起破坏强度高的动力灾害事故。

乌东煤矿南采区急倾斜特厚煤层群层间夹持急倾斜巨厚岩柱，受采深增加、开采时间和采掘次序的影响，以及下分段煤层工作面开采与巷道开挖对急倾斜巨厚煤柱底座的扰动破坏，使煤层层间岩柱产生断裂回转，岩柱释放重力势能与积聚的弹性能是开采空间内煤岩体破坏的主要力源，具备动力失稳致灾条件。

4.3.2　岩柱力学模型的建立

受煤层地下开采活动影响，围岩失去原有平衡，产生变形、破裂、失稳、运动等动力现象，围岩的动力现象又反作用于开采空间,影响采掘活动,围岩的动力现象剧烈表现出来时即发生动力灾害事故。由于整个采矿过程中采场都受到动载扰动的影响,所以岩石静力学理论不能解释动力灾害发生的全部机理,目前关于动力灾害的岩石动力学机理正系统地开展,也取得了一定的进展。乌东矿区动力学灾害不仅需要依靠岩石动力学机理解释研究,其本身煤岩体赋存状况也具有复杂性。特殊的地质赋存情况决定了急倾斜煤层开采扰动导致的煤岩体结构和应力结构重构更加复杂,开采空间一定范围内形成开采扰动区(mining disturbed zone,MDZ),扰动区内围岩结构复杂且处于动态发展过程,当煤岩体失稳、运移时,即可能引发动力灾害事故的发生,特别当由浅部转深部开采时,诱发动力灾害的可能性更大。

4.3.2.1 煤岩体平面力学模型

根据乌东煤矿南采区地应力测量结果,最大水平主应力为 14.31 MPa,最小水平主应力为 8.05 MPa,垂直主应力最大为 7.16 MPa。从量级上划分地应力水平属于中等地应力区,最大水平主应力和最小水平主应力均大于垂直主应力,总体上属于 $\lambda_1\sigma_z > \lambda_2\sigma_z > \sigma_z$ 应力场,依此建立的平面力学模型如图 4-16 所示。

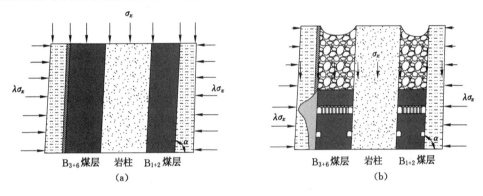

图 4-16 乌东煤矿南采区平面力学模型

(a) 原始地应力情况;(b) 开采后应力分布

图 4-16(a)为乌东煤矿南采区未开采前地应力平面力学模型,煤岩体整体受到垂直应力 σ_z 以及水平应力 $\lambda\sigma_z$ 作用。图 4-16(b)为煤层开采后平面力学模型,煤层开采后,采空区垮落,开采水平之上的顶底板及岩柱围压得到一定的释放,水平应力较小,垂向应力部分转移至开采水平的煤体。开采水平的煤体主要受水平应力 $\lambda\sigma_z$ 作用,在顶板形成侧向支承压力,这也与巷道实测水平应力较为明显、垂直应力较小的实测结果相符合。开采水平的顶底板及岩柱不仅受到垂直应力 σ_z 作用,同时还受到比较大的水平应力 $\lambda\sigma_z$ 作用,所以,开采水平的岩柱及受采动影响的顶底板岩层将成为高应力区域,容易诱发动力灾害事故。

4.3.2.2 岩柱力学模型分析

深层位煤岩体动力学失稳是时间-空间-强度综合作用下的动力学演化过程。根据乌东煤矿煤岩赋存特点、开采时间和开采工艺次序情况,岩柱动力失稳引发应力撬转作用。岩柱作为密度、硬度均大于煤体的围岩结构来说,是对下方煤体及开采空间施加压力作用的。由于力的相互作用性,以岩柱为研究主体的情况下,岩柱则受到 B_{1+2} 煤层开采煤体的支撑力 F_B、B_{3+6} 煤层煤体的压力 F_A 以及施加于岩柱基座的限制其转动的力矩 M_0 共同作用,同时岩柱还受到竖直向下的重力 G 作用,图 4-17(a)简单描述了急倾斜煤层群层间岩柱受力情况。从水平剖面来看,开采推进时两帮支承压力曲线峰值段为高应力区段,煤壁受到的压力更大,同时,在反作用力作用下其对岩柱作用力较大,对应该高应力区段为支撑点区域与压应力区域,如图 4-17(b)所示。

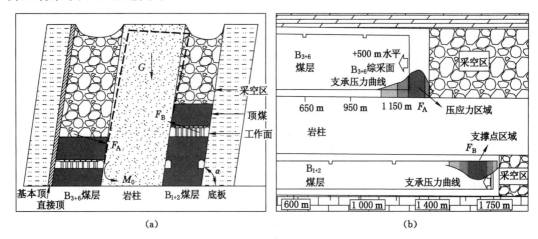

图 4-17　岩柱受力分析

(a) 层间倾斜岩柱受力;(b) 岩柱水平剖面受力分析

随着开采向深部推进,失去两侧煤体支撑的悬露岩柱越来越多,倾斜岩柱在岩层自重和开采扰动双重作用下有回转倾向,概化的力学模型如图 4-18(a)所示。对岩柱力学模型进行受力分析[图 4-18(b)]:岩柱下部受到实体煤层接触面的约束载荷(q_0),形成了抑制岩柱撬转的力矩 M_0 作用。

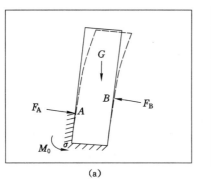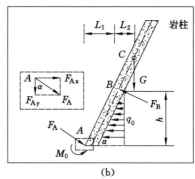

图 4-18　岩柱力学模型分析

(a) 概化力学模型;(b) 岩柱受力分析

$$M_0 = \int_0^h q_0 \mathrm{d}x \tag{4-30}$$

式中　M_0——回转力矩,N・m;

　　　h——受约束段高度,m;

　　　q_0——接触面约束载荷,N。

重力 G 作用于受扰动岩柱的重心 C 处,受力还包括作用于 B 点的支撑力 F_B,A 点的压力

F_A（B 点和 A 点分别为撬动点和支撑点）。

$$F_{Ay} = F_A \cdot \cos\alpha \qquad (4\text{-}31)$$

式中　F_{Ay}——F_A 垂向分力，N；

　　　α——岩柱倾角，(°)。

采空区内部侧向约束解除或削弱，为岩柱发生侧向变形提供了变形空间。岩柱结构动力失稳-撬动-回转力学机制可概化为：

$$F_{Ay} \cdot L_1 + M_0 = G \cdot L_2 \qquad (4\text{-}32)$$

式中　L_1——撬动点 A 到支点 B 之间的距离；

　　　L_2——支点 B 到岩柱重心 C 之间的距离。

岩柱动力学失稳不仅是煤岩体空间结构演化的结果，也是煤岩体释放积聚能量的动力学过程。

4.3.3　煤层回采过程中岩柱应力与变形数值模拟

4.3.3.1　数值分析基本原则

开采活动对岩柱的稳定性产生了影响，岩柱失稳运动，岩柱的动力学失稳又对煤层的开采造成影响，巷道受压，支护难度增大。据统计，乌东煤矿南采区大部分动力灾害的发生与岩柱的失稳运动有关。采用数值分析软件 FLAC^{3D}，以煤层中赋存的倾斜巨厚岩柱为对象，研究在采深 H、推进距离 L、推进速度 v 等相关因素影响下，岩柱及顶底板的应力应变变化特点、位移的大小及变形的趋势，在此基础上，探讨围岩结构演化特征与动力灾害孕育-发展的关系。

数值分析已经成为采矿、土木等领域的专业技术人员进行岩体工程问题分析的重要手段，特别随着计算机技术的发展，数值分析的应用前景更加广阔。FLAC(Fast Lagrangian Analysis of Continua)为较为常用的连续介质分析软件，采矿工程中为研究三维煤岩体在各种开采条件下的受力与变形变化特征，常采用 FLAC^{3D} 模拟软件。FLAC^{3D} 将研究对象划分为几个部分，各个部分的连接点看作流体质点，关注各个流体质点在不同时间的参数如速度、压力、轨迹等的变化，然后用拉格朗日法研究质点的状态。质点及各个部分随材料的变形而变化，所以利用此软件可以准确地模拟材料的塑性变形、软化等特征，目前已成为岩体工程技术人员较为理想的分析软件。

模型建立的合理程度决定了模型计算结果的可靠度，合理的模型要有一定的建模原则。为分析采掘活动影响下层间急倾斜岩柱应力应变特点及失稳运动趋势，本次数值模拟遵循以下原则：

(1) 采掘活动影响包括倾向与走向综合立体影响，应建立三维模型进行模拟；

(2) 开采水平作为重点研究对象，数值模拟计算时，应对该区域单元进行细化；

(3) 数值模型初始条件应符合实际情况，煤岩体力学参数应与实际相对应。

4.3.3.2　数值计算模型

乌东煤矿南采区煤层倾角平均 87°，两组主采煤层分别为 B_{1+2} 煤层、B_{3+6} 煤层，两组煤层夹持均厚 60 m 急倾斜岩柱。B_{1+2} 煤层与 B_{3+6} 煤层均回采至 +500 m 水平，B_{1+2} 煤层滞后 B_{3+6} 煤层开采，下分层 +475 m 水平为掘进工作面。根据矿井地质特征与煤层开采状况建立数值计算物理模型，如图 4-19 所示。

利用有限差分软件 FLAC^{3D} 建立数值计算模型，如图 4-20 所示。模型尺寸为

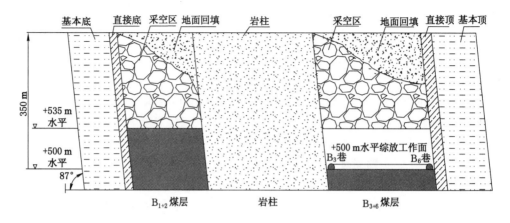

图 4-19　乌东煤矿南采区数值计算物理模型

$300\ \text{m}(X) \times 400\ \text{m}(Y) \times 150\ \text{m}(Z)$，其中 X 方向为工作面倾向，Y 方向为工作面走向，Z 方向为垂直埋藏深度。模型共划分 54 750 个单元，59 852 个节点。

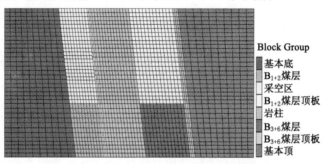

图 4-20　三维数值计算模型

根据岩石力学实验，获得了煤层、岩体的定量物理力学参数（表 4-1），提供了数值模拟计算所需的定量参数。考虑到现场地质条件与煤岩物理力学参数，数值计算采用摩尔-库仑（Mohr-Coulomb）屈服准则描述层间岩柱的失稳运动：

$$f_s = \sigma_1 - \sigma_3 \frac{1 + \sin\varphi}{1 - \sin\varphi} - 2c\sqrt{\frac{1 + \sin\varphi}{1 - \sin\varphi}} \tag{4-33}$$

式中　σ_1,σ_3——最大和最小主应力；

　　　c——黏结力；

　　　φ——摩擦角。

表 4-1　　　　　　　　　　　　煤岩体物理力学特征参数表

名称	E/GPa	$\rho/(\text{kg/m}^3)$	c/MPa	$\varphi/(°)$
底板	9.48	2 580	2.17	38
煤层	1.67	1 300	0.61	32
岩柱	8.08	2 483	2.39	37
顶板	8.08	2 483	2.39	37

4.3.3.3 计算结果及分析

由于实际开采中 B_{1+2} 煤层滞后 B_{3+6} 煤层开采,所以在设计开挖时 B_{3+6} 煤层首先推进 80 m,之后 B_{1+2} 煤层与 B_{3+6} 煤层同时推进,按乌东煤矿开采条件,每天推进 5 m,40 次推进后,为对比两工作面相互开采扰动对岩柱稳定性的影响,采用 B_{3+6} 煤层每天推进 5 m,B_{1+2} 煤层每天推进 1 m 的模式。总体推进模拟变量的收敛程度如图 4-21 所示。

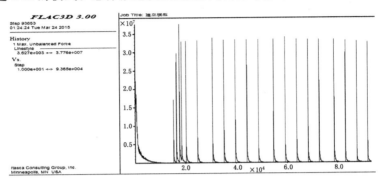

图 4-21 数值计算中变量的收敛

数值模拟结果如下:

(1) 煤岩体应力分布云图随推进长度变化

岩柱倾角 87°,开采水平设在 +500 m 水平,采深 350 m。分别取 B_{3+6} 煤层推进 60 m、100 m、140 m、180 m、220 m、260 m(相对应 B_{1+2} 煤层推进 0 m、20 m、60 m、100 m、140 m、180 m)时模拟结果,图 4-22 为正面 Z 轴应力分布云图。

从图 4-22 可以看出,随推进长度的变化,岩柱靠近 B_{1+2} 煤层侧及 B_{3+6} 煤层顶板处部分区域应力值较高,随推进长度的增加,高应力区域的面积也在增加。岩柱底部部分区域的高应力值说明了在采动影响下岩柱基座出现活化,有运动的趋势,这与开采扰动下岩柱撬转作用力学模型相吻合。以 B_{3+6} 煤层推进 100 m(相对应 B_{1+2} 煤层推进 20 m)时为例说明煤岩体应力值分布。岩柱靠近 B_{1+2} 煤层侧的高应力区域最高应力达到 5.3 MPa,岩柱基座与 B_{3+6} 煤层顶板处部分区域应力值在 4.0~5.0 MPa 之间,开采水平范围内岩柱体应力值在 3.0~4.0 MPa 之间,同时可以看到,开采后煤体由于应力释放,与下部未开采煤体同样呈现低应力水平状态,应力值在 0.1~1.0 MPa 之间。

由于采用水平分段放顶煤开采方法,将整个煤岩体旋转 90° 后,采面和近水平工作面类似,所以在 B_{3+6} 煤层顶板侧出现高应力区,与近水平煤层开采时顶板支承压力曲线分布相吻合。

(2) 岩柱切面应力应变分布云图随推进长度变化

为更加直观地观测煤层回采过程中岩柱应力应变变化特征,特取岩柱切面来对比分析应力应变变化特点,根据数值模型中岩柱的坐标,设法向方向为 (1,0,0),坐标点为 (88,0,0) 的切面为 Ⅰ 号岩柱剖面,即岩柱中间点的切面。在不同的煤层推进条件下,岩柱切面应变分布状况如图 4-23 所示。图中推进距离均指 B_{3+6} 煤层。

从图中可以看出,开采扰动区与开采区域上部岩柱 Z 轴应变量最大。随煤层回采推进,岩柱受扰动区域逐渐扩大,倾斜的岩柱顶部随采空区垮落、下沉,变形量较大。应变量等

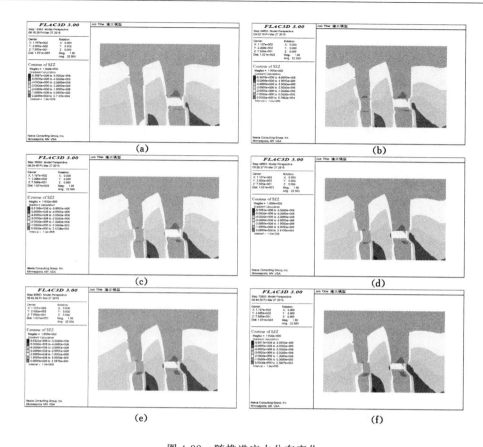

图 4-22　随推进应力分布变化

（a）推进 60 m；（b）推进 100 m；（c）推进 140 m；（d）推进 180 m；（e）推进 220 m；（f）推进 260 m

级以弧状整体向外逐渐减小，反映了坚硬的岩柱体失稳位移的整体性。选取应变较为明显的推进度下 X 轴应变分布特征。从图 4-24 可以看出，随煤层推进，层间岩柱体变形量增大，应变区域显著增加，这是由于随推进持续进行，应力释放并向深部转移，应力集中区域不断扩大。可以推断，随煤层开采的推进及向深部的延伸，发生动力灾害的概率及强度都将显著增加。

截取 Ⅰ 号观测面上变形矢量图（图 4-25），分别为开挖 140 m 及 220 m 时岩柱截面变形矢量。可以清楚地看到随煤层开挖，岩柱整体变形的趋势。观测得到，岩柱底部（岩柱基座）为向 X 轴变形的趋势，变形量较大，随开挖推进，变形量变化较大；岩柱中部为向 X 轴负方向及 Z 轴负方向的变形趋势，变形量较大且随开挖推进，变形量增加明显，岩柱中部与上部具有不同的位移趋势，与岩柱撬转作用的运动趋势相吻合；岩柱上部为向 X 轴负方向的变形趋势，随开挖推进，变形量增加不明显。

通过理论分析、力学模型分析与数值计算对急倾斜煤层层间岩柱失稳进行研究，结果表明：层间岩柱岩性决定了其发生失稳破坏时将产生比较大的冲击作用；岩柱-煤体力学模型分析说明倾斜的岩柱在自重和开采扰动双重作用下有回转倾向，形成应力撬转作用，撬转作用为动力灾害的发生提供了力源条件；数值计算结果中应力分布特征表明岩柱底部存在高应力区，验证了在开采扰动下岩柱基座出现活化，有运动趋势，同时岩柱变形矢量特征与开

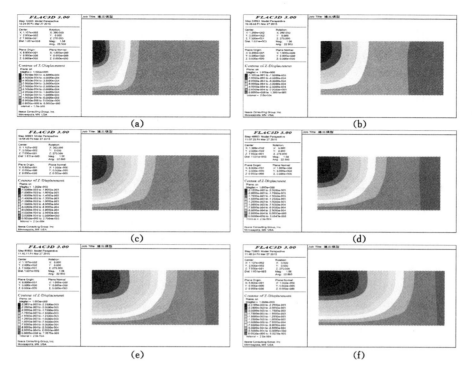

图 4-23 岩柱剖面 Z 轴应变特征

(a) 推进 60 m；(b) 推进 100 m；(c) 推进 140 m；

(d) 推进 180 m；(e) 推进 220 m；(f) 推进 260 m

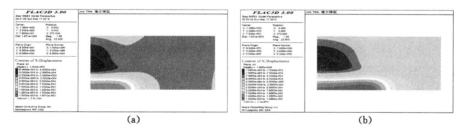

图 4-24 岩柱剖面 X 轴应变特征

(a) 推进 140 m；(b) 推进 220 m

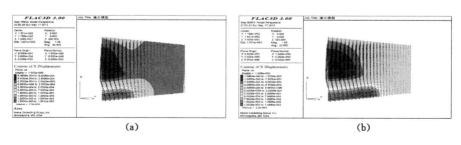

图 4-25 岩柱剖面变形矢量特征

(a) 推进 140 m；(b) 推进 220 m

采扰动下岩柱撬转运动趋势相吻合。

4.4 本章小结

本章通过对急斜煤层在复杂环境下煤层顶板、采空区、层间岩柱运动规律的总结,通过理论分析、力学模型分析与数值计算等分析方法,揭示了急倾斜煤岩体动力灾害发生机制,得出如下结论:

(1)挤压失稳区顶板变形量随段高增大而增大,顶板变形量增速依次增大,最大变形位置沿顶板倾斜方向向上移动,并保持在中部偏上;随煤层倾角的增大,顶板的变形量依次减小且顶板变形量最大位置将会沿倾向向下移动;滑移失稳区顶板沿煤层倾向发生滑移失稳的条件为 $\alpha > \arctan(\mu_1 + \mu_2)$;回转失稳区顶板发生二次断裂的位置在其倾斜长度的 $L/3$ 处,滑移失稳区顶板的失稳垮落,会使地表形成塌陷坑,随着煤层开采深度的增加,将会促使地表塌陷坑沿垂向向下扩展。

(2)急倾斜煤层顶板沿煤岩层的法线方向垮落充填采空区,在采空区上方形成了非对称的垮落拱。因为垮落矸石堆积到采空区的下部,加上放煤过程中残留的三角煤等,造成了上部顶板相对悬空,而缺少了矸石堆积的反作用力,顶板垮落的运动会一直继续,这将在上部形成范围较大的顶板悬空区,最后采空区煤岩的承载能力达到极限时顶板突然间垮落,并瞬间造成地表的大面积坍塌。

(3)层间岩柱岩性决定了其发生失稳破坏时将产生比较大的冲击作用;岩柱-煤体力学模型分析说明倾斜的岩柱在自重和开采扰动双重作用下有回转倾向,形成应力撬转作用,撬转作用为动力灾害的发生提供了力源条件;数值计算结果中应力分布特征表明岩柱底部存在高应力区,验证了在开采扰动下岩柱基座出现活化,有运动趋势。

第二篇　煤岩体耦合致裂机制

5　煤岩体致裂意义及方法

5.1　研究背景及意义

急倾斜特厚煤层高阶段综放开采是建设高产高效矿井、充分回收煤炭资源的重要手段。在特厚煤层的赋存条件及未来转向深部开采的形势下,攻克顶煤冒放性、煤岩体应力集中造成动力灾害的关键技术,对实现特厚煤层开采的安全高效具有科学性、必要性和现实性。国外综放开采煤层倾角均未涉及45°以上。"九五"期间,以谢和平院士、王家臣教授等为代表的学者通过分形理论、损伤力学等多学科在煤矿开采中的交叉应用与顶煤爆破松动方案的持续优化,配合顶煤顶板活动规律及新型低位放顶煤支架的研究与开发,成功地实现了以大同忻州窑煤矿为代表的"两硬"条件下综放工作面的安全高效(煤层倾角1°~7°)。针对煤层厚度更大的大同塔山煤矿(煤层倾角小于5°),"十一五"期间,国家开展的科技支撑计划重大项目"特厚煤层大采高综放开采成套技术与装备研发",研发了适合采放高度14~20 m的缓倾斜特厚煤层综放开采成套技术与装备,完成了以大同塔山煤矿为代表的大采高综放工业试验。但上述研究多集中在缓倾斜煤层的开采方面,针对45°~87°的急倾斜特厚煤层还鲜有研究。该类煤层由于赋存条件所限与缓倾斜、大倾角煤层都有所不同:① 急倾斜煤层赋存环境复杂,围岩动力灾害频发,瓦斯、硫化氢等气体时常积聚;② 急倾斜煤层随着分段高度大也将增加了顶煤爆破等措施致裂煤体的难度;③ 急倾斜的特点使得工作面长度短、工作面上部即为多层采空区,增加了灾害的隐伏性。综放工作面煤岩体致裂有多种方法,但实际运用中大多采用单一手段,或者虽然采用了多种手段但并没有将各手段间的共同作用机理描述清楚。

以上分析表明,成功地实现急倾斜特厚煤层及岩体的致裂,提高顶煤冒放性、降低煤岩体应力集中是综放开采问题的关键,不论是对于急倾斜煤层还是对于一般倾斜及缓倾斜煤层都有着巨大的推广价值。鉴于急倾斜特厚煤层开采的难题,提出开展复杂环境下急倾斜煤岩体的耦合致裂研究,研究煤岩体耦合致裂机理,探索固液耦合态煤体的破碎规律,建立耦合致裂作用下煤体"整体—散体"的定量化联系,并运用离散元的方法对散体化的顶煤进行垮放实验,分析耦合致裂后顶煤的放出情况,评估耦合致裂效果,形成综放工作面顶煤耦合致裂技术,丰富煤岩体致裂机制、提升致裂效果,促进未来"疆煤东运"的实现。

5.2　煤岩体致裂方法发展情况

煤岩体的致裂主要涉及顶煤可放性与降低应力集中的问题,国内外许多学者进行了大量的相关研究,由于其方法与机理相同,在此主要对顶煤的可放性涉及的问题进行分析。顶煤可放性的决定因素可分为两个方面:内因和外因。内因是顶煤自身的赋存特性,如埋深、厚度、倾角、强度、裂隙密度等物理力学性质;外因是开采扰动产生的矿山压力[11-16](不考虑采取人为弱化措施)。

顶煤可放性的改变需要施加人工辅助措施以降低煤体的整体强度、提高裂隙及结构面的数量,从而达到煤体顺利放出的目的。合理利用开采扰动造成的应力集中可以破碎煤体,将矿山压力变害为利。但是急倾斜煤层水平分段综放工作面的矿压规律不同于缓倾斜煤层。急倾斜煤层综放工作面覆岩形成"拱、壳"结构,成拱作用阻止了顶煤的自然垮落,顶煤放出率将降低。在该结构的保护下,支架也只是承受拱内顶煤的重力,这降低了支架载荷[17-26],但也弱化了上覆煤岩体对煤体的压裂作用,降低了矿山压力破煤的作用。因此,这就需要采取措施提高煤体内部的裂隙、结构面数量,降低煤体整体的强度与块度分布,提高冒放性。

经过多年来的研究,煤岩体致裂的方法主要有:爆破致裂[27-33]、水压致裂[34-44]、生物弱化、空气炮弱化[45-48]。图 5-1 是对爆破致裂、注水致裂、空气炮弱化三种方式效果的描述,可以看出,爆破的压力最大、见效最快;高能气体的压裂时间处于中间但是压力明显不足,对于大体积煤体的压裂存在较大难度;水力压裂所需时间较长,但随着时间的增加效果将逐渐提高,并可以起到除尘、降温的效果。

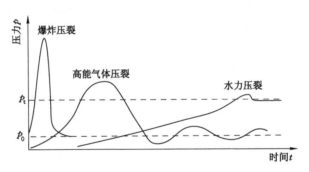

图 5-1　综合压裂顶煤的效果(p-t)描述

表 5-1 是对上述致裂方法优缺点的概述,可以看出就致裂效果来说爆破的方式是最佳选择,安全性来说注水是最佳的且具有相当程度的效果。若将爆破和注水两种方式结合起来,则既具有了爆破见效快的特点,又克服了煤尘较多、温度升高等安全与环境方面的问题。

表 5-1　　　　　　　　　　　　　　　优缺点比较

致裂方法	优点	缺点
爆破致裂	效果好、见效快	产生大量的煤尘、安全性差
单一注水	降温、降尘与降火	低渗透性煤层致裂效果较差、见效慢
空气炮弱化	弱化效果较好	1. 空气炮会增温,易产生衍生灾害; 2. 释放能量不足以破碎煤体

5.3 煤岩体耦合致裂机理及破坏特性研究现状

爆破与注水结合起来实施时,存在先后顺序问题,即是先注水后爆破还是先爆破后注水。注水需要有较好的封孔效果,实现"保压"才能有效地致裂煤岩体,实际的工程实践中注水作用造成裂纹扩展后经常出现泄水现象,爆破后裂纹数量相对更多,泄水现象更加突出。下面分别阐述两种实施方案时的差异性:

(1) 先爆破后注水

如果先爆破后注水,过多的裂隙使得泄水现象频现,导致带有一定压力的水无法撑裂煤岩体,注水的致裂与软化效果均难以达到。

(2) 先注水后爆破

鉴于注水的周期较长,超前注水不影响工作面的开采,注水是将原始煤岩体在一定程度上致裂并浸润,在煤岩体已被注水弱化的基础上(此时煤岩体呈固液耦合状态)实施爆破,这样可进一步增加裂纹的数量及密度,规避了注水所需的保压问题。爆生气体在强度已降低的煤岩体中传播进一步加大了爆破的致裂效果。

通过对以上两种实施方案的分析,选择方案(2),超前于工作面在煤岩体中实施注水,在致裂与软化煤岩体的基础上再实施爆破。该工艺实施的整个过程是注水致裂与软化效果和爆破致裂作用的叠加,是长期和短期效应的叠加,也是孔隙水压和爆破应力波及爆生气体压力的叠加,属于应力场、湿度场、弹性波场等的综合作用,是液体、固体、气体的互相作用。根据耦合的定义,将注水及爆破结合实施的方法定义为耦合致裂。为深刻掌握耦合致裂机制,对爆破和注水的单独实施及耦合致裂时的致裂机制与破坏特征的国内外研究现状进行分析和综述。

5.3.1 爆破致裂煤岩体机理

爆炸对岩石有两种作用:一是爆炸应力波的动力作用,二是爆生气体的准静态作用。由于炸药瞬间爆炸后产生的强大冲击波压力可压碎孔壁附近的岩石,并在瞬间形成压缩破碎和初始裂隙;同时在环向拉应力及应力波反射拉应力的作用下引起岩石进一步破裂;爆生气体膨胀作用使岩石中的裂隙贯穿形成碎块[49],岩石爆破应力波的演变见图 5-2。最后压力波衰减至岩石抗压强度以下时转变为弹性波,仅引起岩体的震动。

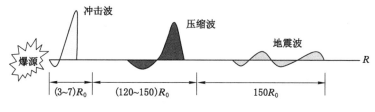

图 5-2 岩石中爆炸应力波演变

爆破的过程实际上是能量的转换与传输过程,首先是炸药爆炸后产生巨大能量,接着此能量以巨大的速度向外传输,在此过程完成对被爆体的做功。事实上在花岗岩中爆炸时只有总能量的 $10\%\sim20\%$ 输出到岩石中,只有炸药与岩石的特性阻抗相互匹配才能达到高效率的能量传输。爆炸拉伸应力的峰值保守估计等于 1 000 MPa 的炮孔压力,形成的临界裂缝宽度为：

$$a_r = \frac{1}{\pi}\left(\frac{K_{IC}}{2.24p}\right)^2 \tag{5-1}$$

式中　K_{IC}——材料的断裂韧度；

　　　p——爆生压力。

围绕炮孔的动应力场是由爆生气在孔壁附近膨胀或产生的 P 波造成的。由于爆炸过程的复杂性和材料的非均质性，围绕炮孔产生了一种畸变波或剪切波，剪切扰动在径向裂纹扩展的同时也持续作用相当长的时间[50]。

炸药的爆轰可看作在化学反应产生的能量支持下冲击波的传播，其以爆轰波的速度传播，爆轰波速度 D 为：

$$D^2 = [(1+a)^2 - 1]GQ\left(1 + \frac{1.33\rho}{G}\right) \tag{5-2}$$

式中　$(1+a)$——爆声气体在理想状态下的比热的比值；

　　　Q——爆热；

　　　G——爆声气体的部分爆热；

　　　ρ——炸药的密度。

炸药爆轰产物的平均爆轰压力为：

$$p_m = \frac{1}{8}\rho_0 D^2 \tag{5-3}$$

式中　ρ_0——炸药密度，kg/m^3；

　　　D——炸药的爆速，m/s。

因为爆破起源于爆轰或起爆，很多岩石爆破问题以爆源的发生和传播理论为指导。但爆轰是一个流体动力学过程，而岩石爆破属于固体力学的范畴，所以一般采取弹塑性动力学与波动理论为主要系统。魏有志等[51]在爆炸加载的动态云纹法实验基础上，获得了爆炸作用下反映应变波传播和全场应变状态的云纹实验结果，推导了基于 S-R 分解的有限应变的云纹法实用计算公式。可用来判断裂纹的扩展速度、方向以及生成裂纹的类型。

爆炸后产生的冲击波和爆生气体共同作用下导致岩石发生损伤、断裂以及裂纹的萌生与拓展，为此，一些学者采用损伤力学的方式研究爆破的破坏特性。杨小林等[52-53]根据岩石的爆破机理和细观损伤力学中平面楔形裂纹的动态扩展模型，建立了爆破中区和爆破近区的损伤断裂准则和裂纹尖端的损伤局部化模型，准确地反映了爆生气体作用下裂纹的扩展过程。

在爆炸应力波的作用下，炮孔壁上已经产生若干初始裂缝，由于爆生气体的准静应力场作用，初始裂纹尖端形成应力集中，达到了裂纹的断裂韧度后裂缝进一步扩展。可以采用下面的两个模型进行分析，即：图 5-3 和图 5-4 是裂缝扩展的弹性断裂力学计算模型，为了更好地解释裂缝的扩展，将它们简化为平面应变状态下的 I 型裂纹问题。

5.3.2　爆破致裂破坏特性

钱七虎院士等[54-56]认为爆炸致裂可分为四个阶段：① 形成空腔；② 冲击压碎；③ 空腔的动力无波扩张；④ 弹性波传播阶段。第四个阶段中的弹性波仅产生振动，具体的破坏分区见图 5-5。最大空腔半径为：

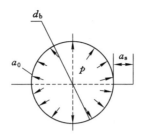

图 5-3 裂缝扩展的断裂力学计算模型一

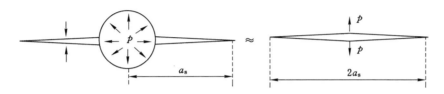

图 5-4 裂缝扩展的断裂力学计算模型二

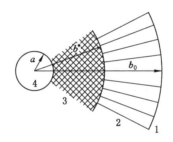

图 5-5 岩石破坏示意图

1——弹性变形区;2——径向破裂区;3——破碎区;4——空腔

$$a_{\mathrm{m}} = \frac{0.61Q^{\frac{1}{3}}}{(\rho a_0^2 \sigma^*)^{\frac{1}{9}}} \tag{5-4}$$

式中 Q——爆炸当量;

ρa_0^2——岩石侧限变形模量;

ρ——岩石密度;

σ^*——岩石介质的压碎应力极限。

压碎区半径为:

$$b^* = \left(\frac{E_0}{3\sigma^*}\right)^{\frac{1}{3}} a_{\mathrm{m}} \tag{5-5}$$

式中 E_0——岩石的杨氏模量。

径向破裂区的半径为:

$$b_0 = b^* \left(\frac{\sigma^*}{2\sigma_0}\right)^{\frac{1}{2}} = \left[\frac{(\rho a_0^2)^2 \sigma^*}{2^7 \sigma_0^3}\right]^{\frac{1}{6}} a_{\mathrm{m}} \tag{5-6}$$

式中 σ_0——岩石介质的拉裂应力极限。

陈士海等[57-58]提出了确定破坏区发展的动力学计算模型,并给出了花岗岩中爆破产生的破坏区大小：中空腔区、破碎区、径向裂隙区半径分别为装药半径的 1.48～1.84 倍、2.54～4.0 倍和 21.60～23.44 倍，与传统概念上的分区大小一致。夏祥等[59]通过 LS-DYNA 程序模拟了岩体单孔柱状装药的爆破破裂过程，结果表明：岩体爆破粉碎区半径、裂隙区半径分别为装药半径的 6.5 倍和 75 倍。

索永录[60]通过采煤工作面的现场爆破试验和大煤样爆破实验结果，根据平面楔形裂纹的动态扩展模型（图 5-6），给出了坚硬顶煤中实施爆破时产生的粉碎区半径：

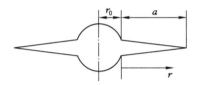

图 5-6 平面楔形裂纹的动态扩展模型

$$R_c = \left[\frac{B\rho_m v_c^2 n}{8\sqrt{2}\sigma_{cd}} \left(\frac{r_c}{r_b} \right)^6 \right]^{1/a_1} r_b \qquad (5-7)$$

式中 B——煤体中任一点应力强度的系数；

ρ_m——炸药的密度；

v_c——炸药爆轰速度；

n——压力增大系数，一般取 10；

r_c——炸药半径；

r_b——炮孔半径；

σ_{cd}——煤体的动态抗压强度；

α_1——冲击波峰值压力衰减指数。

裂纹能进一步扩展的区域为：

$$R_p = \left(\frac{p_0 - \sigma_\infty}{\sigma_{ld} + \sigma_\infty} \right)^{1/2} a \qquad (5-8)$$

式中 p_0——空腔壁压力；

σ_{ld}——裂纹扩展的临界应力；

a——爆生气体作用时的初始裂纹长度。

戴俊等[61-64]通过对自然状态和受爆破作用后的煤体进行取芯，并测定了试件的弹性波速度，进一步研究了爆破损伤因子与装药参数、炮孔距离的关系，获得了爆破损伤的分布规律。宗琦等[65-66]根据波的界面折射和反射理论，建立了岩石和炸药的最佳阻抗匹配关系。夏祥等[67-69]将模拟炸药爆炸载荷的 LS-DYNA 程序和有限差分程序 FLAC3D 相结合，完成了爆破产生损伤范围的数值模拟与现场实测结果对比，得到了岩体损伤范围的演化范围及程度（图 5-7），确定了爆炸作用下岩体的损伤阈值。来兴平等[70]研究了特厚煤体爆破致裂机制及分区破坏特征。

由于在综放工作面顶煤和顶板爆破中，只有一个自由面，研究单自由面条件下煤岩体的爆破规律很有必要[71-72]。郝亚飞等[73]采用 LS-DYNA 分析了不同堵塞长度时爆源附近应力场的变化特征，认为不同堵塞长度时模型底部的空腔半径基本不发生变化，均约为装药半径的 3 倍。

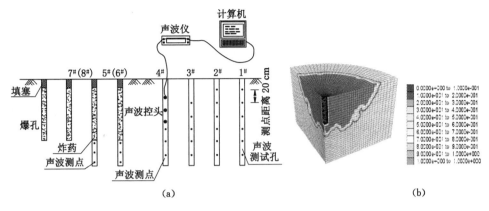

图 5-7 岩体损伤测试与模拟

(a) 声波实验布置示意;(b) 爆炸荷载作用下的岩体损伤变量分布

　　唐海等[74-75]通过对核电站基坑多次爆破和声波的测试试验,得到了场地爆破震动衰减规律和炮孔底端的损伤范围,将质点的峰值震动速度作为预裂爆破的安全控制指标,工程实践验证了试验结果的有效性。赵坚等[76]将能够较好模拟节理的离散元程序 UDEC 与 AU-TODYN-2D 相结合,研究了爆炸波在节理岩体中的传播规律。李清[77]研究了爆炸荷载作用下岩石的断裂力学特征,获得了爆炸裂纹在缺陷材料的扩展规律,试验表明爆生裂纹的扩展与切缝和层理间夹角以及炮孔与层理间的距离都有密切关系。

　　徐颖等[78]通过对爆炸应力波的破岩特征分析,得出了更为精确的应力波作用下裂隙区半径计算公式,并利用室内试验和 ADINA 计算程序分析了岩体内应力波能的数值。李启月[79]采用数值模拟技术研究了爆破作用的破岩机理,认为冲击剪切是爆破破碎的主因,并建立了基于动能的矿岩爆破破碎块度分布模型,根据数值试验结果优化了炸药参数。龚敏等[80-81]利用三维数值模拟方法研究煤层预裂爆破的破坏范围以及爆破扰动提高煤层渗透性对瓦斯抽采的影响。卢文波等[82]提出了计算炮孔压力变化历程的修正方法。谢冰等[83-84]运用有限元软件 AUTODYN-2D 构建炸药爆破模型(图 5-8)计算爆炸荷载,将其作为 UDEC 模型(图 5-9)的动力输入荷载,研究了不同倾角的节理对预裂爆破的影响,获得了不同炸药量下爆破的影响深度,通过现场的监测结果验证了控制参数的有效性。

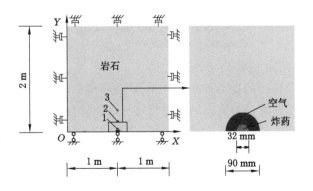

图 5-8 AUTODYN-2D 计算模型示意图

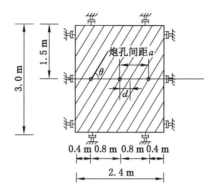

图 5-9 　UDEC 计算模型示意图

5.3.3　水压致裂煤岩体机理

水压致裂(hydraulic fracturing)机制最早是哈伯特(M. K. Hubbert)和威利斯(D. G. Willis)[85]提出的,水压致裂技术作为提高低渗透性油、气井产量的技术已得到了广泛应用,在提高煤层瓦斯抽采的效果方面也有所表现,吉德利(J. L. Gidley)和默多克(L. C. Murdoch)等[86-87]都曾对此项技术作过研讨。在众多的水力致裂理论中,基于线弹性的断裂力学理论(LEFM)一直被广泛地使用[88],在 LEFM 理论基础上,W. Du 和凯梅尼(J. M. Kemeny)[89]提出了能够考虑水的侵入效果和加压率的理论。

在水压致裂的裂纹扩展准则方面,李夕兵等[90]探讨了渗透水压和远场应力共同作用下含预置裂纹类岩石材料的损伤断裂力学模型和裂纹尖端应力强度因子,建立了压剪岩石裂纹的启裂准则。给出了Ⅰ型和Ⅱ型裂纹的应力强度因子 K_{I} 和 K_{II}:

$$K_{\text{I}} = \sqrt{\pi a}\left\{\frac{1}{2}[(\sigma_1 + \sigma_3) - (\sigma_1 - \sigma_3)\cos 2\beta] - p\right\}\sqrt{\rho/a} -$$

$$\sqrt{\pi a}\left\{\frac{1}{2}[(\sigma_1 + \sigma_3) + (\sigma_1 - \sigma_3)\cos 2\beta] - p\right\} \tag{5-9}$$

$$K_{\text{II}} = \tau_{\text{eff}}\sqrt{\pi a} = -\tau\sqrt{\pi a} = -\frac{1}{2}\sqrt{\pi a}(\sigma_1 - \sigma_3)\sin 2\beta \tag{5-10}$$

式中　σ_1——垂直应力;

σ_3——水平应力;

β——裂纹面与 σ_3 方向的夹角;

p——渗透水压;

ρ——裂纹尖端的曲率半径。

在水压致裂现象及机理的揭示方面,RFPA 以能够形象、直观地显示出裂纹扩展形态,并结合压力、位移、声发射等多种监测指标为研究水压致裂提供了有效手段。以唐春安、杨天鸿等[91-94]为代表的学者应用 F-RFPA2D,研究荷载和水压力作用下岩石裂纹的演化过程(图 5-10)。朱珍德等[95]运用断裂力学理论详尽推导了岩体在裂隙水压作用下的初始开裂强度公式。其他利用 RFPA 研究水压致裂的还有:姜文忠等[96]运用 RFPA 进行了单孔水压致裂过程模拟;李根等[97]基于 RFPA 建立了渗流-应力-损伤耦合的数值模型,运用数值分析的手段研究了岩石的细观损伤演化过程;张春华等[98]利用 RFPA 从细观上揭示注水过程中煤体裂隙的扩展特征,获得了注水作用下应力场及带压水的渗流规律。

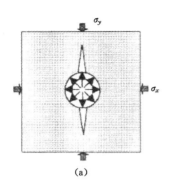
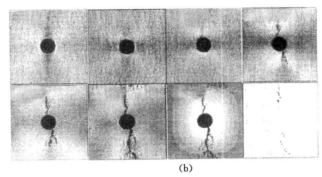

(a)　　　　　　　　　　　　　　　　　　(b)

图 5-10　水压致裂模型与致裂过程

(a)水压致裂计算模型;(b)裂纹扩展过程

5.3.4　水压致裂煤岩体破坏特性

水压致裂在石油开采中的地层压裂及煤矿中顶煤致裂软化得到了广泛的应用,其对煤岩体的破坏大多采用浸润半径和降尘效果评估,是一个与注水压力、注水时间、煤岩体物理力学特性等多参数相关的结果。

康红普院士[99]经过大量的实验结果认为水弱化岩石强度与岩石物理力学性质、围岩应力水平等多种因素有关。邓广哲等[100-101]采用在地应力场控制下水力压裂坚硬顶煤的方法,研究了地应力场控制参数对水压致裂煤体的影响,实例表明控制参数的选择与顶煤采出率密切相关。康天合等[102-103]超前采煤开采工作面注水的弱化机理,提出了预注水超前工作面的工程参数确定方法。崔峰等[104-105]开展了水压致裂机制及其尺度效应等方面的研究。李宗翔等[106-107]用有限元数值模拟方法分析了在不同注水压力下的煤体的湿润特点,给出了注水压力-时间-湿润范围间的关系,指出合理湿润效果的注水压力在 10.0 MPa 以上。

章梦涛等[108]认为煤层的注水过程实际上是一个水驱气的过程,属于动界面的渗流力学问题。秦书玉等[109]给出了利用计算机模拟煤层注水湿润分布状态方法,应用正交设计方法确定了煤层注水工艺参数的最佳组合。金龙哲等[110]提出在煤层注水钻孔中添加黏尘棒以提高注水弱化和降尘效果。李丽丽[111]以煤层注水实测数据为样本,建立了 Fisher 判别模型,并对结果处于可注性临界状态的煤层进行 BP 网络二次修正。刘增平等[112]通过低空隙率煤层注水方式的分析,确定了适合 3[上] 煤的注水参数和适合唐口煤矿的表面活性剂为 $0.2\% \sim 0.3\%$ 的石油磺酸钠,实践表明工作面煤层注水后全尘和呼吸性粉尘的沉降效率达到 20% 以上。

5.3.5　固液耦合体爆破动载作用下耦合致裂方向研究综述

郭建卿[113]应用 DYAN2D 模拟研究液固耦合和不耦合爆破应力应变演化的基本特征;以水为耦合介质充填于药卷与炮孔内壁之间,利用水的不可压缩性特点提高爆破效果,应用 FLAC[3D] 建立了煤矿当中掘进工作面受爆破作用的模型,将固液耦合爆破致裂煤体用于防冲击地压,建立了液固耦合爆破破碎区与岩性、爆炸应力、装药系数的关系。该文献主要是针对以消除应力集中为目的的松动爆破,但对于综放工作面大规模煤体的致裂弱化、垮放情况研究并没有涉猎。这与本研究利用注水和爆破两种手段综合作用提高煤体破碎程度的方法不同,但在煤岩体耦合致裂研究上有着借鉴性意义。目前已出现的固液耦合体动载作用下的研究集中在以蔡美峰院士为代表的地下水作用下高陡边坡的稳定性分析[114]、土壤液化方面[115-118]等;在急倾斜煤层开采所涉及的固液耦合研究方面,王金安等[21]运用分形几何学将急倾斜煤层开采区域内覆岩裂隙分维与工作面渗流量结合分析,指导了矿井水害的治理。

综合以上研究可看出,爆破和注水机理及固液耦合体的特征等已有不少学者予以研究,但是大多是针对单一手段(爆破或注水)的研究,未见到将爆破和注水同时运用时煤体劣化程度的研究。在综放工作面顶煤松动方面固液耦合体受爆破动载研究方面较少。爆破与注水耦合致裂方法作用下材料的劣化程度尚未定量化。因此开展研究耦合致裂机制及其作用下煤体的劣化程度,并建立爆破动载作用下固-液耦合状态煤体的破坏模型;由于进行耦合致裂物理相似模拟模型的复杂性,在固液耦合体基础上通过数值模拟施加爆破动载,完成爆破载荷施加后对模型施加位移控制的轴向加载,经过运算分析获取煤体在耦合致裂作用下的劣化程度。

5.3.6 煤体致裂效果评估方法研究

煤岩体致裂提高冒放性依靠的是降低顶煤块度,减少块体间的铰接力并避免其形成拱形结构。针对爆破块度的研究可分为直接测试方法和间接测试方法。直接测试法的工作量大,生产成本高,其他测试方法虽然把测试从繁重的工作中解脱出来,但是都存在诸如测试精度低、成本高、难于操作及周期长等缺陷。间接测试法包括近来研究和应用较多的分形测试方法[119]、神经网络预计、拓扑学、数值模拟[120-121]、实验分析等。

爆破块度的预计研究方面以谢和平院士[122-123]为代表的分形理论等较多,还有谢贤平等[124]、张继春等[125]、杨更社等[126]、刘慧等[127],均是根据分形几何理论,获得了单位炸药消耗量与分形维数及块度的关系;谭云亮等[128]给出了岩石破碎块度分布的临界破碎分维数,为判别岩石的破碎程度提供了准则。还有学者运用拓扑学理论、数值模拟等手段进行块度预测:王家臣等[129-130]基于拓扑学知识,建立了顶煤破裂块度的三维预测模型。崔峰等[131]基于煤体耦合致裂后整体-散体的等效转化,实现了顶煤垮放能力的评估。张宪堂等[132-133]根据脆性材料的动态平均块度尺寸计算公式,进行了爆破后块度分布的数值模拟和实验验证。董卫军[134]根据现场节理裂隙面的调查结果,运用拓扑学、计算机模拟等技术对矿石崩落块度进行预测。张力民等[135]针对以往爆破块度预测方法的不足,提出采用数值流形方法进行岩石爆破块度预测。

事实上爆破块度受多种因素共同影响,且影响因素相互间存在着复杂的映射关系,很难建立纯粹的数学模型。人工神经网络以其能够实现高度非线性映射的特点为解决这些复杂的关系提供了可能[136-138]。祝文化等[139]基于工程实例建立了爆破块度预测的BP神经网络模型。汪学清等[140]利用人工神经网络模型对爆破块度进行预测,结果表明在网络训练前对样本数据进行归一化可大大提高预测精度。梁富生[141]分析了块度与顶煤可放性参数(支承压力、煤体强度、裂隙发育程度等)的关系,提出顶煤可放性的三因素评价准则。东兆星等[142]利用爆破流体动力学分析得到了工程爆破中大块率的预计公式:

$$n_0 = e^{4(1-d_k)} \cdot \frac{d_0^{0.1}}{K} \tag{5-11}$$

式中 d_k——限定块度尺寸,地下掘进中 $d_k=0.2$ m,地下金属采矿 $d_k=0.24$ m,露天开采

$d_k = 1.0$ m;

d_0——装药直径，m；

K——炸药单耗，kg/m³。

戚承志等[143]基于物理实验，研究了爆炸作用下岩石破坏块度分布的机理，分析了在封闭爆炸情况下爆心附近岩石破坏块度的分布图（图 5-11）和破坏块尺度的分布公式：

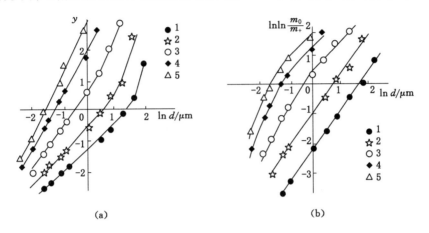

图 5-11　在不同的距爆心距离上破碎块度分布的变化情况

（a）试验一；（b）试验二

1——$22R_0$；2——$15R_0$；3——$10.5R_0$；4——$7.5R_0$；5——$6.5R_0$；R_0——装药半径

$$\Omega(d,R) = \frac{a(R)}{\sqrt{2\pi}} \int_{-\infty}^{y} \exp(-t^2/2)\mathrm{d}t[1-a(R)]f_{RR}(d,R) \tag{5-12}$$

式中　d——块体的特征尺寸；

Ω——尺寸小于 d 的所有块体的重量；

$a(R)$——服从对数正态分布的块体的份额。

$$y = [\ln d - \ln d_{LN}(R)]/\sigma_{LN}(R) \tag{5-13}$$

式中　$d_{LN}(R)$——对数分布的块体尺寸中数；

$\sigma_{LN}(R)$——块体尺寸的对数对于其平均值的均平方偏差；

$f_{RR}(d,R)$——具有平移的 Rosin-Rammler 分布函数。

通过对以上学者对煤岩体致裂后块度与方案设计的研究发现，对煤岩体实施爆破后块度的研究以分形为代表的最多，其次是利用拓扑学和神经网络来预计，或者利用实验相结合的理论分析得出了块度分布的计算公式，但是较为复杂且只研究了爆破单独作用下块度的分布规律。对于综放工作面顶煤来说，掌握其块度分布并不是最终目标，准确地量化煤体的可放性才是最终目的，因此以耦合致裂后试件的强度为指标，完成煤体由整体向离散体的等效转变后，以不同强度的离散元模型中颗粒放出能力这一指标来衡量耦合致裂效果，这一指标最为实用，且更具有实践意义。

5.3.7　耦合致裂工艺设计方法研究

耦合致裂工艺设计由于参数的复杂性，以神经网络、灰色模糊预计和数值模拟优化验证的方法在该方面较为适宜，但由于神经网络和灰色模糊技术不能够直接地获得爆破的定量化效果,故大多参数优化和设计都与数值模拟结果及现场实测结果相互配合的方法实现。

单仁亮等[144]利用层次分析法,提出了爆破方案的综合评价模型,并以回坡底矿爆破方案评价为例验证了评价模型的合理性。赵老生[145]针对高韧性煤冒放性较差的问题,运用数值模拟的方法对钻孔孔径为 70 mm 和 50 mm 两种方案下的爆炸过程进行研究,认为加大炸药的药卷直径是提高煤层冒放性的有效途径。唐海等[146]借助 Matlab 语言,构建了预裂爆破参数设计的 BP 神经网络,开发了预裂爆破参数优化设计智能系统,工程实例表明该智能系统设计参数与实际设计参数相当吻合。谷拴成等[147]对铜川焦坪矿区坚硬顶煤垮落破碎难题,采用 FLAC 软件分析不同炮孔间距对顶煤预裂爆破的影响,得出合理的炮孔布置间距。刘敦文等[148]提出了应用多目标模糊优选理论来评价预裂爆破质量,并通过对 4 个模型 12 组预裂爆破参数的模糊优选,以实例说明了该方法的应用。

综合来看,根据实验结果建立耦合致裂方案与煤岩体强度劣化及可放性间的联系,运用神经网络的方法对耦合致裂效果进行预计和评估,形成综放工作面顶煤"整体-散体"的耦合致裂技术。

本研究以实现复杂环境下特厚煤岩体的耦合致裂为目标,采用理论研究、数值模拟、神经网络、现场监测和工程实践相结合的方法,深入开展顶煤耦合致裂机制、方法、效果评估等基础研究,主要内容包括:

(1)掌握急倾斜煤岩体的复杂赋存特点、围岩稳定性及面临的开采难题,研究爆破和注水耦合致裂下煤体的致裂机制及劣化程度,分析不同爆破药量和不同水压作用下煤体的劣化响应,为后续煤体致裂方案的设计与优化提供依据。

(2)采用固-液耦合与非线性动力分析相结合的方法研究耦合致裂作用下煤体的劣化参数。首先对原始煤体进行注水模拟,完成固液耦合态模型的建立及注水破坏特性的分析,在此基础上对注水后的煤体施加爆破动载荷研究耦合状态下煤体的动力响应特征,接着对整个煤体进行加载,获得耦合致裂后煤体整体的承载能力特性,完成耦合致裂后试件的强度劣化程度评估,建立耦合致裂参数与强度劣化间的定量关系。

(3)运用离散元的方法建立等效耦合致裂有限元模型的离散元模型,获得等效强度时离散元模型的细观参数,以此参数为准,运用离散元的方法对散体化的顶煤进行垮放实验研究,分析耦合致裂后顶煤的放出规律及力链结构,建立煤体耦合致裂作用下煤体"整体-散体"的定量化联系。

(4)以工程实践为依托,基于对复杂环境下急倾斜煤岩体开采背景及问题的理解,开展急倾斜煤层综放工作面顶煤耦合致裂试验,运用神经网络对复杂环境下急斜特厚煤层的耦合致裂效果进行定量化预计,并采用放煤量统计、现场微震监测手段检验分析煤岩体的耦合致裂效果。

5.4 技术路线

研究的技术路线如图 5-12 所示。

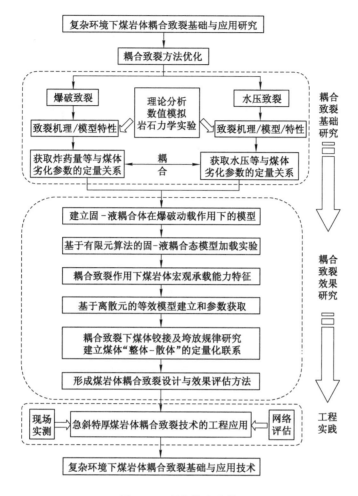

图 5-12　研究技术路线

5.5　本 章 小 结

　　本章介绍在复杂条件下煤岩体致裂的研究背景和意义,煤岩体致裂方法的发展情况和国内外研究现状,对煤岩体耦合致裂机理进行了理论分析,阐述了耦合致裂方面破坏特性研究现状,给出了本书研究的主要内容及技术路线,得出如下结论:

　　(1)煤层及岩体的致裂,提高顶煤冒放性、降低煤岩体应力集中是综放开采问题的关键。研究工作面顶煤耦合致裂技术,丰富煤岩体致裂机制、提升致裂效果,不论是对于急倾斜煤层还是对于一般倾斜及缓倾斜煤层都有着巨大的推广价值。

　　(2)煤岩体耦合致裂主要是对顶煤可放性、动力灾害控制方面涉及的问题进行分析。通过对现有致裂方法的优劣进行讨论,提出了耦合致裂的方法。并对爆破和注水的单独实施及耦合致裂时的致裂机制与破坏特征的国内外研究现状进行了分析和综述。

　　(3)计划就爆破、水压致裂的机理和破坏特性进行理论分析,开展研究了耦合致裂机制及其作用下煤体的劣化程度,并建立爆破动载作用下固-液耦合态煤体的破坏模型;并采用放煤量统计、现场微震监测手段检验分析煤岩体的耦合致裂效果。

6 急倾斜煤岩体开采环境的复杂性

煤岩体的耦合致裂主要用于致裂及卸压,煤矿中的综放工作面顶煤破碎以及边坡、隧道中动力灾害的防治等均有应用。就煤岩体的赋存条件来说,各个矿区的自然条件差异较大,这需要具有针对性的开采工艺和灾害防治措施。急倾斜煤层以其原始构造复杂、开采工艺独特、灾害类型繁多的特点著称。就全国范围来讲,虽然国内的华亭、窑街、淮南、开滦等20余个矿区也赋存有急斜煤层,但目前大力致力于大段高水平分段综放开采的唯有乌鲁木齐矿区,这与乌鲁木齐矿区急斜煤层的赋存状况和自治区首府市场需要也有关。本章主要对急倾斜煤层的赋存条件包括矿区地层、地质构造和煤层及瓦斯情况等进行分析,基于对急倾斜煤层赋存条件的深刻认识,探测、掌握煤层及其围岩的稳定性,分析特厚煤层面临的开采难题,为后续提高煤层冒放性和动力灾害防治技术方案的设计奠定基础。

6.1 急倾斜煤层开采的复杂性

6.1.1 地质赋存特征造成的开采复杂性

急倾斜煤层存在煤层倾角大、顶板坚硬、采空区火源隐蔽以及有毒有害气体等特点。首要是倾角大导致工作面开采方法无法如一般缓倾斜工作面沿煤层倾向布置,加上坚硬顶板的影响以及水平分段开采造成的多层采空空间,带来了顶板灾害并使得工作面头顶采空区,不同层位的采空区遗留煤炭自燃后导致火源具有隐蔽性。另外,工作面还被硫化氢、瓦斯等有毒有害气体侵扰,在坚硬顶板突然垮落的压迫下极易造成工作面伤人事故。

(1)倾角大

急倾斜煤层由于其倾角较大,考虑到支架及刮板输送机的倾倒、下滑因素,急倾斜煤层中的工作面无法如缓倾斜煤层一样沿煤层倾向布置,水平分段综放开采是急倾斜煤层应用较多且开采效率较高的一种方式,它是沿煤层的水平厚度方向布置,最大长度为煤层的水平宽度($L = H/\sin \alpha$,其中 H 为煤厚,α 为煤层倾角)。

水平分段的开采方法产生多层的采空空间,采空区残留煤炭及覆岩杂物充填在工作面正上方。缓倾斜综放工作面"支架-围岩"形成的力学体系是"基本顶-直接顶-顶煤-支架-底板",顶煤放出过程不仅将引起直接顶和基本顶破坏,通过顶煤作用于支架,造成矿压显现。急倾斜煤层中的水平分段工作面"支架-围岩"形成的力学体系是"残留煤矸-顶煤-支架-(下分段)煤层"。急倾斜煤层倾角较大的情况造成开采方式、工作面顶底板破坏运动与缓斜煤层不同。

(2)坚硬顶板

坚硬顶板由于煤层跨度小、倾角大导致工作面围岩在开采后不易垮落,在综放的开采方式下,随着大量煤体的放出而坚硬顶板依旧耸立,容易形成大面积顶板悬空区,从而严重影响开采的安全性。当悬空的顶板跨度达到顶板的承载极限时突然垮落,下沉的顶板将压迫采空区内大量有毒有害气体进入工作面和回采巷道内,由此顶板动力失稳带来的衍生事故不亚于其对支架及设备的冲击作用。

（3）采空区及火源的隐蔽性

急倾斜特厚煤层水平分段综放工作面随着开采的继续不断向下拓展,这造成了工作面上方始终顶着采空区。采用放顶煤的开采方式时采空区避免不了要遗留一定数量的煤炭,采空区不同层位遗煤的自燃使得火源具有隐蔽性,增大了采空区自燃火源的预测难度,严重威胁矿井的安全开采。

（4）有毒有害气体

近几年,乌东煤矿随着开采深度的增加,H_2S气体涌出量日趋增大,给安全生产带来了严重危害。工作面顶板的大面积垮落时压迫采空区内有毒有害气体进入工作面,可造成人员瞬间熏倒。在一定程度上顶板垮落带来的气体衍生灾害大于顶板灾害,且更具有不可控性。例如,乌东煤矿+620 m 水平 45#煤层西翼工作面就出现了两次顶板垮放带来的气体伤人事故,多人被气体熏倒,监控系统显示硫化氢浓度达到 0.01%。在碱沟煤矿回采东三采区+590 m 水平期间,B_{1+2}工作面回风巷 H_2S 气体浓度达到 0.005%～0.01%;回采东三采区+564 m水平期间,B_{1+2}工作面进刀、放煤过程中回风端头 H_2S 气体浓度为 0.01%～0.02%。东三采区回采在+541 m 水平,在采取洒水喷雾、洒生石灰、增大工作面配风量等稀释 H_2S 的方法下,生产过程中回风巷 H_2S 浓度仍在 0.02%～0.035%。即使在不生产期间,B_{1+2}工作面 H_2S 气体浓度也达到 0.002%左右,上隅角 H_2S 气体浓度在 0.003%～0.005%,严重威胁工作面作业人员的生命安全,给井下工作面金属设备、设施及工作环境都造成了不同程度的破坏。

顶板垮放带来的气体伤人问题要求急倾斜煤层在有效弱化高阶段顶煤的同时,有效控制顶板的大面积垮落,诱导顶板安全的垮放。在瓦斯方面,矿区瓦斯含量较低,瓦斯梯度变化不大,瓦斯含量由东向西有增大的趋势。但在一些采空区及废巷中,通风不良导致瓦斯相对聚集,瓦斯含量较高,局部地区也存在瓦斯异常区。

6.1.2 特厚煤体需有效弱化垮放

急斜煤层水平分层工作面长度即是煤层的水平宽度,煤层的水平宽度属于自然赋存特性无法改变,只有从增加推进度和分层高度来提高产量。在推进度一定的情况下,主张在将水平分层高度提升至 20～30 m,以此提高工作面煤炭的生产能力。

随着水平分层高度的提高,特厚顶煤能否有效放出,加快推进速度和提高段高后,工作面围岩的运移垮放时间减少,急倾斜条件下的煤岩体结构应力集中现象突出,工作面顶煤放出规律有何变化都需深入研究。以期通过研究指导生产实践,达到有效增加工作面产量,提高生产工效,降低生产成本的目的,解决实际工程问题,科学地保证安全高效生产。

6.1.3 采掘工作面的相遇来压

在乌鲁木齐矿区原大洪沟煤矿+535 m 水平综采工作面与+501 m 水平综掘工作面推进方向相反,其采掘关系及空间布局如图 6-1 所示,上下分层两工作面距离较近时采掘工作面超前支承压力与综放工作面采动影响相互叠加,造成下分层+501 m 水平的掘进工作面压力较大,致使煤体中产生应力集中,从而诱发巷道失稳。上水平采煤工作面回采过程中与下水平掘进工作面的相遇造成相遇点前后 50 m 范围内存在压力显现的征兆,可能造成采煤工作面巷道帮鼓、煤爆声。

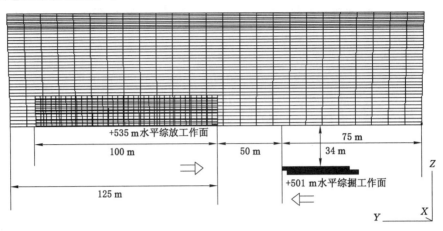

图 6-1　原大洪沟煤矿＋535 m 和＋501 m 水平采掘工作面相对位置

　　事实上,岩柱及巷道各处应力在采煤工作面和掘进工作面错开之后重新分布,由图 6-2 描述的模型垂直应力分布特征可看出,在倾向上的应力变化不大,悬空的岩柱产生向左侧倾斜,B_3、B_6 两巷与各自底板、顶板交界处应力值较大。综放面开采过的区域顶板压力得到释放,B_3 巷顶板应力减小,而未开采区域顶板应力较大。底板由于综放工作面的开采导致自由面加大,因此底板中垂直应力较大。

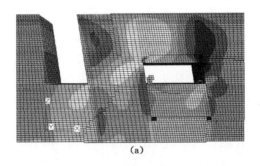

(a)

图 6-2　水平应力和垂直应力合力分布特征

　　由于岩柱的倾斜导致下分层 B_{1+2} 煤层产生塑性变形,岩柱的弯曲程度在 B_3 巷左帮岩柱的阻挡作用下减小,但这致使 B_3 巷左帮的岩柱发生塑性变形(图 6-3),B_6 巷周围特别是右帮侧基本顶产生较大面积的塑性破坏,这主要是由 B_6 顶板在倾斜作用下受到＋501 m 水平煤层的阻挡,在＋501 m 水平煤层的上部和顶板侧岩体挤压,从而产生了较大的塑性变形。

6.1.4　坚硬岩柱的撬动及弯曲效应

　　急倾斜煤层的赋存环境及水平分段的开采方式将在本分层工作面上方形成连续的多层采空空间,本分层工作面即在采空区下方,并随着开采的继续不断向深部延伸。图 6-4 表示了急倾斜煤岩的赋存特征,主采煤层为 B_{3+6} 煤层和 B_{1+2} 煤层,前者开采深度大于后者,两组煤层中间夹一段坚硬岩柱。

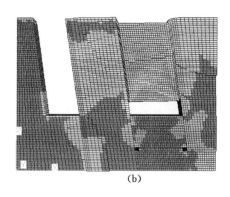

(b)

图 6-3　推进 13 d 后塑性区分布

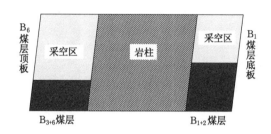

图 6-4　急倾斜条件下主采煤层赋存特征

根据急倾斜煤层覆岩结构多年的模拟、现场监测及生产实践经验得出急倾斜煤层顶底板的应力分布特征[图 6-5(a)]。由于煤层赋存倾角较大,坚硬耸立的顶板不容易坍塌,导致开采水平工作面向深部延伸期间的顶板长期处于竖立状态;回采巷道受到大段高综放工作面的开采扰动作用;B_{3+6} 煤层工作面回采巷道除受到来自顶板压应力、覆岩(或地表回填形成的覆层)自重作用和顶煤动态致裂影响外,在开采阶段随着本分层煤体不断放出,为顶底板移动创造了自由空间,导致 B_{3+6} 煤层还承受着 B_{1+2} 煤层开采后水平厚度达 50 多米的岩柱倾斜造成的撬动作用。这些综合原因导致 B_{3+6} 煤层的顶板和底板向底板方向倾斜,从而使 B_{3+6} 煤层工作面的顶板出现弯曲效应、底板出现撬动效应[149-151]。

本分层工作面开采后,工作面围岩中的应力重新分布,工作面上方松散体及覆岩顶板自重与顶煤爆破致裂共同作用下,煤体垂直应力状态呈现出双峰值 σ_{max}。当 σ_{max} 超过煤体自身的抗压强度时,煤体发生区域性破裂,其强度降低至残余强度水平。随着开采向下分层的转移,顶板的弯曲效应和底板的撬动效应不断增强,顶底板与煤体结合处的高水平应力 $\sigma_{1\,max}$、$\sigma'_{1\,max}$ 向下方延深演化至下分层,形成应力峰值 $\sigma_{2\,max}$、$\sigma'_{2\,max}$。以此类推,当急倾斜煤层采用水平分段开采时,在顶底板及采动影响和顶煤致裂等综合因素作用下,顶底板中的水平应力将依次向下延伸形成不同梯度的 $\sigma_{n\,max}$ 和 $\sigma'_{n\,max}$,下分层煤体内的垂直应力也将向下延伸并呈现出非对称应力分布特征,这为急倾斜煤岩体结构的破裂失稳提供了力源。

图 6-5(b)、(c)分别为在 43# 煤层工作面全长布置钻孔应力计所监测到的煤体内应力分布曲线和顶底板撬动作用的数值模拟结果,可以看出在煤体内应力分布呈现出明显的双峰分布状态。这主要是因为顶板弯曲、底板撬动效应导致大面积顶底板的弯矩作用于本分层煤体内部,在本分层煤体内部的压应力逐渐累积的情况下,煤体损伤程度不断升高直至破

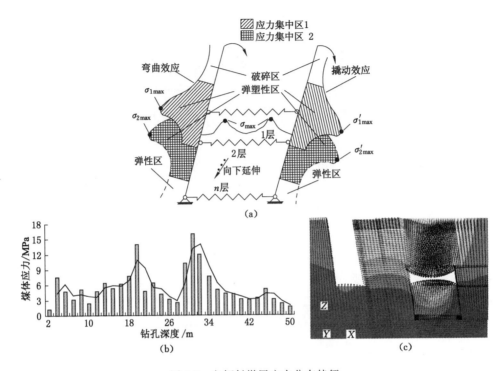

图 6-5　急倾斜煤层应力分布特征

（a）急倾斜煤层工作面覆岩结构模型；（b）钻孔应力计埋藏深度与应力关系曲线；（c）数值模拟结果

裂,形成区域性的裂隙带及破裂带,为动力灾害的发生创造了有利条件。

6.1.5　通过小煤窑区域

在南采区井田范围内,上部存在废弃小煤窑,在巷道掘进过程中,掘至下方后,由于上部情况不明朗,在高阶段煤柱的压力作用下,造成煤柱下方的巷道矿压显现明显,巷道顶板出现小范围下沉,巷道两帮出现网兜,锚杆、锚索托盘变形等现象,见图 6-6。

图 6-6　过上部老窑区时巷道帮鼓与顶板下沉压弯单体现象

6.1.6　动力灾害频发

在乌东四矿合并之前,大洪沟煤矿＋555 m 水平 B_3 和 B_6、＋535 m 水平 B_3 和 B_6、＋501 m 水平 B_3 和 B_6 在上分层回采下分层掘进过程中出现过 4 次不同程度的动力灾害现象（表 6-1）,合并之后出现 2 次较大的动力现象,特别是 7 月 2 日的动力灾害（图 6-7）。动力灾害的共同点均是瞬间巷道及工作面发生震动,伴随着煤尘泛起,巷道顶板下沉、底板鼓起,锚网撕裂、多排锚杆失效,给巷道及工作面的作业人员安全带来严重影响。

表 6-1　　　　　　　　　　　　　历次较大的动力失稳事件特征描述

序号	发生时间	发生地点	情况描述
1	2009 年 9 月 19 日 4 时 10 分	＋555 m 水平西翼 B_{3+6} 工作面	① 轨道巷串车有 9 台平板车掉道;② 5 台组合开关从串车掉至南墙;③ B_3 巷道底板北侧,底板底鼓最大量为 1.0 m,长度 60～70 m;④ B_3 巷道局部北帮水沟挤死;⑤ 工作面煤壁片帮深度 30～50 cm;⑥ 巷道靠近南巷底板帮鼓严重,最大鼓出量近 0.9 m,3 根锚杆拉断、螺帽弹出,2 处钢板断裂,1 处锚网撕裂;⑦ 轨道巷靠南帮立放的成捆待用锚杆倾倒;⑧ 地面调度室与小红沟煤矿均有震感;⑨ ＋535 m 水平西翼 B_3 综掘面,综掘机推进后 20 m 范围内,胶带托辊脱落;⑩ 工作面迎头 150 m 范围不同程度出现底鼓,工作面距迎头 20 m 内底鼓量最大值 0.5 m
2	2010 年 6 月 14 日早班和 6 月 16 日早班	＋501 m 水平 B_3 巷道	＋501 m 水平 B_3 西回风巷均出现强烈煤炮声,巷道第 25～36 排范围内两帮出现帮鼓现象,在联络处出现锚网撕裂、锚杆失效现象,其中第 31～36 排帮鼓最为严重,在 35 排处测巷道掘进宽度只剩下 2.6 m,帮鼓量最大达到 80 cm,巷道高度变化不大
3	2010 年 8 月 22 日中班 21 时 15 分	＋501 m 水平 B_6 巷道	＋501 m 水平 B_6 西机轨巷出现强烈煤炮声,巷道煤门以西 120 m 距工作面迎头 170 m 范围内,巷道底鼓量为 40～50 cm,帮鼓量为 40～80 cm,巷道内水沟变形严重(已挤死)。水管被震断,风筒断开,H 架震倒,锚杆托盘被崩出。＋501 m 水平 B_3 巷无明显变化。同时,＋535 m 水平 B_6 西巷距离停采线 60～220 m 范围内南帮底鼓很严重,水沟翻起变形,胶带托辊被震掉,锚网撕裂。巷道北帮电缆挂钩有震落,底鼓不明显。＋535 m 水平 B_3 巷西有震感,巷道内有洒煤
4	2010 年 10 月 3 日中班 22 时 22 分	＋501 m 水平 B_3 巷道	＋501 m 水平 B_3 巷 610～750 排锚网范围内底鼓 40～80 cm,帮鼓 40 cm,在地面听到了响声。动力失稳位置在掘进工作面迎头后方 20～100 m。与＋535 m 水平综采工作面相向推进,已掘过综采工作面 125.7 m
5	2013 年 2 月 27 日上午 7 时 38 分	南采区 ＋501 m 水平 B_{3+6} 巷道	270 m(1 710～1 980 m)的巷道受到不同程度底鼓及两帮位移,底鼓最大量 1.1 m;B_6 巷南帮最大移近量 0.6 m,北帮 0.9 m,B_6 巷北帮出现 1 处深 1.5 m 的离层;B_3 巷顶板最大下沉量 0.3 m;另外还出现了串车脱轨、单体支柱弯曲等现象,动压显现主要是在工作面前方 70 m
6	2013 年 7 月 2 日 5 时 08 分	＋500 m 水平 B_{3+6} 煤层综采面两平巷	造成工作面两平巷 1 240～1 340 m 段出现不同程度的底鼓、帮鼓现象。＋500 m 水平 B_3 巷冲击显现影响范围 1 070～1 450 m,底鼓量 20～45 cm,北帮悬挂的电缆掉落,固定"U"型钢棚南侧的锚杆位移,位移量 10～25 cm,托盘崩脱,"U"型钢棚收缩,收缩量 40 cm;巷道帮鼓量达到 50 cm。＋500 m 水平 B_6 巷冲击地压显现影响范围 1 066～1 272 m,帮鼓量 50～90 cm,南帮底角底鼓,底鼓量 20～50 cm,南帮高压电缆接线盒掉落,胶带 H 架轻微变形。＋475 m 水平 B_6 巷冲击地压显现影响范围 1 080～1 203 m,底鼓量 15～30 cm,南帮出现不同程度的变形,变形量 30 cm

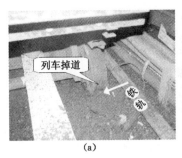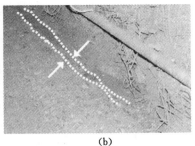

列车掉道

铁轨

(a)   (b)

图 6-7　动力灾害显现特点

(a) 列车掉道；(b) 水沟挤死

6.2　急倾斜煤岩体稳定性综合探测

急倾斜煤层由于倾角较大的原因沿煤层倾向布置工作面难度较大,水平分段开采成为该类煤层的常用方式,这类似于分层开采。为提高生产效率、降低万吨掘进率,水平分段综放开采方法成为该类煤层的主导,在华亭矿区和乌鲁木齐矿区均有应用。该方法虽然提高了开采效率,同时也形成了多层的采空空间,在采空区松散介质的充填下,顶板岩层极易向采空区偏转、滑移,不利于覆岩结构的稳定;上部岩体的偏转在其根部容易形成应力集中,导致下分层煤体受压、屈服程度提高;由于顶煤厚度较大,需要实施人工弱化煤体的方式提高煤层的冒放性,这也使得本工作面及其下分层煤体受到持续性扰动。采用三维钻孔电视、地质雷达全断面无缝扫描和松动圈、钻孔摄像的定点监测,对开采扰动作用下急倾斜煤层巷道围岩稳定性进行综合探测、评估。

6.2.1　顶底板岩体的三维钻孔电视监测

为掌握顶底板岩性及裂隙发育特征,在 $+500$ m 水平 B_{3+6} 工作面底板布置大直径钻孔(图 6-8),运用钻孔电视对孔壁裂隙进行三维探测。探测结果发现底板岩体裂隙发育不显著,三维岩芯反映出顶板整体较为致密。该岩体本身含水量贫乏,渗透性极弱,持水性极强,B_{3+6} 煤层的回采巷道恰好位于该岩体上部(B_{1+2} 煤层的顶板即为 B_{3+6} 煤层的底板),在 B_{1+2} 煤层的开采扰动下岩体发生倾斜,极易导致 B_{3+6} 煤层的回采巷道产生底鼓、帮鼓等塑性变形,亦可能发生块体塌落、滑落的剪切滑移。当其作为顶板,易产生重力坍塌等动力灾害问题。区内无变质岩、火成岩,无大的地质构造,地质构造简单,煤层稳定。

6.2.2　回采巷道围岩结构的地质雷达全断面扫描

近年来,地质雷达测试作为非开挖物探技术在地下工程的稳定性评估及地质灾害的超前探测中得到了广泛应用。应用地质雷达测试技术于煤系地层中,获得急倾斜煤岩体结构破碎特征,可为巷道围岩的稳定性评估提供依据。具体是在 $+500$ m 水平 B_6 巷道和 B_3 巷道内部运用 SIR-20 地质雷达进行探测,每条巷道内布置 4 条测线,分别是在顶部、底部、北帮和南帮,完成对巷道围岩的 360° 探测。

B_6 巷道探测图形见图 6-9,探测结果:

$+500$ m 水平 B_6 巷道顶部平均垂深 0~4 m 范围($+496$~$+500$ m 水平)内岩层比较破碎;20~28 m 范围内裂隙发育,局部破碎严重。

图 6-8 大直径钻孔地层探测

(a) 钻机井架；(b) 大直径钻孔三维电视现场探测；(c) 岩芯剖面；(d) 3D 岩芯

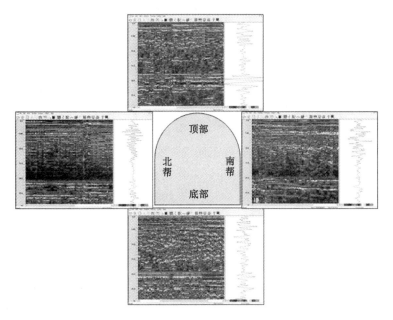

图 6-9 B₆巷道监测结果

底部平均垂深 0~6 m 范围(+494~+500 m 水平)内岩层破碎严重；22~28 m 范围内
(+472~+478 m 水平)局部破碎严重,整体相对完整。

北帮在 3～4 m 有一道明显的地质分界面,推测为软弱面或者严重破碎带。

南帮平均垂深 0～5 m 范围内岩层存在破碎情况,但是不严重;20～28 m 范围内整体完整,局部存在轻微破碎;其他测深范围内有裂隙存在,但并未发现破碎严重区域。

B₃ 巷道探测图形见图 6-10,+500 m 水平 B₃ 巷道顶部平均垂深 5～15 m(+505～+515 m 水平)范围内裂隙较多,但是没有发现大的破碎区;24～28 m 范围内破碎比较严重。

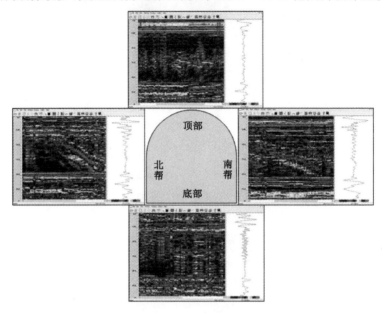

图 6-10　B₃巷道监测结果

底板在 0～8 m(+492～+500 m 水平)和 20～28 m(+472～+480 m 水平)范围内存在大量裂隙,整体破碎不大,这是因为本分层开采扰动及下分层+475 m 水平掘进造成围岩应力重新分布,围岩内部产生的次生应力向深部迁移时导致煤体产生破碎。

北帮 3～6 m 范围内破碎比较严重;20 m 附近存在裂隙。

南帮 3～8 m 范围内破碎比较严重;在 5～20 m 出现一个跨层拱出现;其他测深范围内从扫描结果来看岩体整体完整,局部存在不同程度的裂隙。

综合以上结果可知,+500 m 水平 B₃₊₆ 工作面上方 35 m 范围内煤体垮落较为充分,35 m 以上的部分尚未与地面完全贯通,局部存在较强的支撑结构。

6.2.3　回采巷道围岩的松动圈测试

为掌握南采区+500 m 水平 B₃ 和 B₆ 两条巷道围岩的松动与破碎范围,利用松动圈测试仪对巷道围岩的松动范围进行探测。具体方案是在+500 m 水平 B₃₊₆ 工作面的 B₃ 和 B₆ 两巷从 1 920 m 处开始向外每隔 10 m 布置一组钻孔,直到 1 830 m,共 10 组,监测 100 m 范围内煤岩体的破裂及变形情况。每组南帮、北帮、顶板各一个钻孔,孔径均为 42 mm,长度均为 10 m,南、北帮的钻孔布置水平,顶板钻孔垂直布置,巷道断面布置见图 6-11。+500 m 水平 B₃ 和 B₆ 两巷共需布置 60 个钻孔,每条巷道 30 个。由于探测条件所限制,钻孔发生变形、堵塞等现象导致个别钻孔无法探测。探测结果如下:

(1)+500 m 水平 B₆ 巷道

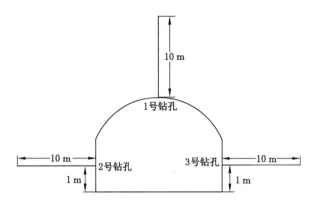

图 6-11　松动圈与钻孔窥视监测断面钻孔布置图

　　第一组 1 920 m 处北帮松动范围为 2.1 m,0～1.1 m 破碎程度尤其严重,1 920 m 处顶板松动范围 2.6 m,1 920 m 处南帮煤体松动范围达到 3.0 m。

　　第二组 1 900 m 处南帮松动范围大致在 2.4 m。

　　第三组 1 890 m 处北帮松动范围约在 2.7 m,1 890 m 处顶帮松动范围为 2.9 m,1 890 m 处南帮煤体松动范围大致在 2.6 m。

　　第四组 1 880 m 处北帮松动范围大致在 2.5 m 以内,1 880 m 处顶板煤体的松动范围为 3.3 m,1 880 m 处南帮松动范围基本在 1.6 m 以内。

　　第五组 1 870 m 处北帮的松动范围约为 2.4 m,1 870 m 处顶帮煤体的松动范围大致在 3 m,1 870 m 处南帮煤体松动范围大致在 2.6 m 以内。

　　通过对上述 +500 m 水平 B_6 巷道北帮、顶板与南帮松动圈范围的分析,得出了如下所示的巷道松动圈范围明细表,具体见表 6-2。通过表 6-2 可以看出,北帮、顶板、南帮平均的松动范围分别是 2.43 m、2.95 m、2.44 m,平均值为 2.61 m。每组松动圈数据的平均值分别为 2.57 m、2.40 m、2.73 m、2.47 m、2.67 m,综合这 5 组数据取平均值为 2.57 m。

表 6-2　　　　　　　　　+500 m 水平 B_6 巷道北帮、顶板与南帮松动圈范围

组数	北帮/m	顶板/m	南帮/m	行平均/m	行总平均/m
第一组	2.1	2.6	3.0	2.57	
第二组	—	—	2.4	2.40	
第三组	2.7	2.9	2.6	2.73	2.57
第四组	2.5	3.3	1.6	2.47	
第五组	2.4	3.0	2.6	2.67	
列平均	2.43	2.95	2.44	—	—
总平均		2.61		2.57～2.61	

　　所以,总体来看 +500 m 水平 B_6 巷道松动圈范围在 2.57～2.61 m。

　　(2) +500 m 水平 B_3 巷道

　　第一组 1 920 m 处北帮煤体松动范围大致在 2.1 m 以内,1 920 m 处顶板孔的松动范围为 2.6 m,1 920 m 处南帮松动范围约 1.6 m。

第二组 1 900 m 处北帮松动范围为 1.5 m,1 900 m 处顶帮松动范围为 2.2 m,1 900 m 处南帮松动范围大致在 3.6 m 以内。

第三组 1 850 m 处北帮煤体松动范围大致在 2.5 m 以内,1 850 m 处南帮的松动范围基本在 1.6 m 以内。

第四组 1 840 m 处北帮的松动范围为 2.5 m,1 840 m 处顶帮煤体松动范围处于 2.1 m 以内,1 840 m 处南帮煤体松动范围大致在 2.6 m。

通过对上述+500 m 水平 B_3 巷道北帮、顶板、南帮松动圈范围的分析,得出了巷道松动圈范围明细表,具体见表 6-3。通过表 6-3 可以看出,北帮、顶板、南帮平均的松动范围分别是 2.15 m、2.30 m、2.10 m,平均值为 2.18 m。每组松动圈数据的平均值分别为 2.10 m、2.10 m、2.05 m、2.40 m,综合这 4 组数据取平均值为 2.16 m。所以,总体来看+500 m 水平 B_3 巷道松动圈范围在 2.16~2.18 m。

表 6-3 　　　　　　　　　　+500 m 水平 B_3 巷道北帮、顶板与南帮松动圈范围

组数	北帮/m	顶板/m	南帮/m	行平均/m	行总平均/m
第一组	2.1	2.6	1.6	2.10	
第二组	1.5	2.2	2.6	2.10	
第三组	2.5	—	1.6	2.05	2.16
第四组	2.5	2.1	2.6	2.40	
列平均	2.15	2.30	2.10	—	—
总平均		2.18		2.16~2.18	

6.2.4 回采巷道围岩裂隙的光学探测

煤岩体天然的非连续、非均质性决定了其本身裂隙及节理发育的特征,这对地下工程特别是同时承受开采扰动影响的回采巷道围岩稳定造成较大的不利影响。利用光学成像技术可直接探测煤岩体内部的裂隙分布特征,判定、评估煤岩体裂隙发育与其稳定性,为巷道支护参数设计、巷道冒顶等灾害的预测预报提供了有效手段。利用钻孔窥视仪对巷道围岩中的裂隙发育情况进行直观的观察,分析巷道围岩裂隙的发育特征。

(1)第一组 1 920 m 处

南帮 0~4 m 范围内裂隙发育,且存在孔壁面煤块脱落现象,尤其是在 3~4 m 范围内。5~10 m 范围内纵向裂隙居多,且各条裂隙延伸较长,孔壁规整。北帮纵向裂隙不发育,无明显的环向裂隙,孔壁规整,没有水。顶帮纵向裂隙较少,除 2~3 m 范围内局部有环向裂隙外,孔壁无明显的环向裂隙,没有水,孔壁规整。以第一组钻孔裂隙分布为例,描述围岩裂隙的发育特征,图 6-12 即为该组断面所获得钻孔内部裂隙分布图像。

(2)第二组 1 910 m 处

南帮裂隙发育,在 0~7 m 范围内纵向裂隙发育,在 1~4 m 范围内局部存在环向裂隙,0~2 m 处掉渣严重;2~10 m 范围内孔壁基本规整,没有水。北帮裂隙不发育,无明显的环向裂隙,在 1~3 m 范围内存在少量孔壁块体脱落的现象。顶帮在 0~2 m 范围内裂隙发育,且存在明显的环向裂隙;2~5 m 范围内裂隙不发育,没有水;2~5 m 范围内孔壁规整。

(3)第三组 1 900 m 处

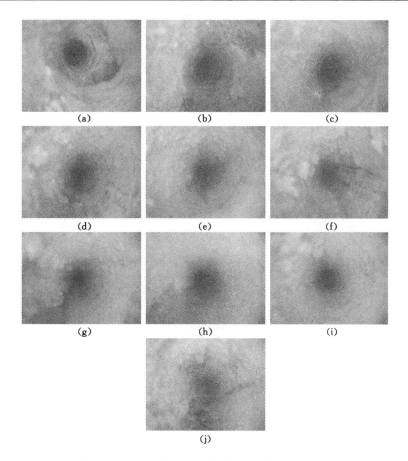

图 6-12 B₆ 巷道第一组监测断面北帮 1 920 m 处
(a) 0~1 m;(b) 1~2 m;(c) 2~3 m;(d) 3~4 m;(e) 4~5 m;
(f) 5~6 m;(g) 6~7 m;(h) 7~8 m;(i) 8~9 m;(j) 9~10 m

南帮 0~2 m 范围内裂隙发育且有孔壁掉块现象,2~9 m 范围内裂隙不发育,孔壁规整,没有水。北帮裂隙不发育,无明显的环向裂隙,没有水,孔壁规整。

(4) 第一组 1 890 m 处

南帮 0~1 m 范围内裂隙发育,孔壁掉块现象严重,孔壁规整;1~5 m 范围内无明显的裂隙存在,孔壁规整,没有水;5~10 m 范围内存在纵向裂隙,孔壁规整,没有水。北帮裂隙不发育,局部有纵向裂隙,无明显环向裂隙,没有水,孔壁规整。

(5) 第五组 1 880 m 处

南帮裂隙发育,尤其是 0~4 m 范围内较为明显,4~7 m 范围内一直存在裂隙,且一直延伸至孔底,但无明显的环向裂隙,没有水,孔壁规整,落渣较少。北帮在 4~5 m 范围内裂隙发育,局部有环向裂隙,在 0~4 m 范围内裂隙不发育,但在 1~3 m 范围内落渣较多,孔壁湿润。顶帮在 0~1 m 范围内裂隙发育,环向裂隙较多,孔壁掉块现象严重,孔壁不规整;在 1~6 m 范围内裂隙不发育,孔壁规整,没有水。

(6) 第五组 1 870 m 处

南帮 0~1 m 范围内裂隙发育,尤其是环向裂隙,掉渣严重,孔壁不规整;在 1~5.5 m

范围内裂隙不发育,孔壁规整,没有水。

（7）第五组 1 860 m 处

南帮在 0～2 m 范围内裂隙发育,多处存在环向裂隙,孔壁掉块现象严重,孔壁不规整;在 2～10 m 范围内局部存在纵向裂隙,孔壁规整,没有水。顶帮整体裂隙不发育,在 0～3 m 范围内存在纵向裂隙,局部也存在环向裂隙,孔壁规整,没有水;在 3～10 m 范围内只有局部存在纵向裂隙,无明显的环向裂隙,孔壁规整,没有水。

（8）第五组 1 850 m 处

南帮在 0～1 m 范围内有纵向裂隙,局部有环向裂隙,没有水,孔壁不规整;在 1～5 m 范围内局部存在纵向裂隙,孔壁规整,无明显的环向裂隙,没有水;在 5～10 m 范围内有条裂隙一直延伸至孔底,孔壁规整,没有水。顶帮在 0～2 m 范围内局部存在环向裂隙,局部孔壁掉块;在 2～10 m 范围内有条裂隙一直延伸至孔底,孔壁规整,没有水。

（9）第五组 1 840 m 处

北帮在 0～2 m 范围内裂隙发育,多处出现环向裂隙,孔壁不规整;在 2～5 m 范围内裂隙不发育,无明显的环向裂隙,孔壁规整,没有水。顶帮裂隙发育,在 1～2 m 范围内局部存在环向裂隙,在 2～10 m 范围内有多条纵向裂隙一直延伸至孔底,孔壁规整,没有水。

（10）第五组 1 830 m 处

南帮裂隙整体不发育,在 0～2 m 范围内,局部存在环向裂隙,孔壁不规整,没有水;在 2～10 m 范围内,局部存在纵向裂隙,孔壁规整,没有水。北帮在 0～2 m 范围内裂隙发育,局部存在环向裂隙,孔壁规整;在 2～5 m 范围内局部存在纵向裂隙,没有水,孔壁规整。顶帮在 0～1 m 范围内局部存在环向裂隙。

+500 m 水平 B_6 巷围岩裂隙发育程度特征:南帮多数孔在 0～2 m 范围内存在环向裂隙,且有孔壁掉块现象,尤其是在 1 860～1 900 m 范围内此现象较为严重,孔壁不规整,没有水。在 2～10 m 范围内大多数孔只有纵向裂隙存在,环向裂隙不明显,孔壁规整。在 1 850 m 与 1 840 m 处的两孔均存在大约从 3 m 处一直延伸至孔底的裂隙。北帮裂隙不发育,多数孔没有明显的环向裂隙,孔壁规整没有水。顶帮多数孔在 0～2 m 内存在环向裂隙,孔壁不规整,没有水。在 2～10 m 范围内局部存在环向裂隙,没有明显的环向裂隙,孔壁规整。在 1 850 m 与 1 840 m 处的两孔均存在大约从 3 m 处一直延伸至孔底的裂隙。

+500 m 水平 B_3 巷围岩裂隙发育程度特征:南帮裂隙不发育,孔壁规整,有水。北帮裂隙较为发育,孔壁规整,水流较大。顶帮裂隙发育,孔壁规整,水流较大。

6.3 本章小结

本章对急倾斜煤岩体的赋存地质构造背景进行分析,采用地质雷达、松动圈、钻孔摄像的监测手段,评估了复杂条件下急倾斜煤层围岩环境及其稳定性,分析了急倾斜煤层开采面临的主要难题。结果表明:

（1）急倾斜煤层工作面开采环境复杂,开采面临特厚煤层的有效弱化、坚硬顶板岩石的卸压难题,还涉及采掘工作面相遇期间的应力集中、历史上小煤窑采煤情况不明以及动力灾害频发的影响,开采环境与应力条件复杂。

（2）急倾斜煤层顶板岩体裂隙发育不显著,整体较为致密,易产生重力坍塌等动力灾害问题。瓦斯整体含量较低,但局部存在瓦斯异常区;随着开采深度的加大,工作面硫化氢含量有增高的趋势。

(3) +500 m 水平 B_3 巷道松动圈范围在 2.16~2.18 m,+500 m 水平 B_6 巷道松动圈范围在 2.57~2.61 m。+500 m 水平 B_{3+6} 工作面上方 35 m 范围内煤体垮落较为充分,35 m 以上的部分尚未与地面完全贯通,局部存在较强的支撑结构。

7　煤岩体爆破致裂机制与爆炸作用的数值实验

多年来的综放开采实践表明,综放开采作为提高煤炭资源开采效率的采煤方法是厚及特厚煤层的首选,在全国范围内,厚煤层(3～5 m 及以上)的储量和其对应的产量都达到了45％左右。综放开采的高产高效与煤层的冒放性密切相关,煤层的坚硬、难以破碎垮放特性一直是制约综放开采的主要难题。爆破作为一种致裂煤岩体的措施在矿产开采、隧道施工等地下工程以及地面的楼房拆除中应用广泛。在煤矿中爆破主要用来开掘巷道、提高煤体冒放性、集中应力的卸压等方面。利用爆破的方法增加综放工作面顶煤的冒放性,改善提高资源的回收率是促进综放开采实现良好效果的有效手段,同时也是解除高应力区域压力较大的主要途径。因此,开展坚硬特厚煤层的致裂研究,提高综放工作面顶煤的冒放性对于实现厚煤层放顶煤工作面的高产高效具有现实意义。

与单独实施爆破弱化不同的是煤岩体的耦合致裂是综合爆破与注水致裂煤岩体的共同作用,在注水致裂及软化的基础上实施爆破,弥补各自缺点并增加煤岩体的致裂效果。由于注水致裂的长期性特点,可以将被致裂体看作固液耦合态体,在此基础上实施爆破以进一步提高致裂效果。本章首先从爆破致裂的机制研究出发,分析爆破致裂机制、裂纹扩展准则,利用非线性动力分析软件研究爆炸致裂的特性,完成爆破单独实施时其对煤岩体耦合致裂的影响分析,为后续耦合致裂的研究提供理论基础。

7.1　爆破机制

炸药爆炸发生的过程极其短暂,但是其过程却属于一个包含动力学、化学、热力学等多个范畴的复杂反应。当炸药的最小抵抗线超过临界抵抗线时,在自由面上观察不到爆破发生的明显迹象,煤矿中采用顶煤深孔爆破提高煤体的冒放性和渗透性大多属于此类。通常来说,炸药爆破致裂煤岩体分为两个阶段:爆炸应力波作用阶段和爆生气体的准静态作用阶段。前者主要作用于爆破孔近区,形成压碎区和宏观裂纹,是裂隙产生及扩展的主要动力来源;后者为爆生气体作用产生的裂隙区,破碎程度远小于前者。

炸药对煤岩体作用程度的不同将在被爆破体中产生对应的破碎区类型。当炮孔孔壁承受的爆炸荷载远大于煤体的动态抗压强度时,临近炸药周围的介质将被压碎、形成空腔和粉碎区。爆炸应力波的传导随着距药包中心距离的增加呈指数衰减,冲击波在压碎介质做功过程中衰减很快,一般呈指数形式衰减,所以爆腔半径和粉碎区范围很小。

冲击波在形成压碎区后迅速衰减形成压缩应力波,其只能使压碎区外的煤体在径向方向上产生压缩变形,在切向方向上产生拉应力和拉伸变形。具体是当切向拉应力大于煤体的抗拉强度时,产生与粉碎区贯通的径向裂纹,同时爆生气体迅速膨胀并楔入由应力波产生的径向裂隙中,促进径向裂纹进一步扩展,在此过程中爆生气体压力下降较快,径向裂隙的形成过程见图 7-1(a)。煤体在爆炸瞬间受到冲击压缩作用后自身将存储一部分弹性变形能,在释放出来时产生与径向压应力方向相反的拉应力,使煤体质点产生反向的径向移动,当反向的拉应力超过煤体的动态抗拉强度时,煤体中即产生环向裂隙,见图 7-1(b)。这些径向裂隙、环向裂隙所处的区域称为裂隙区,在爆炸应力波和爆生气体作用下,裂隙区范围较大,一般为炸药半径的 10 倍以上。

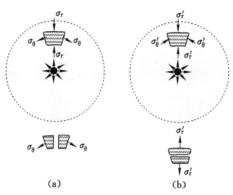

图 7-1 裂隙区形成示意图
(a) 径向裂隙;(b) 环向裂隙

裂隙区外爆炸应力波和爆生气体准静态压力继续衰减转化为弹性波,弹性波仅能引起质点的弹性震动,并不能造成裂隙的进一步扩展。这个区域称为弹性震动区或震动区。爆炸作用最终在介质内部形成如图 7-2 所示的分区破坏特征。

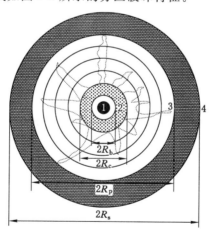

图 7-2 无限煤体介质内部爆破作用示意图
1——扩大空腔;2——粉碎区;3——裂隙区;4——震动区;
R_b——空腔半径;R_c——压碎区半径;R_p——裂隙区半径;R_s——震动区半径

在炸药爆炸后形成的爆破分区半径大小的研究方面存在较大差异。哈努卡耶夫认为岩石中炸药爆炸后形成的压碎区半径和裂隙区半径分别为装药半径的 2～3 倍和 10～15 倍;戴俊分析了三向应力作用下的爆破分区特征,计算结果与前者较为相似;索永录通过现场 2# 煤矿铵锑炸药在煤体内的爆破试验结果测定压碎区为炮孔的 2.5 倍左右,宏观裂隙区为

1.15～1.30 m,对应于炸药直径 50 mm,裂隙区为炸药半径的 23～26 倍;夏祥等根据数值计算得到的压碎区和裂隙区半径分别为炸药半径的 2.8 倍和 67.6 倍。

对比上述学者对压碎区和裂隙区的研究结果发现,在裂隙区半径的确定上差异较大,压碎区大小基本一致。分析认为,这一现象的原因除与岩石属于非均质、非连续性造成的差异性有关外,同时也与研究对象对爆炸影响程度的要求有着密切关系。

就煤矿来说,顶煤爆破致裂的目的是提高其冒放性,微小的裂纹对冒放性提高的作用可以忽略。对于某些严格控制爆破扰动的工程而言(核电站、水电站基础开挖等),为保障施工对象拥有足够的安全系数必须将微观裂隙纳入考虑范围内。

基于以上认识将爆炸裂隙区进一步分为两种:宏观裂隙区和微观裂隙区。与煤体冒放性有关的主要为爆炸形成的宏观裂隙区,微观裂隙区作用较小。因此在综放工作面实施爆破致裂方案的炮孔间排距设计时,应主要考虑宏观裂隙区的大小。由爆炸能量衰减及工程实践经验得出,宏观裂隙区在 $15r_b$ 范围内,$15r_b$ 以上的区域是微观裂隙萌生区。

7.1.1 压碎区及裂隙区判断准则

炸药爆炸后从冲击波迅速衰减为应力波,时间非常短暂,可将最大径向压应力 σ_r 视为煤体中任一点处的应力波峰值压力,以平面应变问题进行求解,则煤体中的三维应力场可表示为:

$$\begin{cases} \sigma_r = p_2 \bar{r}^{-a} \\ \sigma_\theta = -\lambda \sigma_r \\ \sigma_s = u(\sigma_r + \sigma_\theta) = u_d(1-\lambda)\sigma_r \end{cases} \tag{7-1}$$

式中　$\sigma_r,\sigma_\theta,\sigma_s$——煤体的径向应力、切向应力和周旋应力,MPa;

　　p_2——煤体介质中初始冲击波压力,MPa;

　　$\bar{r}$——比距离,且 $\bar{r}=r/r_b$,其中 r 为计算位置到炸药中心的距离(m),r_b 为炮孔半径(m);

　　a——爆破荷载的衰减指数,爆破近区内的煤体可看作流体,取 $a\approx3$ 或 $a=2+u_d/(1-u_d)$;应力波作用区可取 $a=2-u_d/(1-u_d)$;

　　u_d——煤体的动态泊松比,随应变率的增加而减小,工程尺度下一般认为 $u_d=0.8u$,u 为煤体的静态泊松比;

　　λ——侧压力系数,$\lambda=u_d/(1-u_d)$。

煤体中任意一点的应力强度为:

$$\sigma_i = \frac{1}{\sqrt{2}}\left[(\sigma_r-\sigma_\theta)^2 + (\sigma_\theta-\sigma_s)^2 + (\sigma_s-\sigma_r)^2\right]^{\frac{1}{2}} \tag{7-2}$$

将式(7-1)代入式(7-2)求解可得任意点的应力强度 σ_i,满足下式:

$$\sigma_i = \frac{1}{\sqrt{2}}\sigma_r\left[(1+\lambda)^2 - 2u_d(1-\lambda)^2(1-u_d) + (1+\lambda^2)\right]^{\frac{1}{2}} \tag{7-3}$$

令 $A=\left[(1+\lambda)^2 - 2u_d(1-\lambda)^2(1-u_d) + (1+\lambda^2)\right]^{\frac{1}{2}}$,则 σ_i 简化为:

$$\sigma_i = \frac{1}{\sqrt{2}}\sigma_r A \tag{7-4}$$

煤体受炸药爆炸影响将形成特征显著的压碎区和裂隙区,不同区域的发生与形成条件主要与介质点承受的应力值 σ_i 大小有关。各个区域形成的判定准则一般依照 Mises 准则进行划分,粉碎区和裂隙区形成的条件分别为:

$$\sigma_i \geqslant \sigma_{cd}(\text{压碎区}) \tag{7-5}$$

$$\sigma_i \geqslant \sigma_{td}(\text{裂隙区}) \tag{7-6}$$

式中 σ_{cd}——煤体单轴动态抗压强度(MPa),取值 $\sigma_{cd}=K_c\sigma_c$,σ_c 为煤体单轴静态抗压强度(MPa),K_c 为增大系数;

σ_{td}——煤体动态抗拉强度(MPa),$\sigma_{td}=K_T\sigma_t$,σ_t 为煤体单轴静态抗拉强度(MPa),K_T 为增大系数。

动态抗压强度 σ_{cd} 会随着加载应变率的增加而变大,而动态抗拉强度 σ_{td} 随加载应变率的加大变化较小,K_c 可由下式近似表达:

$$K_c = \sqrt[3]{\dot{\varepsilon}} \tag{7-7}$$

式中 $\dot{\varepsilon}$——加载应变率(s^{-1}),在工程爆破中,其加载速率分布在 $1\sim10^4\ s^{-1}$,K_c 取 $10\sim15$,K_T 由于随加载变化较小,一般取 1。

在耦合装药条件下,爆炸形成的冲击波直接入射至孔壁上界面,根据弹性波理论计算孔壁界面上的初始压力:

$$p_0 = \frac{1}{4}\rho_0 D^2 \frac{2\rho_m C_p}{\rho_m C_p + \rho_0 D} \tag{7-8}$$

式中 p_0——炮孔壁上的初始压力,MPa;

ρ_0——炸药密度,kg/m^3;

ρ_m——煤体原始密度,kg/m^3;

C_p——煤体纵波波速,m/s。

考虑到爆炸的过程十分短暂,孔壁界面的初始压力可看作是爆炸产生的最大压力。大量的测试研究同时表明爆炸冲击荷载的形式为指数衰减。因此,根据上式建立爆炸荷载随时间变化的关系式:

$$p(t) = p_0 e^{-bt} \tag{7-9}$$

式中 p_0——爆炸荷载峰值;

b——衰减指数,与炸药量、距炸药中心及炸药性能等参数有关。

将式(7-9)代入式(7-4)中,结合其他参数的值即可求解出 σ_i 的值,从而辨别该时刻处于的破坏分区,分析比较爆破的能量随时间的耗散程度。

利用上述确定的爆炸压力、裂隙区及压碎区判别准则来确定煤体爆破粉碎区和裂隙区的半径。爆炸冲击波的大部分能量都用于产生粉碎区,粉碎区半径 r_c 为:

$$r_c = \left[\frac{\rho_0 D^2 \rho_m C_p A}{2\sqrt{2}(\rho_m C_p + \rho_0 D)}\right]^{\frac{1}{\alpha}} r_b \tag{7-10}$$

式中 α——爆炸冲击波衰减指数。

裂隙区是爆炸冲击波和爆生气体共同作用的结果。有文献认为爆生气体作用促使径向裂纹扩展的范围大约为应力波作用范围的 $80\%^{[152]}$。则只需计算爆炸应力波作用下形成的裂隙区半径 r_{p1} 即可得到爆炸总体作用下的裂隙区半径。按照裂隙区的判断准则,爆炸应力波和爆生气体共同作用形成裂隙区的半径 r_p:

$$r_{\mathrm{p}} = r_{\mathrm{p}1} + 0.8r_{\mathrm{p}1} = 1.8\left(\frac{\lambda\sigma_{\mathrm{cd}}\sqrt{2}}{A\sigma_{\mathrm{td}}}\right)^{1/\alpha} \qquad (7\text{-}11)$$

式中各参数与前述相同。

7.1.2 裂纹应力强度因子

断裂力学是研究裂纹体应力场、位移场等寻求控制材料开裂的参数,分析材料的断裂能力及断裂判据,这为研究爆炸作用下裂纹的形成与扩展规律及扩展判据提供了借鉴性意义。在断裂力学的发展过程中,格里非斯(Griffith)提出的脆性材料裂纹扩展的能量释放率准则是线弹性断裂力学的核心之一。欧文(G. R. Irwin)通过对裂尖附近应力场的研究,提出线弹性断裂力学的另一核心——应力强度因子断裂准则。之后还有学者提出了复合型裂纹扩展的最大周向应力理论、最小应变能密度因子理论、最大能量释放率理论。为给出爆炸作用下裂纹扩展的判断准则,建立断裂判据,采用裂纹应力强度因子这一变量来描述爆炸后裂纹的萌生与扩展。即通过裂纹扩展模型分析裂纹尖端的应力场和位移场,获得这些场与断裂相关的物理参量之间的关系,建立裂纹继续扩展的判据。

确定裂纹的扩展判据首先要明确裂纹的扩展形式。在断裂力学中,按照裂纹产生的位置与其受力形式的不同,将裂纹总结概括为三种:与裂缝面垂直的拉应力作用下形成张开型(Ⅰ型)、平行于裂缝面而与裂纹尖端线垂直方向的剪应力作用下形成的滑开型(Ⅱ型)、平行于裂缝面而与裂缝尖端平行方向的剪应力作用下形成的撕开型(Ⅲ型),各类型的裂纹见图7-3。

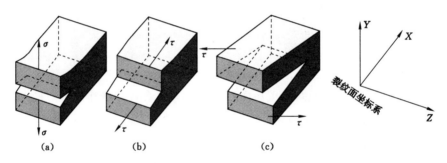

图 7-3 裂纹类型

(a) 张开型;(b) 滑开型;(c) 撕开型

实际工程中的裂缝往往不是单一类型,由于受力的复杂性及材料的非均质、各向异性等因素,裂缝尖端应力场一般同时存在Ⅰ型、Ⅱ型甚至Ⅲ型裂缝的应力,这种裂缝称为复合型裂缝。对于爆破来说,炸药爆炸后主要是以拉伸波和剪切波两种形式作用,按照弹性波理论计算两波的传播速度分别为C_{P}、C_{S}:

$$C_{\mathrm{P}} = \sqrt{\frac{E_{\mathrm{d}}}{\rho(1 - u_{\mathrm{d}}^2)}} \qquad (7\text{-}12)$$

$$C_{\mathrm{S}} = \sqrt{\frac{E_{\mathrm{d}}}{2\rho(1 + u_{\mathrm{d}})}} \qquad (7\text{-}13)$$

式中　ρ——介质的密度;

$\quad\quad E_{\mathrm{d}}$——介质的动态弹性模量;

$\quad\quad u_{\mathrm{d}}$——动态泊松比。

在 P 波和 S 波的共同作用下介质内部分别产生拉应力和剪应力,在炸药附近形成裂纹。由于 P 波作用时间早,这导致爆炸初期形成的裂纹以张开型为主,但随着 S 波剪切作用的增强,裂纹的应力强度因子出现震荡。由于 P 波数值上大于 S 波,在裂纹的形成中起着主导作用,且爆生气体形成的裂纹大多为气体膨胀形成的 I 型裂纹,故着重分析爆炸形成的 I 型裂纹。

爆炸后形成的 I 型裂纹尖端受力特征见图 7-4,裂纹尖端应力场用下式表示(公式首项适用于 $r \ll a$ 的裂纹尖端区域):

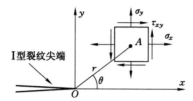

图 7-4 I 型裂纹尖端受力特征

$$\left.\begin{array}{l}\sigma_x \\ \sigma_y \\ \tau_{xy}\end{array}\right\} = \frac{K_I}{\sqrt{2\pi r}}\cos\frac{\theta}{2}\left\{\begin{array}{l}\left(1 - \sin\frac{\theta}{2}\sin\frac{3\theta}{2}\right) \\ \left(1 + \sin\frac{\theta}{2}\sin\frac{3\theta}{2}\right) \\ \sin\frac{\theta}{2}\cos\frac{3\theta}{2}\end{array}\right\} + O(r^0) \tag{7-14}$$

随着裂纹尖端的应力在爆炸作用下大于材料的极限强度时裂纹继续扩展,裂纹尖端出现位移,即在裂纹尖端附近形成位移场:

$$u_x = \frac{K_I}{2u'}\sqrt{\frac{r}{2\pi}}\left[\cos\frac{\theta}{2}\left(\kappa - 1 + 2\sin^2\frac{\theta}{2}\right)\right] + O(r)$$

$$u_y = \frac{K_I}{2u'}\sqrt{\frac{r}{2\pi}}\left[\sin\frac{\theta}{2}\left(\kappa + 1 - 2\cos^2\frac{\theta}{2}\right)\right] + O(r) \tag{7-15}$$

其中,K_I 为 I 型裂纹尖端的应力强度因子,$u' = \dfrac{E}{2(1+u)}$,平面应力时 $\kappa = \dfrac{3-u}{1+u}$,平面应变时 $\kappa = \dfrac{3-4u}{1+u}$。

裂纹尖端的应力强度因子可综合运用裂纹扩展模型与断裂力学获得。爆炸波产生的宏观裂隙受双向压缩作用,按照断裂力学中裂纹的扩展模型(图 7-5),则宏观裂纹面 X 上的正应力和剪应力分别为:

$$\begin{cases}\sigma = \dfrac{1}{2}\left[(\sigma_1 + \sigma_3) - (\sigma_1 - \sigma_3)\cos 2\beta\right] \\ \tau = \dfrac{1}{2}(\sigma_1 - \sigma_3)\sin 2\beta\end{cases} \tag{7-16}$$

根据断裂力学中裂纹尖端应力强度因子的计算方式,I 型裂纹和 II 型裂纹对应的应力强度因子 K_I、K_{II} 分别为:

$$\begin{cases}K_I = -\sqrt{\pi a\frac{1}{2}} \\ K_{II} = \tau\sqrt{\pi a\frac{1}{2}}\end{cases} \tag{7-17}$$

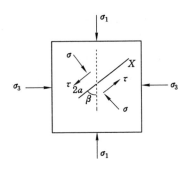

图 7-5　双向压缩作用下裂纹扩展模型

其中，σ 为裂纹面上的正应力，τ 为剪应力，在压应力作用下 K_{I} 用负值表示。

爆炸冲击波形成的宏观裂纹属于 I 张开型裂纹和 II 滑开型裂纹组成的复合型裂纹，各自作用下对应的裂纹强度因子分别为：

$$\begin{cases} K_{\mathrm{I}(1)} = -\dfrac{1}{2}\sqrt{\pi a_{\frac{1}{2}}}\big[(\sigma_1 + \sigma_3) - (\sigma_1 - \sigma_3)\cos 2\beta\big] \\[3mm] K_{\mathrm{II}(1)} = \dfrac{1}{2}\sqrt{\pi a_{\frac{1}{2}}}\,(\sigma_1 - \sigma_3)\sin 2\beta \end{cases} \tag{7-18}$$

式中　$K_{\mathrm{I}(1)}$——地应力作用下 I 型裂纹的应力强度因子，MPa·$\mathrm{m}^{0.5}$；

$K_{\mathrm{II}(1)}$——地应力作用下 II 型裂纹的应力强度因子，MPa·$\mathrm{m}^{0.5}$；

β——裂纹与最大主应力夹角，(°)；

$a_{\frac{1}{2}}$——爆炸形成裂纹长度的一半，m。

煤体在爆生气体作用下，高温高压的气体在爆炸瞬间膨胀并挤入原生裂纹及冲击波产生的初始裂纹中，充溢于裂纹中并楔入裂纹尖端，爆生气体作用下 I 型张开型裂纹的拓展方式如图 7-6 所示。气体膨胀后在裂纹尖端产生的应力强度因子大于裂纹的断裂韧度时，裂纹在爆生气体下进一步延伸扩展。

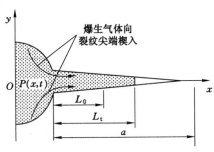

图 7-6　爆生气体驱动裂纹扩展模型

在爆生气体作用下宏观裂纹尖端的应力强度因子为：

$$K_{\mathrm{I}(2)} = 2\sqrt{\dfrac{a + r_{\mathrm{b}}}{\pi}} \int_{0}^{a + r_{\mathrm{b}}} \dfrac{p(x,t)}{\sqrt{(a + r_{\mathrm{b}})^2 - x^2}}\,\mathrm{d}x \tag{7-19}$$

式中　$K_{\mathrm{I}(2)}$——爆生气体作用下 I 型裂纹的应力强度因子，MPa·$\mathrm{m}^{0.5}$；

$p(x,t)$——爆生气体作用于裂纹面上的压力，MPa；

r_{b}——炮孔半径，m；

L_0——爆炸产生的初始裂纹长度,m;

L_t——爆生气体楔入裂纹的长度,m;

a——裂纹长度,m。

裂纹长度与时间关系为:

$$a = \int_0^t v_f(t)\,\mathrm{d}t$$

式中　$v_f(t)$——裂纹尖端扩展速度。

$$L_t = \int_0^t v_e(t)\,\mathrm{d}t \tag{7-20}$$

式中　$v_e(t)$——前段进入裂纹中的气体流速。

实践过程中,在满足工程要求的前提下可进行近似计算,对裂隙扩展过程进行适当简化。假设压力扩展不受裂纹宽度的影响[153],爆生气体在瞬间充满裂纹,即裂纹尖端扩展速度等于爆生气体的流动速度,得到:

$$L_t = a \tag{7-21}$$

一般认为爆生气体压力沿径向呈指数衰减,则:

$$P(x) = P_0 \mathrm{e}^{-bx} \tag{7-22}$$

由于炮孔半径远小于裂隙的扩展长度,取 $r_b = 0$,则爆生气体作用下裂纹尖端的应力强度因子可简化为:

$$K_{\mathrm{I}(2)} = 2\sqrt{\frac{a}{\pi}} \int_0^a \frac{p_0 \mathrm{e}^{-bx}}{\sqrt{a^2 - x^2}}\,\mathrm{d}x \tag{7-23}$$

式中　p_0——爆生气体对孔壁的初始压应力[可由公式(7-8)计算],MPa。

煤体中的裂纹主要以 I 型裂纹为主,根据以上计算可得在爆炸应力波及地应力综合作用下形成的 I 型裂纹应力强度因子为:

$$K_{\mathrm{I}} = K_{\mathrm{I}(1)} + K_{\mathrm{I}(2)} = -\frac{1}{2}\sqrt{\pi a}\left[(\sigma_1 + \sigma_3) - (\sigma_1 - \sigma_3)\cos 2\beta\right] + \pi p_0 \mathrm{e}^{-ab}\sqrt{\frac{a}{\pi}} \tag{7-24}$$

7.1.3　裂纹扩展条件

裂隙区半径继续扩展的条件是爆生气体在裂纹尖端产生的应力强度因子大于裂纹的断裂韧度。设 σ_b 为爆生气体压力,则爆生气体作用下沿炮孔边界方向扩展的裂纹尖端应力强度因子表示为:

$$K_{\mathrm{I}} = 2\sqrt{\frac{a}{\pi}} \int_0^a \frac{\sigma_b}{\sqrt{a^2 - r^2}}\,\mathrm{d}r \tag{7-25}$$

若煤体的动态断裂韧性为 K_{DIC},则裂纹的稳态扩展条件为:

$$K_{\mathrm{I}} = K_{\mathrm{DIC}} \tag{7-26}$$

裂纹的止裂条件为:

$$K_{\mathrm{I}} < K_{\mathrm{DIC}} \text{ 和 } \partial_K / \partial_t \leqslant 0 \tag{7-27}$$

7.2　爆破致裂的三维数值模型构建

爆破致裂煤岩体与炸药用量、布置形式以及煤岩体自身的物理力学性质有关,一般在设计爆破方案时根据经验公式进行,大多没有形成完备的炸药和煤岩体致裂效果间可以量化的表达关系。针对顶煤超前预爆弱化问题,需要对顶煤爆破参数的优化问题。提出通过数值模拟试验与理论分析获得炸药使用量与煤岩体劣化参数的量化规律,为下一步爆破方案及固液耦合致裂方案的优化提供基础性依据,指导后续的工业性试验。

炸药的爆破时间非常短暂,但其中所涉及的力学问题却十分复杂,开展室内实验具有一定的风险性且对爆炸荷载的测量存在较大的困难。数值模拟作为有效的研究手段可以用来进行该类具有一定危险性的模拟分析。为保障模拟的准确性,需要选用恰当的数值分析方法。目前,在工程领域内常用的数值分析方法有:有限元法、离散单元法、边界元法、数值流形法等。

LS-DYNA 以其能够提供高能炸药的材料模型和各种炸药的状态方程,并能准确地模拟整个冲击波的传播过程和结构的瞬态响应历程,一般选择 LS-DYNA 进行炸药爆炸的模拟。LS-DYNA 是著名的显式动力分析程序,可用于分析爆炸与高速冲击等涉及大变形的动力响应问题。其以 Lagrange 算法为主,兼有 ALE 和 Euler 算法;以显式求解为主,兼有隐式求解功能;以结构分析为主,兼有热分析、流体-结构耦合功能。其在工程应用领域被广泛认可为最佳的分析软件包。主要以非线性动力分析为主,兼有静力分析功能;适用于求解高速碰撞、爆炸等高度非线性问题。在工程界得到广泛应用,无数次实验结果的对比证实了该程序计算结果的可靠性和准确性。为此选用 LS-DYNA 程序进行爆炸分析,通过数值模拟直观地再现炸药从开始点火、达到峰值压力、压力回归零的演化时程,为掌握炸药爆炸对被爆破体的作用效果进而提出合理的爆破方案提供依据。

7.2.1 基于 LS-DYNA 的非线性动力分析原理与特点

LS-DYNA 显式动力分析采用中心差分法,结构系统各节点在第 n 个时间步结束时刻 t_n 的加速度向量通过下式进行计算:

$$a(t_n) = M^{-1}[P(t_n) - F^{int}(t_n)] \tag{7-28}$$

其中,P 为第 n 个时间步结束时刻 t_n 结构上所施加的节点外力向量(包括载荷经转化的等效节点力);F^{int} 为 t_n 时刻的内力矢量,它由下面几项构成:

$$F^{int} = \int_\Omega B^T \sigma d\Omega + F^{hg} + F^{contact} \tag{7-29}$$

上式右边的三项依次为:t_n 时刻单元应力场等效节点力、沙漏阻力以及接触力矢量。

根据中心差分法的基本思路,加速度由速度的一阶中心差分给出,速度由位移的一阶中心差分给出,于是有下面的表达式:

$$\left[v(t_{n+\frac{1}{2}}) - v(t_{n-\frac{1}{2}})\right]/\left[\frac{1}{2}(\Delta t_{n-1} + \Delta t_n)\right] = a(t_n) \tag{7-30}$$

$$\left[v(t_{n+1}) - v(t_n)\right]/\Delta t_n = v(t_{n+\frac{1}{2}}) \tag{7-31}$$

需要注意的是变量中有些是向量,时间步的步长以及时间步开始、结束的时间点通过下面的式子来定义:

$$\begin{cases} \Delta t_{n-1} = t_n - t_{n-1}, \Delta t_n = t_{n+1} - t_n \\ t_{n-\frac{1}{2}} = \dfrac{t_n + t_{n-1}}{2}, t_{n+\frac{1}{2}} = \dfrac{t_{n+1} + t_n}{2} \end{cases} \tag{7-32}$$

于是,节点速度向量由程序计算出的加速度结合差分公式表示,节点位移向量由节点速度向量结合差分公式表示,即:

$$v(t_{n+\frac{1}{2}}) = v(t_{n-\frac{1}{2}}) + \frac{1}{2}a(t_n)(\Delta t_{n-1} + \Delta t_n) \tag{7-33}$$

$$u(t_{n+1}) = u(t_n) + v(t_{n+\frac{1}{2}})\Delta t_n \tag{7-34}$$

这样,运算 Δt 时间后新的几何构型($X_{t+\Delta t}$)即可由初始模型 X_0 加上位移增量 u 获得,从而实现模型的变形。

LS-DYNA 模拟大规模变形时以 Lagrange 算法为主,兼有 ALE 和 Euler 算法,在分析爆炸时需要根据需求选择不同的算法,一般用两种方法来进行爆炸分析:

(1) Lagrange 算法

此算法的优点在于可以得到清晰的物质界面。不足就是爆炸的计算过程网格容易出现严重畸变,有时甚至影响继续运算、导致程序运算非正常终止。

(2) 多物质流固耦合方法(ALE 算法和 Euler 算法)

即使用流固耦合的算法来描述爆炸过程,分为 ALE 算法和 Euler 算法。

Euler 算法以空间坐标为基础,使用这种方法划分的网格和所分析的物质结构是相互独立的,网格在整个分析过程中始终保持最初的空间位置不动,有限元节点即为空间点,其所在空间的位置在整个分析过程始终是不变的。网格的大小形状和空间位置不变,因此在整个数值模拟过程中,各个迭代过程中计算数值的精度是不变的。但这种方法在物质边界的捕捉上是困难的,多用于流体的分析中。使用这种方法时网格与网格之间物质是可以流动的。

对炸药及其他流体材料(如空气、水、土壤、岩石等)采用 Euler 算法,对其他的结构采用 Lagrange 算法,然后通过流固耦合的方式来处理相互作用(*constrained_lagrance_in_soid),该方法的优点是炸药和流体材料可在 Euler 单元中流动,不存在单元的畸变问题,还能方便地将流体和固体的模型分开建立。

ALE 算法最初出现于数值模拟流体动力学问题的有限差分方法中。这种方法兼具 Lagrange 算法和 Euler 算法二者的特长,即引进了 Larange 算法的特点后能够有效地跟踪物质结构边界的运动;吸收了 Euler 算法内部网格划分的长处后,网格可以根据定义的参数在求解过程中适当调整位置,使得网格不致出现严重的畸变。这种方法在分析大变形问题时是非常有利的。使用这种方法时网格与网格之间物质也是可以流动的。

对于 Lagrange 算法、ALE 算法和 Euler 算法间的差异以一个 2D 的长方形变形来阐释。该 2D 长方形变形过程分别用 Lagrange 算法、Euler 算法和 ALE 算法时,通过图形变化的差异揭示算法间的差别,如图 7-7 所示。

经过一个 dt 的时间变化后,从图 7-7 可以看出三种算法在表征构型变化的不同。

拉格朗日(Lagrange)算法中空间网格的节点与假想的材料点是一致的,即网格变形后材料也随网络变形,如图 7-7 所示,所以对于大变形情况,网格可能发生严重畸变。

Euler 算法可以理解为两层网格重叠在一起,一层空间网格固定不动,另一层附着在材料上随着材料在固定的空间网格中流动,ALE 算法也可以理解有两层网格重叠在一起,但空间网格可以在空间任意运动。ALE 算法中物质的输送可在两层网格中发生,Euler 算法则是将拉格朗日单元的状态变量映射或输送到固定的空间网格中,以此来等效于材料在网格中的流动。三种算法的示意如图 7-7 所示,总体来看 ALE 算法允许整个物体有空间的大位移,也允许自身发生大变形,适合于分析鸟撞问题、爆炸等问题。

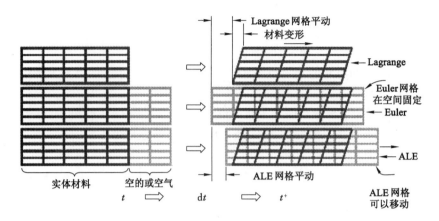

图 7-7　三种算法描述模型变形的差异

LS-DYNA 程序系统目前已是 ANSYS 程序的一个模块，所以动力分析模型可直接运用 ANSYS 的前处理完成，计算结果运用自带的 LS-Pre/Post 完成。该程序可直接读取 LS-DYNA 的计算结果，完成对模型中监测质点及单元体多种参量在运算过程中的变化历程，进行计算结果的统计分析及二次运算，大大方便了对模型运算结果的分析。

图 7-8 反映了 ANSYS 与 LS-DYNA 间链接的运算架构，主要是从程序模块的角度理清了如何在 ANSYS 的操作系统界面上完成 LS-DYNA 的流程，前后处理及求解的整个过程通过图 7-8 中所示各个程序模块间的有机地组织起来。

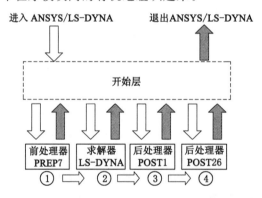

图 7-8　ANSYS 与 LS-DYNA 间链接的运算架构

利用 LS-DYNA 进行分析的步骤如下：

（1）建立几何模型

根据所研究的问题，建立与问题大小及结构相似的组合体。

（2）定义模型中各单元的属性

根据研究对象定义适合的单元类型 Element Type，Option（单元算法）和实常数 Real-Constant；给出材料的物理力学参数 Material Properties。

（3）有限元网格剖分（Meshing）

将定义的单元属性赋予要划分网格的几何对象，设定网格尺寸及形状的控制，执行网格的划分，形成分析的有限单元模型。

（4）设置边界条件并加载

为整体模型设置边界条件和其他约束条件,施加对工程实际相符合的载荷,为后续的求解做好准备。

（5）求解

设置求解过程中的控制参数;选择输出的目标文件和输出时间间隔;当前 ANSYS 前处理还不支持 LS-DYNA 的全部功能,在 Jobname.k 文件生成以后,要对 k 文件进行编辑,人工添加和修改相关的关键字(keyword),修改完成后即调用 LS-DYNA970 求解器读取 k 文件,进行求解(solve)。

（6）后处理

LS-DYNA 既可以生成 ANSYS 识别的数据文件,也可以生成 LS-DYNA 能够读取的结果文件。对于 LS-DYNA 类型文件可以使用 LS-POST 或 LS-PREPOST 进行应力、应变、位移、时间历程曲线等后处理。

7.2.2　炸药爆炸的非线性动力状态方程

炸药的爆炸和传播是两个过程,首先是炸药单元的迅速燃烧、体积膨胀,接着爆轰过程产生的压力传递给周围介质造成爆源附近压力陡升,常将能够精确地描述爆轰产物膨胀驱动过程的 JWL 状态方程与燃烧模型联同使用。借助两模型对炸药爆轰反应率和爆轰产物驱动历程的把握,可以实现 LS-DYNA 程序直接模拟高能炸药的爆炸过程,获得任一时刻 t 时被爆炸体单元的压力大小。t 时刻炸药单元的燃烧反应率 F 可表示为[154-155]:

$$F = \begin{cases} \dfrac{2(t-t_1)DA_{emax}}{3V_e} & (t > t_1) \\ 0 & (t \leqslant t_1) \end{cases} \tag{7-35}$$

根据上式则任一时刻爆源内一点的压力 p 可表示为

$$p = Ep_{eos} \tag{7-36}$$

p_{eos} 由描述炸药爆轰过程的 JWL 状态方程计算得出,见下式:

$$p_{eos} = A\left(1 - \frac{\omega}{R_1 V}\right)e^{-R_1 V} + B\left(1 - \frac{\omega}{R_1 V}\right)e^{-R_2 V} + \frac{\omega E_0}{V} \tag{7-37}$$

式中　F——炸药的燃烧反应率;

t,t_1——当前时间和炸药内一点的起爆时间,s;

D——炸药爆速,m/s;

A_{emax}——炸药单元最大表面积;

V_e——炸药单元体积;

p——爆炸压力,Pa;

p_{eos}——由 JWL 状态方程决定的压力,Pa;

V——相对体积;

E_0——初始比内能,Pa;

E——单位体积比内能,Pa。

JWL 状态方程中的 $Ae^{-R_1 V}$、$Be^{R_2 V}$、$\dfrac{\omega E_0}{V}$ 分别控制着爆轰产物作用的高压、中压、低压范围;A,B,R_1,R_2,ω 均为与炸药相关的材料常数。

7.2.3 煤岩体损伤计算模型

炸药爆炸时炮孔近区材料瞬间受强大载荷冲击时的加载应变率效应明显,采用包含应变率效应的塑性硬化模型[68]:

$$\sigma_{Y} = \left[1 + \left(\frac{\varepsilon}{C} \right)^{\frac{1}{P}} \right] (\sigma_0 + \beta E_p \varepsilon_p^{\text{eff}}) \tag{7-38}$$

$$E_p = \frac{E_Y E_{\tan}}{E_Y - E_{\tan}} \tag{7-39}$$

式中 σ_0——岩体的初始屈服应力,Pa;

         E_Y——杨氏模量,Pa;

         ε——加载应变率,s^{-1};

         C,P——应变率参数;

         E_p——塑性硬化模量,Pa;

         $E_{\tan}$——切线模量,Pa;

         β——各向同性硬化和随动硬化贡献的硬化参数,$0 \leqslant \beta \leqslant 1$;

         $\varepsilon_p^{\text{eff}}$——岩体有效塑性应变,按下式定义:

$$\varepsilon_p^{\text{eff}} = \int_0^t d\varepsilon_p^{\text{eff}} \tag{7-40}$$

$$d\varepsilon_p^{\text{eff}} = \sqrt{\frac{2}{3} d\varepsilon_{ij}^p} \tag{7-41}$$

式中 t——累计发生塑性应变的时间,s;

         ε_{ij}^p——塑性应变偏量分量。

实践过程中在爆破瞬间的冲击作用下被爆体的动态抗压强度会随加载应变率升高而加大,而动态抗拉强度 σ_{cd} 随着加载应变率的变化较小,σ_{cd} 与 σ_c 之间可由下式近似表达:

$$\sigma_{cd} = \sigma_c^{\sqrt[3]{\varepsilon}} \tag{7-42}$$

7.2.4 数值模型设计与构建

开展炸药的爆炸分析模拟,研究不同装药量条件下煤岩体的致裂需要首先设计模型,确定模型各个部分的几何大小及对应的物理和力学参数。虽然爆破方案大多不是单独钻孔,但是只需掌握单个钻孔的致裂效果和其导致的煤岩体参数劣化情况即可为多钻孔爆破设计提供依据,故本书中设计单个钻孔爆炸的模型。模型中钻孔的孔径、长度及布局等如下所述:

(1) 模型中爆破孔孔径与长度的确定

煤矿井下钻孔除用于锚杆与锚索的支护之类的小孔外,还广泛地应用于煤岩体爆破孔、注水孔、卸压孔、瓦斯抽采孔、注浆灭火孔及其他工程孔,这类钻孔的孔径一般较大。目前,煤矿运用较多的是 ZDY 系列全液压坑道钻机,它是结合煤矿现场使用的最新需求和改进意见而设计制造的,适用于岩石坚固性系数 $f \leqslant 10$ 的各种煤层、岩层,基本涵盖了煤矿所遇到的各种类别的岩石。全液压坑道钻机形成钻孔的直径大多有 42 mm、60 mm、65 mm、75 mm、94 mm、113 mm、133 mm,钻孔孔径的不同造成钻孔每米的装药量也不同,为了能够全面反映不同装药量情况下煤岩体的致裂效果情况,进而建立装药量和煤岩体受爆炸影响的量化关系,建立不同钻孔半径情况下的模型,分别进行装药、封孔、爆破,分析研究每米不同装药量所造成爆炸影响的差异性。

由于 60 mm 和 65 mm 钻孔直径相差较小,舍去 65 mm 这一方案,这样 60 mm 的钻孔直径与 42 mm 和 75 mm 钻孔直径的差值分别为 18 mm 和 15 mm。如若选择 65 mm 的钻孔直径则其与 42 mm 和 75 mm 钻孔直径的差值为 23 mm 和 10 mm,差值较为悬殊,为使将来的计算结果具有可比较性,最终取 6 种方案进行分析研究:$\phi42$ mm、$\phi60$ mm、$\phi75$ mm、$\phi94$ mm、$\phi113$ mm、$\phi133$ mm。

炸药下端设计底部边界以研究炸药爆炸所影响的深度,根据实际情况炮孔底部仍在煤体内,所以底部边界的参数将按照煤体进行设置,为爆破致裂留设 1 m 的底部边界,目的是减少边界条件的影响,不至于出现未囊括破坏区的现象。

(2) 模型整体大小的确定

考虑到爆炸后形成的裂隙区半径一般为装药半径的 20 倍左右。设计模型时应避免出现模型较小而使边界条件达不到要求。按照炮孔半径的 30 倍设计,即直径的 15 倍左右。按照最大直径 133 mm 计算,模型半径应为 1.995 m,取整数为 2.0 m。急倾斜特厚煤层综放工作面用于爆破致裂煤岩体的钻孔长度一般在 10～40 m,为深孔爆破,注水钻孔大多在 150 m 以内,如果按照工程实践例子对炸药模型进行设计则局限性较大,且将大大增加计算机负荷,为使得研究结果具有普遍意义和实用性,炸药爆炸长度设计为 1 m,衡量 1.0 m 单孔长条形装药爆炸后被爆炸体的破坏特征,同时方便网格大小的均匀划分以及后续计算结果的对比分析。炸药顶部和底部各留设 1.0 m 的边界煤体,便于对半径方向和深度方向上煤体受爆炸的影响进行对比分析。爆破致裂模型根据以上的最终设计见图 7-9。

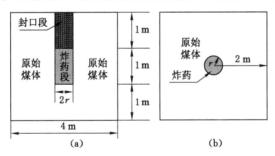

图 7-9　爆破致裂模型设计

(a) 整体剖面图;(b) 平面图

(3) 三维模型构建

为减小计算机负荷方便计算,从炸药中间剖开,只计算四分之一炸药的爆破。对炸药、煤体进行网格划分,各个模型中网格的数量均相同,减少了不同方案中网格的影响因素。最终模型如图 7-10 所示,模型中间为炸药。本分析为封口良好状态下的计算分析,所以炸药上端的封口段采用黄土或其他材料的意义不大,仍采用煤的物理力学参数,下端为边界煤体。

7.2.5　炸药及煤岩体物理力学参数

人工装填乳化炸药劳动强度大、效率低、危险性高。采用基于现场炸药混装技术的装药机装药,弥补了上述缺点。炮孔内泵送的乳胶基质炸药在进入炮孔后 10～15 min 敏化为炸药,根据敏化后的炸药性能,并结合煤体的物理力学特性确定了非线性动力分析的计算参

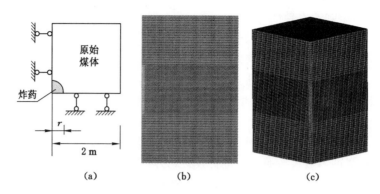

图 7-10 爆破致裂计算方案与模型

(a)计算模型平面简图;(b)三维数值计算模型正面图;(c)计算模型侧面图

数,如表 7-1 和表 7-2 所列。

表 7-1   **炸药和状态参数**

密度 ρ_0 /(kg/m³)	爆速 D /(m/s)	A/GPa	B/GPa	R_1	R_2	ω	E_0/GPa
1 100	4 050	217.08	0.184	4.25	0.91	0.15	4.244

表 7-2   **煤体基本物理力学特性参数**

名称	密度 ρ_0 /(kg/m³)	弹性模量 E_Y/GPa	泊松比	剪切模量 /GPa	体积模量 /GPa	抗压强度 σ_0/MPa	屈服强度 /MPa	抗剪强度 /MPa	抗拉强度 /MPa
煤层	1 320	2.7	0.28	1.05	2.05	13.46	6.73	4.91	0.62

7.3 爆炸作用的结果分析

7.3.1 爆炸压力的时程曲线

炸药爆炸后在钻孔孔壁首先形成压碎区,压碎区边界上的峰值压力可由下式得出:

$$p_r = \frac{p_d}{d^3} \tag{7-43}$$

$$p_d = \frac{\rho_0 D^2}{1+\gamma} \cdot \frac{2\rho C_P}{\rho C_P + \rho_0 D} \tag{7-44}$$

式中 p_r,p_d——冲击波作用在压碎区边界和孔壁上的初始冲击压力,Pa;

           ρ,ρ_0——煤体和炸药的密度,kg/m³;

           C_P——煤体的纵波波速,这里取 2 200 m/s;

           γ——爆轰产物的膨胀绝热指数,一般取 3;

           d——压碎区与装药半径的比值,这里取 1.7(7.3.4 节计算所得)。

按照上述两式计算得 p_r=0.59 GPa,与数值模拟的结果比较一致。通过对模型内部多个单元压力变化的监测,得到了径向方向多单元的压力时程变化曲线,见图 7-11。图中右侧为各个单元在模型中的位置,均分布在炸药的半径方向,即 X 方向,随着距炸药中心距离的加大,单元的压力峰值逐渐减小。较大部分能量在爆炸初期得到释放,0.2 ms 以后压力的变化幅度逐渐减小,最终趋于零。

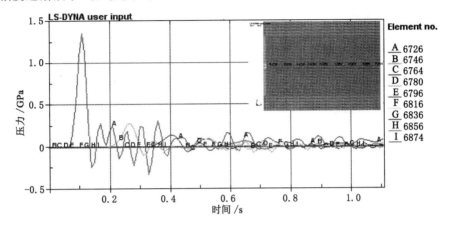

图 7-11   径向方向不同监测单元的压力变化时程曲线

以炸药半径为 6.65 cm 的模型为例描述炸药爆炸后压力及位移场的演化历程(图 7-12)。通过压力变化图片可以直观地看出爆轰冲击波压力以炸药中心为基准向 X、Y、Z 三个方向同时演化,Z 方向上的传导直至炸药末端,压力演化具体表现出由小及大、由近及远的扩展特征,最终在四分之一的模型中形成椭圆形的压力影响区。之所以呈现出椭圆形的变化特性是由于影响半径明显大于影响深度的原因,下文将分析爆炸的影响深度和半径的差异性,为封孔长度及护巷煤体宽度的合理确定提供依据。

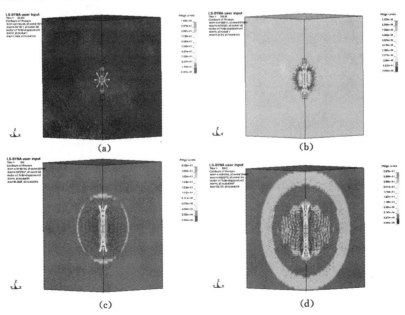

图 7-12   R=6.65 cm 时 Z 轴向炸药爆炸后压力及位移场演化历程
(a) 99.933 μs;(b) 299.66 μs;(c) 600 μs;(d) 899.8 μs

7.3.2 炮孔深度方向单元体的振动与变形特征

炸药爆炸对其深度方向上的影响程度确定着炸药的封孔长度和末端护顶煤厚度,为此在炸药半径为 3.75 cm 的模型中对 175 cm 和 125 cm 处单元的位移和速度进行监测分析(图 7-13),两单元距炸药中心距离相等。爆破初始位置为炸药中心,即 150 cm 处,传导至单元 8162 和 4962 需要有一段时间,由于两单元距离炸药中心在 Z 方向上相同,可以看出压力变化趋势基本一致,且大小相近。由于两单元紧邻炸药边界,压力变化较为剧烈,但在计算时刻的末尾压力已不再大幅度变化,基本处于平衡状态。

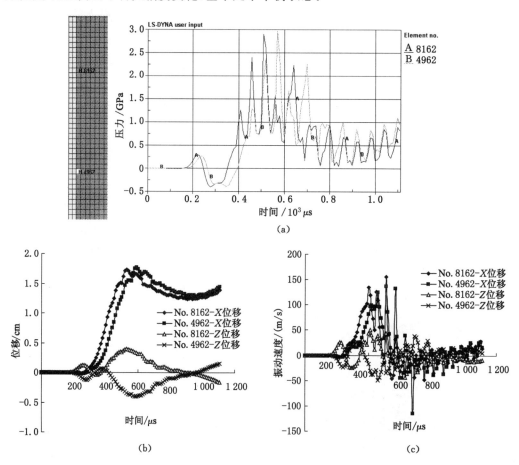

图 7-13 $r=3.75$ cm 方案中模型 175 cm 和 125 cm 处单元参量变化曲线
(a) 监测单元压力变化特征;(b) 监测单元 X 和 Z 方向位移变化特征;
(c) 监测单元 X 和 Z 方向振动速度变化特征

在图 7-13(b)中各监测点在 X 方向上的位移量值保持一致的发展趋势,最大值达到 1.76 cm;Z 方向的位移方向相反,但量值基本相当,最大值约为 0.39 cm。X 方向上的位移值是 Z 方向上位移值的 4.5 倍。单元位移的不同首要条件是质点振动速度的不同,图 7-13(c)中 X 方向上两单元的振动速度量值也较为接近,8162 和 4962 两单元的最大值分别为 155.832 m/s、136.58 m/s,方向也一致,同样在 Z 方向上的速度表现出相反的方向,Z 方向最大值分别为 50.799 m/s 和 −49.089 m/s,X 方向最大速度约为 Z 方向最大速度的 2.9

倍。这表明半径方向上的单元主要承受 X 方向的冲击波作用,Z 方向上所受冲击相对较小,距炸药中心距离相等的位置所受影响基本一致,但在 Z 方向上方向相反。

炸药爆炸后对炸药顶部和底部的作用在 Z 方向上相反,X 方向上大小一致、方向相同。具体毗邻炸药顶部和底部单元体的孔壁压力、最大剪应力、有效应力及 X 方向和 Z 方向的位移和速度见表 7-3。

表 7-3　　　　　　　深度方向上炸药边界(炸药顶部和尾部)各参量极大值

位置	参量名称	不同装药半径					
		21 mm	30 mm	37.5 mm	47 mm	56.5 mm	66.5 mm
炸药顶部	最大剪应力/$\times 10^{11}$ Pa	0.004 2	0.004 98	0.005 6	0.006 285	0.006 66	0.006 89
	有效应力$(v-m)$/$\times 10^{11}$ Pa	0.007 8	0.009 1	0.01	0.011 3	0.012	0.012 4
	X 方向速度/(m/s)	29	28.8	30.3	36	46	54
	Z 方向速度/(m/s)	71	79	85.57	106	128.6	144
	X 方向位移/cm	0.192	0.305 6	0.428	0.586 1	0.736 6	0.88
	Z 方向位移/cm	0.44	0.778 6	1.076	1.514 6	1.927	2.33
炸药尾部	最大剪应力/$\times 10^{11}$ Pa	0.004 2	0.004 98	0.005 6	0.006 285	0.006 66	0.006 89
	有效应力$(v-m)$/$\times 10^{11}$ Pa	0.007 8	0.009 1	0.01	0.011 3	0.012	0.012 4
	X 方向速度/(m/s)	29	28.8	30.3	36	46	54
	Z 方向速度/(m/s)	−71	−79	−85.57	−106	−128.6	−144
	X 方向位移/cm	0.192	0.305 6	0.428	0.586 1	0.736 6	0.88
	Z 方向位移/cm	−0.44	−0.778 6	−1.076	−1.514 6	−1.927	−2.33

从表 7-3 及图 7-14 和图 7-15 可以看出,Z 方向上单元的速度和位移值均大于 X 方向,顶部和底部单元 Z 方向与 X 方向的速度之比分别为 2.74、−2.74,顶部和底部单元 Z 方向与 X 方向的位移之比分别为 2.53、−2.53,反映出炸药爆破在炸药顶端和末端的对称效应,在深度方向上同一单元体 Z 方向的速度和位移值均大于 X 方向,表明在炸药中心线方向上承受的 Z 方向压力较大。

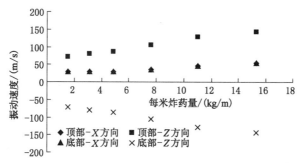

图 7-14　炸药顶部和底部边界单元振动速度随装药量的变化

不同装药量方案中同一质点的振动速度和位移量在炸药顶部和底部的差别不大,可认为炸药末端和顶部封口端所造成的爆炸影响效果一致,在设计爆破方案时炸药末端留设的

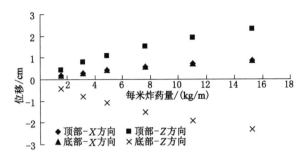

图 7-15　炸药顶部和底部边界单元位移随装药量的变化

抵抗线和封口长度可取同样的数值。值得注意的是实践过程中炸药封口处常有淋水出现，故封口长度应适当加大以抵消封口端炮泥的软化效应。另外，与一般煤层爆破不同的是，在急倾斜煤层开采中，顶煤爆破孔的炸药末端一般为上分层采空区，留设护顶煤厚度过大会抑制顶煤冒放性的提高，降低回采率，具体应根据实际情况实时调整。

在工程实践中爆破后一定距离处质点的振动速度需要进行监测记录，以评估爆破的扰动影响程度，这通常采用萨道夫斯基公式来表征。在数值模拟中可以对不同距离处质点的振动速度和位移量进行监测记录，进而评估不同装药量方案中同一距离处质点受爆炸影响的程度，归纳得出不同大小的装药量时被爆破体的振动速度与变形的影响规律。

图 7-16 反映了随着距炸药中心距离的加大质点的振动速度呈指数状衰减。监测点位置见图 7-17。装药半径愈大则质点的振动速度愈大，炸药半径为 6.65 cm 的曲线位于最上方，炸药半径为 2.1 cm 的曲线位于最下方。由于地形和地质条件的差异性，即使针对同一种炸药和煤岩体，不同条件下质点的振动速度也将有所差异，因此，本书着重分析质点随着距炸药中心距离的加大振动速度的衰减趋势，具体在实践中可以用最小二乘法拟合出合适的萨道夫斯基公式。从图 7-18 可看出，质点的位移峰值也遵从指数型的衰减规律，同样是装药半径较大时同一质点的位移值较大。

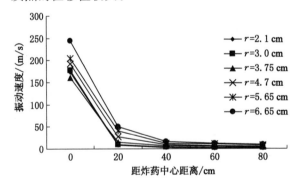

图 7-16　不同装药量时质点振动速度的衰减规律

随着装药半径的增加即装药量的加大，同一位置质点的振动速度也随之增加。由于炸药顶部和底部质点的振动速度及位移量几乎一致，故仅对炸药顶部即涉及封口段的部分进行分析。图 7-19 分别反映了炸药顶部 0 cm、20 cm、40 cm、60 cm、80 cm 处质点的振动速度。由于 0 cm 处质点振动速度过大且其他各处质点的衰减较为迅速，在同一个图中显示中

图 7-17　炸药顶部和底部质点的位置

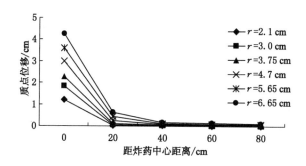

图 7-18　不同装药量时质点位移的衰减规律

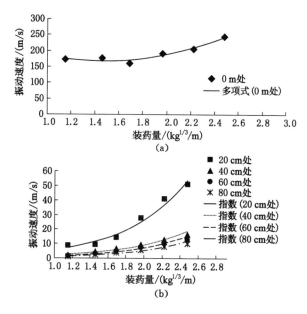

图 7-19　不同装药量时质点振动速度

（a）0 cm 处；（b）20 cm、40 cm、60 cm、80 cm 处

较为密集,不容易分析质点振动速度的变化趋势,分两个图描述。从图中的趋势线可以看出,随着装药量的增加质点的振动速度基本呈指数型的增加趋势,整体趋势为距炸药中心越

远所拟合趋势线的上升率愈小,反映出其受装药量增加后爆炸影响的程度逐渐减小。

对距炸药端部不同距离处质点的振动速度随装药量增加时的变化规律进行分析,获得了不同距离处质点的振动速度与装药量增加间方差最小的定量化表示关系,见下式,可用来确定封孔长度的大小。

$$V(0\ cm) = 74.76(Q^{1/3})^2 - 221.64Q^{1/3} + 332.14 \tag{7-45}$$

$$V(20\ cm) = 4.587\ 3(Q^{1/3})^{2.586\ 1} \tag{7-46}$$

$$V(40\ cm) = 1.639\ 1(Q^{1/3})^{2.581\ 9} \tag{7-47}$$

$$V(60\ cm) = 1.117\ 4(Q^{1/3})^{2.761\ 6} \tag{7-48}$$

$$V(80\ cm) = 0.816(Q^{1/3})^{2.829\ 3} \tag{7-49}$$

7.3.3 不同炸药量的影响分析

炸药在半径方向上造成的单元体振动速度和位移变化对选择合理的爆破孔间排距有重要意义。通过对模型中炸药边界处煤体单元振动速度和位移量的监测记录发现(图7-20和图7-21),炸药顶部(175 cm)和下部(125 cm)单元在 X 方向的速度和位移量表现出较好的一致性,均随着药量的增加而加大;Z 方向的速度和位移在数量值上比较吻合,但是方向相反,体现出炸药爆炸效果在 Z 方向上有对称性,可根据振动速度及位移的变化趋势预测分析不同装药量的爆破效果。受爆破向四周扩展作用的影响,X 方向的速度和位移值均大于 Z 方向,顶部和底部各自 X 方向与 Z 方向的速度之比分别为2.85、2.81,顶部和底部各自 X 方向与 Z 方向的位移之比分别为4.41、4.46,反映出炸药爆破后模型中半径方向上主导压力在 X 方向,且在各个模型中 X 与 Z 方向的速度与位移的比值相近。

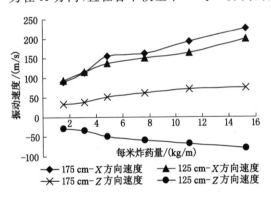
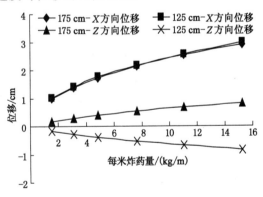

图 7-20 炸药边界单元振动速度随装药量的变化　　图 7-21 炸药边界单元位移随装药量的变化

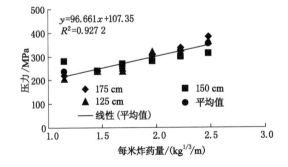

图 7-22 炸药边界单元压力随装药量的变化

图 7-22 剖析了炸药边界单元压力随装药量的变化规律,随着条形炸药装药量的增加爆炸后单元体的压力随之上升,每米炸药量对应于装药半径 21 mm、30 mm、37.5 mm、46.5 mm、56.5 mm、66.5 mm,获得了不同位置压力随装药量的变化规律。压力的变化是模型中监测点 X 方向和 Z 方向单元体速度和位移变化趋势的力源。压力的线性增加趋势与 X 方向和 Z 方向单元体速度和位移变化趋势基本一致。

经过对炸药半径方向模型中高度为 175 cm 和 125 cm 两条测线上 5 个监测点(监测点位置见图 7-23)振动速度和位移的监测记录表 7-4 和表 7-5 中数据分析发现,模型中质点的振动速度和位移值呈现出较好的一致性,这与炸药顶部和底部质点的监测记录一致。

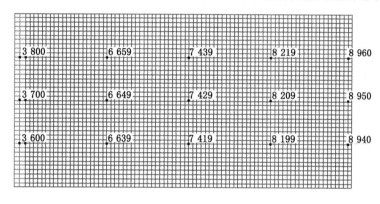

图 7-23 炸药半径方向质点的位置(图中左侧两个网络为炸药)

表 7-4   半径方向上不同质点的速度极大值

位置	装药半径 /mm	不同位置处质点速度/(m/s)				
		边界	50 cm	100 cm	150 cm	200 cm
炸药上部 175 cm 处	21.0	207.55	4.09	1.96	1.15	0.001 62
	30.0	240.92	7.37	3.57	2.15	0.002 1
	37.5	293.34	10.56	5.18	3.17	0.004 53
	47.0	321.56	14.86	7.41	4.6	0.009 52
	56.5	331.14	19.2	9.72	6.11	0.009 93
	66.5	337.69	23.95	12.17	7.71	0.005 5
炸药下部 125 cm 处	21	207.55	4.09	1.96	1.15	0.001 62
	30	240.92	7.37	3.57	2.15	0.002 1
	37.5	293.34	10.56	5.18	3.17	0.004 53
	47	321.56	14.86	7.41	4.6	0.009 52
	56.5	331.14	19.2	9.72	6.11	0.009 93
	66.5	337.69	23.95	12.17	7.68	0.005 5

表 7-5   半径方向上不同质点的位移极大值

位置	装药半径 /mm	不同位置处质点位移/cm				
		边界	50 cm	100 cm	150 cm	200 cm
炸药上部 175 cm 处	21.0	1.56	0.045	0.017	0.009 8	0
	30.0	1.91	0.086	0.034	0.019	0
	37.5	2.33	0.14	0.054	0.027	0
	47.0	2.82	0.21	0.085	0.044	0.000 015 3
	56.5	3.33	0.29	0.12	0.063	0.000 015 3
	66.5	3.86	0.39	0.17	0.083	0.000 015 3
炸药下部 125 cm 处	21.0	1.56	0.045	0.017	0.009 8	0
	30.0	1.91	0.086	0.034	0.019	0
	37.5	2.33	0.136	0.054	0.029	0
	47.0	2.82	0.21	0.085	0.044	0.000 015 3
	56.5	3.33	0.29	0.12	0.063	0.000 015 3
	66.5	3.86	0.39	0.17	0.083	0.000 015 3

在半径方向上质点的振动速度和位移衰减规律见图 7-24 和图 7-25,同样由于 175 cm 处和 125 cm 处质点变形趋势及数值的一致性,仅对 175 cm 处质点的变形进行分析。随着装药半径的加大炸药与煤体边界处质点的振动速度逐渐升高,沿半径方向呈指数衰减,在距炸药中心 200 cm 处的位置质点的振动速度几乎为零,最大值为 0.993 cm/s,表明此处受爆破影响极小,在 6 个方案中均反映出这一特点。

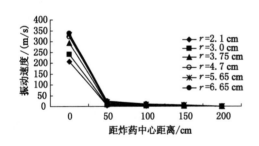
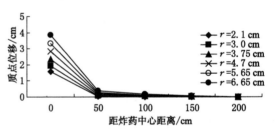

图 7-24   不同装药量时质点振动速度的衰减规律   图 7-25   不同装药量时质点位移的衰减规律

为衡量爆破对既有巷道及其他设施的破坏程度,控制炸药的超量使用、界定安全的躲炮位置,《煤矿安全规程》对煤矿中的爆破引发的质点振动速度进行了规定。具体是:围岩不稳定有良好支护的矿山巷道质点的安全振动速度不应超过 10 cm/s;围岩中等稳定有良好支护的矿山巷道质点的安全振动速度不应超过 15 cm/s;围岩稳定无支护的矿山巷道质点的安全振动速度不应超过 20 cm/s。爆破安全距离应按下式计算:

$$R = Q^m \, (kv)^{1/a} \tag{7-50}$$

式中 R——爆破地震安全距离,m;

        Q——药量(齐发爆破取总量,延期爆破取最大一段药量),kg;

        v——安全质点的振动速度,cm/s;

m——药量指数,取 $m = 1/3$;

k,α——与爆破地点地形、地质条件有关的系数和衰减指数。

上式是以萨道夫斯基公式为基础,给出的爆破安全距离与炸药量之间的定量关系。公式中的各物理量均有明确的物理意义,是工程中最普遍采用的方法。根据上述可以反映出距炸药中心 200 cm 处即能够满足爆破安全距离的要求,实际生产实践中超前工作面 10 m、避开采动影响区实施爆破,满足了《煤矿安全规程》中关于质点振动速度的规定。

质点的位移随着距炸药中心距离的增加位移值不断减小,下降趋势与质点振动速度趋势一致。不同炸药量时同一质点的振动速度随着装药量的增加而不断升高,呈增大的趋势。图 7-26 单独反映了炸药和煤体边界处(0 cm 处)质点的振动速度随装药量变化规律,为预测不同炸药量条件下质点的振动速度变化提供了依据。由于 0 cm 处即炸药和煤岩体的边界处质点振动速度较大,单独将其列出,见图 7-27,可以看出质点振动速度与条形装药量呈对数关系,随着装药量的上升质点的振动速度增加的趋势逐渐减缓。50 cm 处、100 cm 处、150 cm 处质点振动速度与装药量呈较好的幂函数关系,但随着距离的增加质点振动速度随装药量增加而增大的趋势逐渐减小,表明较远处的质点受爆炸影响程度不断减小。

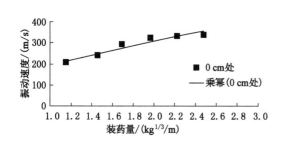

图 7-26　不同装药量时 0 cm 处质点振动速度

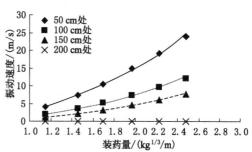

图 7-27　不同装药量时其他处质点振动速度

对质点的振动速度、距炸药中心距离以及装药量进行拟合,得到了不同距离处质点振动速度随装药量的变化规律:

$$V(0\ cm) = 193.07(Q^{1/3})^{0.6763} \tag{7-51}$$

$$V(50\ cm) = 3.0483(Q^{1/3})^{2.3038} \tag{7-52}$$

$$V(100\ cm) = 1.4374(Q^{1/3})^{2.3866} \tag{7-53}$$

$$V(150\ cm) = 0.8328(Q^{1/3})^{2.4874} \tag{7-54}$$

$$V(200\ cm) = 0.0009(Q^{1/3})^{3.1236} \tag{7-55}$$

7.3.4　压碎区和裂隙区的演化历程与最终形态

炸药在煤体中爆炸后体积及形态发生变化,迅速膨胀向四周扩展,在冲击波作用下炮孔附近产生压缩空腔区,随着冲击波的衰减及应力波的产生,裂隙区逐渐形成,图 7-28 反映了在不同装药半径条件下炸药爆炸后模型中网格的最终变形情况。为对比分析的方便,图中除装药以外的网格均按照同一尺寸划分。表 7-6 是炸药网格在爆炸后的最终形态,根据炸药网格扩展量可以获得空腔的大小。

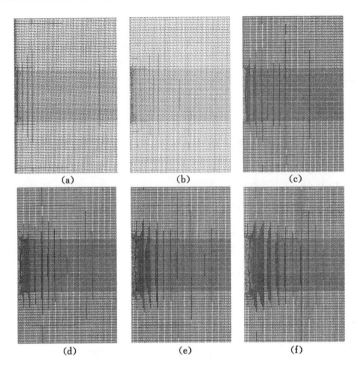

图 7-28　不同装药半径下炸药爆炸后网格变形最终形态

(a) $r=21$ mm；(b) $r=30$ mm；(c) $r=37.5$ mm；(d) $r=47$ mm；

(e) $r=56.5$ mm；(f) $r=66.5$ mm

表 7-6　　　　　　　　　　不同装药半径下炸药体形态爆炸前后变化

21 mm		30 mm		37.5 mm		47 mm		56.5 mm		66.5 mm	
原始态	爆炸后	原始态	爆炸后	原始态	爆炸后	原始态	爆炸后	原始态	爆炸后	原始态	爆炸后

　　爆炸后在煤岩体内部形成的裂纹形态在炮孔周围的分布具有一定特征。图 7-29(a)为截取文献[59]中模拟得到的岩体内部爆炸形成裂纹的形成演化过程。随着炸药的充分燃烧爆炸，岩体内部的裂纹保持一定形态、向四周不断扩展，这与冲击波及爆生压力的演化特点以及不断向外做功有关。图 7-29(b)、(c)、(e)是装药半径 2.1 cm 方案在 XZ 方向镜像后压力的裂布特征，压力的扩散形态与文献[59]中的裂纹形态非常相似，在炸药上下两端呈现

"蜘蛛"状的裂纹。计算时间从 389.93 μs、449.96 μs 开始,压力扩展区域加大但分布形态几乎没有改变,在时间达到 949.98 μs 时炸药燃烧至末端,最终的压力形态与裂纹分布在几何上仍较为相似。

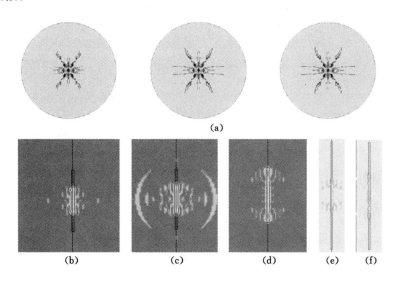

图 7-29 裂纹形态演化过程

(a) 文献[59]中的裂纹演化过程;(b) 389.93 μs;(c) 449.96 μs;
(d) 949.98 μs;(e) 2 330 μs;(f) 3 379.3 μs

在本书的第 9 章利用 LS-DYNA 计算了不同耦合致裂方案中炸药的爆炸载荷,提取模型在 2 330 μs 和 3 379.3 μs 时刻压力分布云图,见图 7-29(e)、(f),可以清晰地看出压力的分布特征与裂纹扩展的形态极其相似,且均随着炸药的充分爆炸裂纹体积不断增大,但形态保持稳定。综合反映出压力的扩展形态决定了炸药爆炸后在将煤岩体内部形成稳定的裂隙区形态。

实际的煤岩体爆破设计过程中,爆炸后形成压碎区和裂隙区的范围大小需要与设计方案密切相关,这将决定着确定炸药的装药长度及半径以实现最优的爆破致裂效果。为衡量不同装药半径时压碎区的范围,根据数值模拟结果分析绘制了压碎区半径及其余装药半径比值随每米装药量(kg/m)的变化曲线,见图 7-30 和图 7-31。

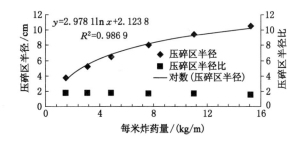

图 7-30 压碎区半径及其与炸药半径比值随每米炸药量的变化特征

对于同一种炸药及被爆破体而言,其压碎区半径、裂隙区与装药半径的比值应为定值,

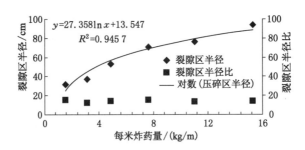

图 7-31　裂隙区半径及其与炸药半径比值随每米炸药量的变化特征

并不随着炸药半径的加大而加大。6 种方案的模拟结果得出压碎区和裂隙区半径平均约为装药半径的 1.70 倍和 14.07 倍,与文献中所述的 2~3 倍和 10~15 倍较为接近,这验证了压碎区计算公式的准确性,表明压碎区及裂隙区半径主要与炸药参数如爆速、密度及被爆体的参数如动态抗压强度、动态抗拉强度有关。虽然压碎区半径、裂隙区半径与炸药半径的比值不变,但压碎区和裂隙区半径随装药量的增加而加大。计算表明本次模拟中压碎区和裂隙区半径随着每米炸药量呈对数关系。根据下式可以计算出不同炸药量条件下压碎区 r_c、裂隙区 r_p 的范围,为评估煤岩体致裂效果提供基础支撑。

$$r_c = 2.978\ 1 \ln x + 2.123\ 8 \tag{7-56}$$

$$r_p = 27.358 \ln x + 13.547 \tag{7-57}$$

7.4　煤层综放工作面顶煤爆破致裂模拟研究

7.4.1　概述

　　针对急倾斜特厚煤层综放开采顶煤超前预爆弱化技术进行深入研究,重点研究急倾斜特厚煤层水平分段综放开采采用新的超前预爆破工艺、装备时,顶煤爆破参数的优化问题。通过数值模拟试验及理论分析结论指导现场进行工业性试验,并在试验过程中不断优化爆破致裂参数。

7.4.2　工业试验情况

7.4.2.1　试验工作面基本情况

　　(1) 工作面位置

　　碱沟煤矿东三＋564 m 水平 B_{3+6} 工作面位于碱沟煤矿东三采区东翼,西至东三采区石门,距副斜井中心线 1 244 m,标高＋572 m;东至芦草沟河河床煤柱,标高＋575 m。对应地表为芦草沟河以西＋590 m 水平以上煤层回采后地表形成的条带式塌陷坑。塌陷坑南北两侧有部分农田,大部分为荒山丘陵,工作面对应地表范围内无建筑物和工业设施。工作面上部为＋590 m 水平 B_{3+6} 工作面回采后形成的采空区,采空区内没有发火区域但有少量积水,对工作面安全回采有一定影响;工作面东部为芦草沟河河床煤柱;工作面西部以＋564 m 水平石门为界,石门以西 65.7 m 为原安宁渠区煤矿边界线。工作面北部为 B_6 顶板,距 B_6 煤层以北 87.65 m 为煤厚 1.95 m 的 B_7 煤层,为实体煤层未采;工作面南部 B_3 煤层底板,距 B_3 煤层 79 m 为 B_{1+2} 综采放顶煤准备工作面,工作面下部为实体。

　　(2) 工作面主要参数

碱沟煤矿＋564 m 水平 B_{3+6} 工作面两巷沿煤层走向平行布置,两巷中心距 45 m。工作面可采走向长度 755 m,阶段高度 18 m。

（3）煤层赋存特征

碱沟煤矿＋564 m 水平 B_{3+6} 工作面煤层走向自西向东 53°～55°呈略向北突出的弧形;西北倾向,倾角 85°～88°平均 86.50°。煤层为复合煤层,平均总厚度 50 m,其中,B_6 煤层总厚 13.4 m;B_5 煤层总厚 8.65 m;B_4 煤层总厚 22.4 m;B_3 煤层总厚 6.05 m,B_4～B_5 煤层中有夹矸数 4 层,从 0.15～0.2 m,夹矸平均厚 0.16 m。煤层顶底板特征见表 7-7。

表 7-7　　　　　　　　　　　　煤层顶底板特征

顶板名称	岩石名称	厚度/m	岩性特征
基本顶	碳质页岩、粉砂岩	1.9	较硬、黑灰色、层状结构
直接顶	粉砂岩	0.7	较硬、层状、节理发育
伪顶	碳质页岩	0.1	松软、节理发育、层状
直接底	碳质页岩	0.55	层状、节理明显、易脱落、质脆

（4）地质构造

B_{3+6} 煤层位于八道湾向斜南翼,为一单斜构造,煤层走向自西向东 53°～55°呈一略向北突出的弧形,煤层倾向西北,倾角 88°。根据回采巷道掘进情况来看,B_3 煤层结构较复杂,含矸多层;煤层内生裂隙发育,富水性、透水性强,煤层较破碎,容易片帮、冒顶,煤层有伪顶、伪底,且容易垮落;B_6 煤层中小构造较多,加上煤层有伪顶,含碳质页岩、碳质泥岩,水浸泡下更易垮落;根据工作面开切巷揭露 B_4、B_5 煤层情况分析 B_5 煤层节理发育裂隙较多,易片帮垮落。

（5）水文地质

东三采区 B_{3+6} 煤层裂隙发育,富含裂隙水,补给水主要为芦草沟河、碱沟河过境时的渗漏补给和大气降水,预计工作面正常涌水量为 0.4 m³/min。煤层顶板距 B_{4-6} 煤层底板只有 1.9 m 夹矸,夹矸为粉砂泥质砂岩,比较破碎,遇水后或受震动、地压容易整层垮落。＋564 m 水平东三石门以西 65.7 m 为原安宁渠区煤矿边界线,但该矿越界开采,矿井因水灾而关闭。＋590 m 水平 B_{4-6} 煤层内分布有 3 个水仓,距＋590 m 石门分别为 220 m、480 m、600 m 处。在回采过程中已对 3 个水仓进行了探放,第一水仓在＋590 m 水平回采已放完,第二水仓在＋564 m 水平 B_6 掘进时已探放完,第三水仓在回采过程中水仓在＋590 m 水平以下,水仓内有积水,加上＋590 m 水平的采空区内有积水。所以工作面回采至接近第三水仓位置时,对水仓的水进行排放,排干后再进行回采。另外煤层中小构造较多,在水浸泡下易垮落。

（6）瓦斯、煤尘与煤层自然发火情况

2009 年瓦斯等级鉴定表明,＋564 m 水平 B_{3+6} 煤层瓦斯绝对涌出量 0.9 m³/min,属低瓦斯煤层。根据煤尘爆炸性试验报告,水分 $M_{ad}=5.28$,灰分 $A_{ad}=1.85$,挥发分 $V_{ad}=36.54$,干燥无灰基挥发分 $V_{daf}=37.34$,火焰长度 ≥600 mm,煤层煤尘具有爆炸危险性,煤层自燃倾向性为属易自燃煤层,自然发火期 3～6 个月,普氏硬度系数为 1.5～2.0。

7.4.2.2　最终确定的方案

根据碱沟煤矿开采技术条件,通过现场试验的摸索、效果反馈来不断调整弱化方案,最终掌握顶煤超前弱化的本质规律,寻求最佳的爆破方案。首先试验在 1/2 煤层中实施,此方案按照所用炸药不同分为:普通乳化炸药填装爆破和乳胶基质炸药填装爆破,乳胶基质炸药填装爆破的排距分为 3.5 m 和 4.5 m 两种,最后通过综合分析试验结果,确定在全煤层中实施超前爆破弱化顶煤,此间按照炮眼布置数量每组 10 个孔、9 个孔、8 个孔、6 个孔,组距 3 m、4 m、5 m 以及每组单排布置或双排布置等不同方案比较。

碱沟煤矿自 2009 年 11 月开始全面实施平巷超前预裂爆破顶煤工艺工业性试验。通过预爆顶煤炸药性能比较,打眼钻机多种型号比选,封孔机械化设备的采用,确定了超前预爆炸药、钻机及封孔设备。最终确定了碱沟煤矿＋564 m 水平 B$_{3+6}$ 工作面超前预爆破的最佳实施方案(图 7-32)。

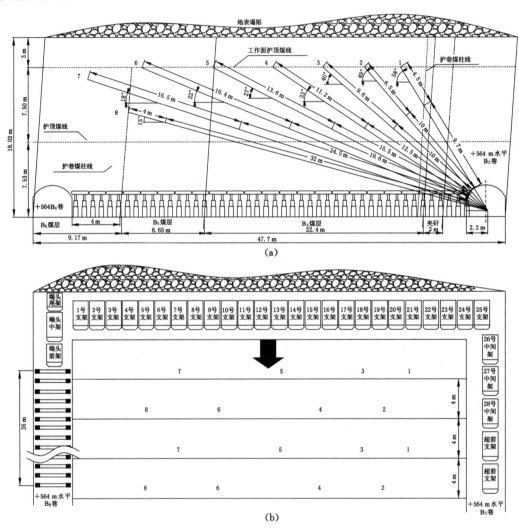

图 7-32 炮眼布置相关参数

(a) 剖面图;(b) 平面图

最终确定的方案由 B$_3$ 巷(轨道巷)向 B$_6$ 巷(胶带运输机巷)垂直于煤层走向布置 ϕ110 mm 单向扇形顶煤松动爆破孔,每组钻孔为 8 个,分两排施工每排 4 个炮孔,组内每排炮眼排距 4 m,每组间距 8 m,贯穿整个煤层,实施单组孔超前预爆破。

炸药选用:乳胶基质与敏化剂两种化工材料配合制成的混合炸药。在两种材料混合之前为化工材料,均不属于火工品,解决了运输、使用的安全管理问题。

爆破孔间距:根据 $B_3 \sim B_4$ 煤体单组炮眼爆破工艺总结确定炮眼的排距为 8 m,间距为 4 m,工作面护顶煤厚 4.3 m。北巷护巷煤柱定为 4 m,南巷定为 5 m。

爆破方式:打眼、装药、起爆工艺要求依次连续完成,超前于工作面 30 m 范围内进行预爆破;先起爆单数炮眼(1、3、5、7),再起爆偶数炮眼(2、4、6、8、),一次起爆一组眼。

炮眼设计参数见表 7-8。

表 7-8　　　　　　　　　　　　　炮眼布置相关参数

炮眼名称	施工位置	长度/m	角度/(°)	钻杆数/根	排距/m	封孔长度/m	装药长度/m	雷管/个	连线方式	装药方式
1	$B_3 \sim B_4$	14.2	58	18.8	8	8	4.5		雷管采用并联连接方式,脚线采用串联连接方式	连续正向装药
3	$B_3 \sim B_4$	19.6	40	26	8	8	9.6			
5	$B_3 \sim B_4$	29.1	27	38.5	8	8	13.6			
7	$B_3 \sim B_4$	41	18	54.2	8	8	16.5			
2	$B_3 \sim B_4$	16.5	49	22	8	8	6.5			
4	$B_3 \sim B_5$	23.7	33	31.3	8	8	11.2			
6	$B_3 \sim B_6$	36	22	47.6	8	8	16.4			
8	$B_3 \sim B_6$	36	15	47.6	8	8	4.0			
合计		216.1					82.3			

针对超前预爆破选用的设备,试验表明:相对于原有的工艺设备,新的设备在各方面均表现出了优越性。表 7-9 对比了不同钻机、不同炸药及装药方式花费的时间,可以看出,使用新的钻机、炸药、装药方式后,每杆花费的时间由 2.09 min 减少到 1.13 min,几乎减少了 50%,大大提高了打钻速度;卸杆时间也有所减少,从 0.56 min 减少到 0.48 min,减少了 14%。老钻机钻出的孔偏差大,遇夹矸时钻杆歪斜,新的钻机钻杆无变形,定位准确,成孔直,精确度高,改善了施工效果。因此,根据现场试验、操作反馈及爆破效果选定 ZDY-800 钻机作为顶煤爆破打孔钻机较为适宜。

表 7-9　　　　原有钻机-普通乳化炸药-人工装药消耗时间统计表

名称	钻杆数/根	打眼时间/min	卸杆时间/min	装药时间/min
1#眼	22	60	15	30
3#眼	28	79	20	43
5#眼	37	56	20	57
7#眼	37	63	20	52
2#眼	25	70	5	39
4#眼	33	55	18	69

名称	钻杆数/根	打眼时间/min	卸杆时间/min	装药时间/min
6#眼	38	78	26	57
合计	220	461	120	347
平均/(min/杆)		2.09	0.56	1.58

原有的装药方式为人工利用炮棍填装,使用装药机装药后的装药时间(表 7-10)减少得更多,从 1.58 min 减少到 0.14 min,只是原时间的 8.86%。对比发现,相对于人工装药,使用装药机装药速度快、安全、快捷,乳胶基质炸药爆破效果也好于乳化炸药。

表 7-10 **ZDY-800 钻机-乳胶基质炸药-装药机装药消耗时间统计**

名称	钻杆数/根	打眼时间/min	卸杆时间/min	装药时间/min
1#眼	19	28	9	5
2#眼	22	30	11	6
3#眼	25	40	12	7
4#眼	28	40	14	9
5#眼	37	60	18	8
6#眼	45	67	22	10
7#眼	54	72	26	8
8#眼	62	90	30	9
9#眼	60	80	28	7
10#眼	59	54	28	5
合计	411	463	198	56
平均/(min/杆)		1.13	0.48	0.14

采用超前预爆破推进生产时间均衡性和连续性有所改善,日推进度由 2.4 m 上升到将近 3 m,生产时间也得到明显提升。因此设备和装药采用如下设备与参数:

设备选用:打眼采用 ZDY-800 型钻机(图 7-33),该钻机扭矩大,钻孔钻进、退钻速度快,大大提高了钻孔效率;装药采用 BCJ-5 型装药机正向装药(图 7-34),BQF-100 封孔器封孔(图 7-35),封孔材料选用黄泥,封孔长度不少于 8 m。大大提高了装药、封孔质量以及速度。

装药结构:采用 BCJ-5 型装药机正向装药,每个炮孔装 4 发雷管,引药雷管线采用并联方式连接。封孔材料选用黄泥。

7.4.2.3 基于非线性动力学的顶煤爆破预裂研究

基于碱沟煤矿东三+564 m 水平 B_{3+6} 工作面的开采布局及超前预爆破钻孔布置方式,运用 Hypermesh 前处理软件建立了简化的顶煤爆破预裂模型[图 7-36(a)],对炸药、煤体及 B_3 进风巷三处的网格进行了针对性的划分[图 7-36(b)]。为减小计算机负荷方便计算,从炸药中间沿煤层倾向剖开,只计算一半炸药的爆破。

7.4.2.4 模型材料物理力学参数的设定

根据新疆安顺达矿山技术工程有限责任公司提供的装药车设备参数及炸药性能,如下:

图 7-33　ZDY-800 型钻机

图 7-34　BCJ-5 型装药机

图 7-35　BQF-100 封孔器

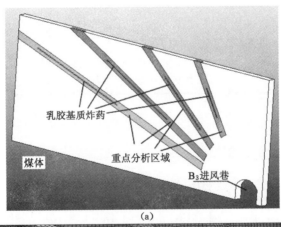

(a)

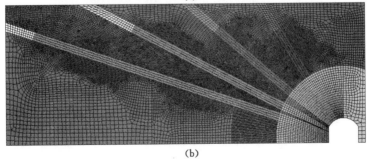

(b)

图 7-36　爆破预裂数值计算模型

(a) 简化的顶煤爆破预裂模型;(b) 有限元网格划分图

（1）BCJ-5(M)型装药车主要技术参数

  装药箱容量：4 000 kg；

  装药速度：20～40 kg/min；

  可装填炮孔范围：[(ϕ25～ϕ70 mm)/120 mm]×360°；

  输药长度：≤120 m；

  装药密度：0.95～1.20 g/cm³；

  外形尺寸：2 100 mm×1 300 mm×1 300 mm

  动力来源：外接液压泵站或高压风站。

（2）乳胶基质安全性指标：

摩擦感度   0%

撞击感度   0%

雷管感度   无

热感度   合格

（3）敏化后乳化炸药的主要性能指标为：

炸药密度：0.95～1.25 g/cm³；

爆速：3 600～4 500 m/s；

传爆长度：6 m；

临界直径：≥32 mm；

炮孔利用率：98%～100%。

  根据以上参数并结合碱沟煤矿煤体的物理力学特性确定了非线性动力分析的计算参数，如表 7-11 和表 7-12 所列。

表 7-11   炸药和状态议程参数

密度 ρ_0/(kg/m³)	爆速 D/(m/s)	A/GPa	B/GPa	R_1	R_2	ω	E_0/GPa
1 200	4 000	214.4	0.182	4.2	0.9	0.15	4.192

表 7-12   煤体基本物理力学特性参数

密度 ρ_0/(kg/m³)	E_Y/GPa	泊松比	σ_0/MPa	E_{tan}/GPa	σ_c/MPa	σ_{st}/MPa	Cowper-Symonds 参数 C/s⁻¹	Cowper-Symonds 参数 P
1 320	25.00	0.35	10	15	6.1	0.61	2.5	4.0

7.4.2.5　计算结果及分析

（1）模型整体的计算及分析

  经过对现场开采布局及乳胶基质炸药参数的分析，运用 LS-DYNA 程序对最终炸药爆破方案的多项参数进行了分析，下面将分别描述各项计算、分析及模型中监测点结果。

  从图 7-37 和图 7-38 可以看出模型整体及动能随时间变化的特征，总体趋势是首先模型内部动能急速上升，在 0.3 ms 左右达到峰值，之后不断下降，直至趋于零，反映了乳胶基质炸药爆破时能量的变化趋势。

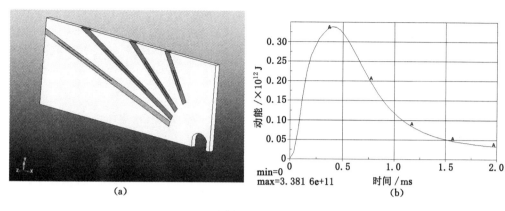

图 7-37 数值模型图及动能变化特征
(a)模型整体图;(b)动能随时间变化特征

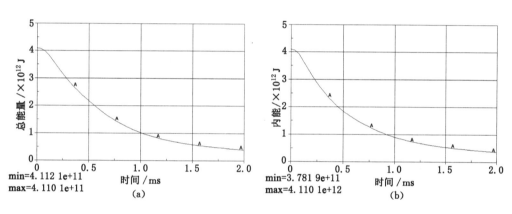

图 7-38 模型能量变化特征
(a)模型总能量变化特征;(b)模型内部能量变化特征

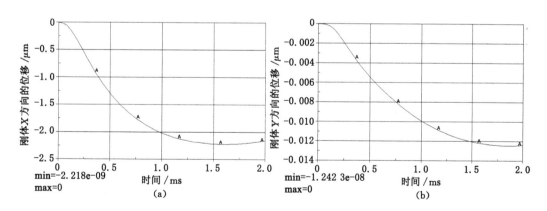

图 7-39 刚体位移变化特征(1)
(a)X 方向刚体位移变化特征;(b)Y 方向刚体位移变化特征

从图 7-39 反映的 X、Y 方向刚体位移变化特征可以看出,X、Y 方向刚体位移变化趋势基本相同,X 方向刚体位移较 Y 方向小,这表明 Y 方向受到炸药爆破的影响较大。

从图 7-40 反映的 Z 方向刚体位移及最终位移变化特征图并结合图 7-39 可以看出,X、

Y、Z 三方向刚体位移趋势相同,Z 方向刚体位移的数量级最大,这与工作面待爆破顶煤只有采空区一个自由面有关,所以在 Z 方向受到炸药爆破的影响时位移较大。

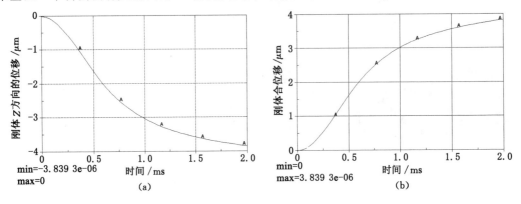

图 7-40　刚体位移变化特征(2)

(a) Z 方向刚体位移变化特征;(b) 刚体合位移分布特征

从图 7-41 和图 7-42 反映的 X、Y、Z 三方向刚体速度及最终速度变化特征可以看出,X、Y、Z 三方向刚体速度趋势相同,与模型动能分布特征相似,首先快速上升,之后不断下降,直至趋于零。

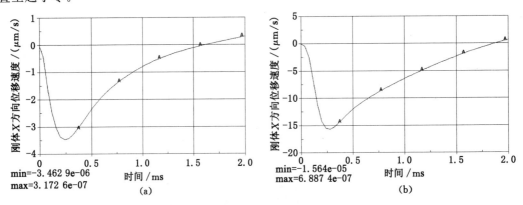

图 7-41　刚体速度变化特征(1)

(a) X 方向刚体速度变化特征;(b) Y 方向刚体速度变化特征

从图 7-43 和图 7-44 描述的 X、Y、Z 三方向刚体加速度及最终加速度变化特征可以看出,X、Y 两方向刚体加速度趋势相同,Z 方向刚体加速度与 X、Y 方向有些不同,但 X、Z 方向加速度的值较为接近,均大于 X 方向的加速度值,这表明模型 X、Z 方向加速度分布特征相似。在刚体最终加速度分布特征图中和加速度分布特征基本与动能、能量、速度的最终变化特征相似,均是首先急速上升,之后趋于零。

(2) 工作面上方护顶煤处监测点分析

按照设计方案,在工作面上方留有 4.3 m 护顶煤柱,以保证工作面安全,防范冒顶事故,本次爆破分析在工作面上方布置 5 个监测点以分析护顶煤柱的安全性。

从图 7-45 反映的模型在炸药爆炸时压力变化特征可以看出,A、B、C、D、E 5 个监测点中,A 监测点的压力最早开始下降,下降速度是 5 个监测点中最快的,B、C、D、E 4 个监测点

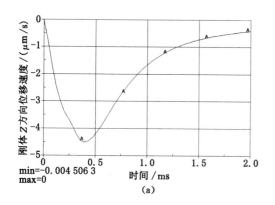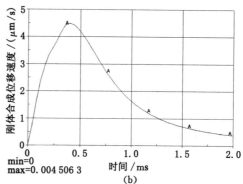

图 7-42 刚体速度变化特征(2)

(a) Z 方向刚体速度变化特征;(b) 刚体最终速度分布特征

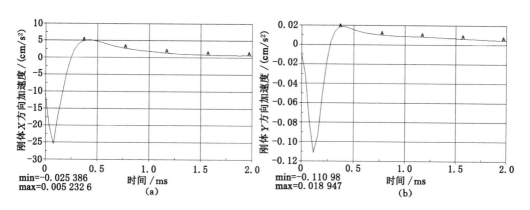

图 7-43 刚体加速度变化特征(1)

(a) X 方向刚体加速度变化特征;(b) Y 方向刚体加速度变化特征

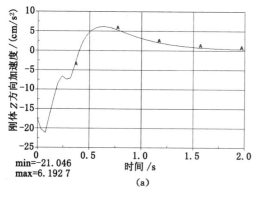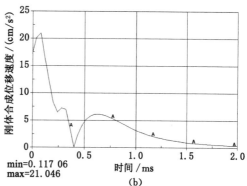

图 7-44 刚体加速度变化特征(2)

(a) Z 方向刚体加速度变化特征;(b) 刚体最终加速度分布特征

的压力值在爆破初期基本相同,在 0.75 ms 之后均呈现出下降的趋势,直至趋于零。

从图 7-46 反映的监测点最大主应力、最小主应力可以看出,各监测点的变化趋势基本相同,与压力变化相似,在 0.75 ms 之后不断下降并趋于零。A 监测点仍旧在初期有一个升

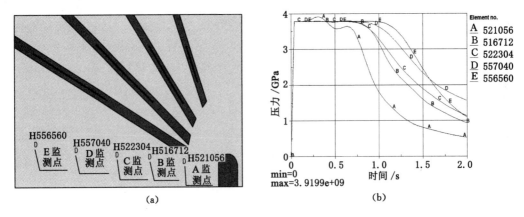

图 7-45　模型监测点布置及应力分布特征

（a）模型整体及监测点分布情况；（b）监测点应力分布特征

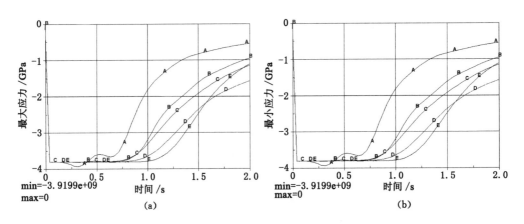

图 7-46　最大及最小主应力分布特征

（a）最大主应力分布特征；（b）最小主应力分布特征

高段，应力值最早开始减小。

从图 7-47 最大主应变、最小主应变变化特征可以看出，最大主应变明显高于最小主应变，与前面各图不同的是最小主应变监测点的主应变呈现出不断增大的趋势，在图 7-47（a）中各监测点的最大主应变不断减小。

图 7-48 反映了模型中各监测点在 X、Y 方向的速度分布特征。可以看出两图中各个监测点的速度大小及方向是不同的，在 Y 方向上各监测点速度方向基本一致，X 方向上 E 监测点的运动方向明显与其他各点不同，且值较大，Y 方向上各监测点的运动速度相对 X 方向较大。

从图 7-49 可以看出，各监测点速度变化特征基本一致，E 监测点速度相对较小，位于最下方，这表明回风巷（模型中未表示）受到的影响较小，处于稳定状态；处于工作面中央的 C 监测点速度较大，但与其他监测点的速度相比差别不大，表明工作面上方的护顶煤柱起到了良好的防护作用。从温度变化特征图可以看出，A 监测点与 C 监测点的温度变化曲线较为一致，D 监测点与 E 监测点温度变化曲线一致，这与其所在位置与炸药的距离有关。

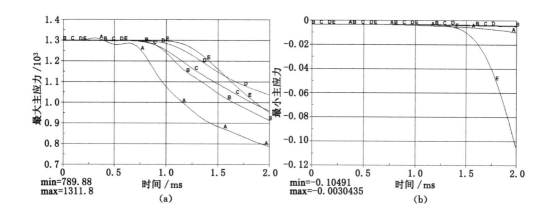

图 7-47 最大及最小主应变分布特征

（a）最大主应变分布特征；（b）最小主应变分布特征

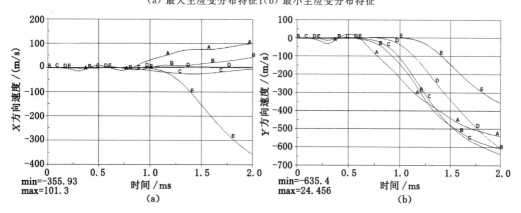

图 7-48 监测点速度分布特征

（a）X 方向速度分布特征；（b）Y 方向速度分布特征

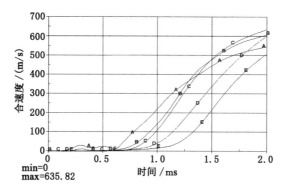

图 7-49 最终速度分布特征

从图 7-49 和图 7-50 可以看出，各监测点速度变化特征基本一致，E 监测点速度相对较小，位于最下方，这表明回风巷（模型中未表示）受到的影响较小，处于稳定状态。图 7-50 和图 7-51 反映了 A、B、C、D、E 五个监测点在多个方向的应变特征，各监测点在 X 方向应变最大值基本一致,之后随着计算过程的增加而逐渐减小,A 点距离炸药最近,其减小幅度最大;各监测点在 YZ 方向应变呈增加的趋势,E 点应变值最大;各监测点在 ZX 方向应变也呈现出增加的趋势,由于 A 点距离炸药最近,可以看出 A 点在 ZX 方向应变增加速度最快;综合来看模型当中五个监测点的有效应变,在计算初始应变值达到最大,之后随着爆破压力的衰减而逐渐减小,A 点降低速度最快,B、C、D、E 四个监测点的变化趋势类似。图 7-52 流动密度分布与有效应变及 X 方向应变分布一致。

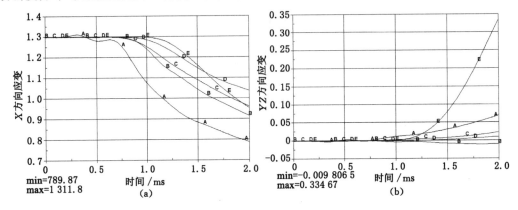

图 7-50 应变分布特征(1)

(a) X 方向应变分布特征;(b) YZ 方向应变分布特征

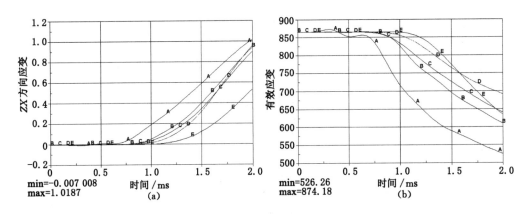

图 7-51 应变分布特征(2)

(a) ZX 方向应变分布特征;(b) 有效应变分布特征

(3)B_3 进风巷外围监测点的分析

按照设计方案,在 B_3 进风巷留有 5 m 护巷煤柱,以保证巷道安全,防范顶板及衍生事故,本次爆破分析在巷道周围布置 4 个监测点以分析乳胶基质炸药爆破对巷道的影响,如图 7-53 所示。

图 7-54 和图 7-55 反映了压力及各方向应力的变化特征,A、B、C、D 4 个监测点与图 7-53 中的各个监测点相对应,以后均是如此,不再一一赘述。可以看出 4 个监测点的压强变化均呈现出急速上升然后不断下降的趋势,与前述的各个监测点及压强变化趋势一致;X、Y、Z 三方向应力变化基本一致。四幅图中均是 A 监测点压强及应力最早开始减小,D 监测点最晚开始减

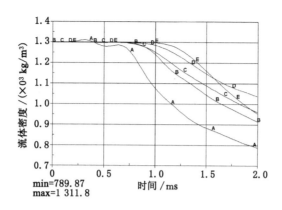

图 7-52 流动密度分布特征

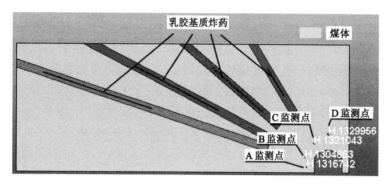

图 7-53 B₃ 进风巷周围监测点的布置

小,B、C 监测点位于中间,即监测点处受到的爆破影响持续时间 D 监测点最长,C、B 监测点次之,A 监测点最短,这表明相对于巷道左帮来说,巷道的顶板受到爆破影响较大。

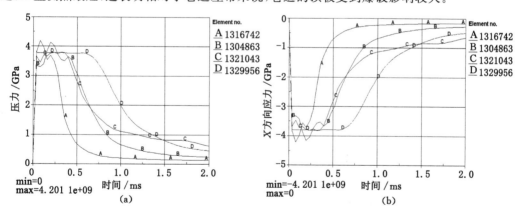

图 7-54 监测点压力及应力分布特征
(a) 压力分布特征;(b) X 方向应力分布特征

图 7-56 和图 7-57 描述了 X、Y 方向速度的变化分布特征,可以看出 4 个监测点的速度变化趋势与前述基本相同,X 方向的速度变化图中 B 监测点的速度值最大,以下分别是 A、D 监测点,A、B、D 三个监测点的速度最终较为接近,C 监测点的速度值最小;Y 方向上 B、C

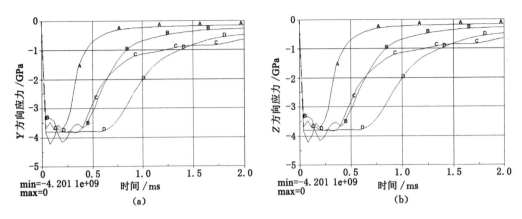

图 7-55　监测点应力分布特征

(a) Y 方向应力分布特征；(b) Z 方向应力分布特征

监测点的速度值较大且较为接近，A、D 监测点次之。合速度变化图中 B 监测点的速度值最大，以下是 C、A 两个监测点，且其值也较为接近，D 监测点的速度值最小。三幅图中 A 监测点的速度值总是最早上升，之后快速趋于稳定，这表明 A 监测点处较为稳定，B、C 监测点处的速度较大，反映出巷道左帮及圆拱处受到爆破的影响较大。

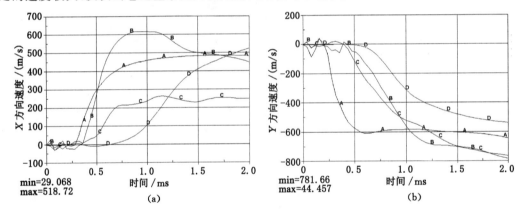

图 7-56　监测点速度分布特征

(a) X 方向速度分布特征；(b) Y 方向速度分布特征

图 7-58 和图 7-59 分别展示了最大、最小主应变和第二主应力、主应变的变化分布特征，可以看出在图 7-58 中 A 监测点的最大主应变最大，变化趋势与各监测点压力、应力及速度的变化特征类似，均是 A 监测点的值最早增大，在最小主应变图中仍旧保持了这一规律，B 监测点的最小主应力值呈现出了不同的特征，首先快速上升，然后下降再上升，最大主应变的变化趋势与第二主应变相同，最大主应力分布图中各监测点应力值的从大到小分别是 A、B、D、C，与最大主应变图中监测点的大小分布顺序相同。

图 7-60 和图 7-61 表明了各个方向的应变分布及温度分布特征，可以看出图 7-60 中 A 监测点的应变分布曲线一致，D 监测点的变化趋势较为相似，但 YZ 方向的应变较 ZX 方向的应变大 0.3。在温度变化特征图中，A 监测点温度最高，D 监测点次之，B、C 监测点的温度较为接近。

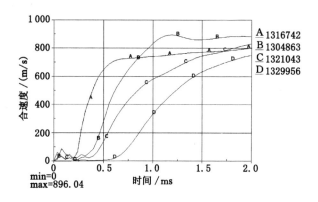

图 7-57　最终速度分布特征

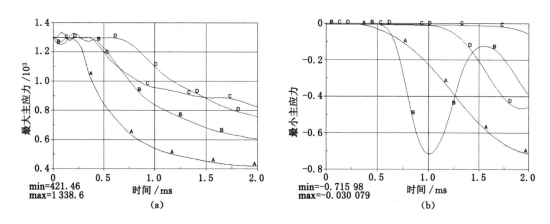

图 7-58　第二主应力及主应变分布特征

（a）最大主应变分布特征；（b）最小主应变分布特征

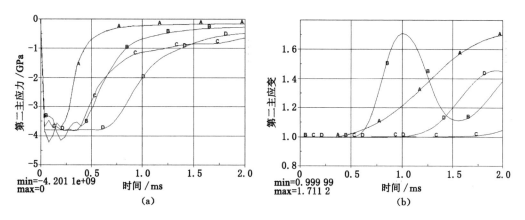

图 7-59　第二主应力及主应变分布特征

（a）第二主应力分布特征；（b）第二主应变分布特征

（4）B_3 进风巷外侧及内侧监测点的对比分析

　　为保证顶煤的有效放出和巷道安全，分析乳胶基质炸药爆破时在排距方向的影响，防范顶板及衍生事故。本次爆破分析在巷道外侧、内侧各布置 5 个监测点（图 7-62）以分析炸药

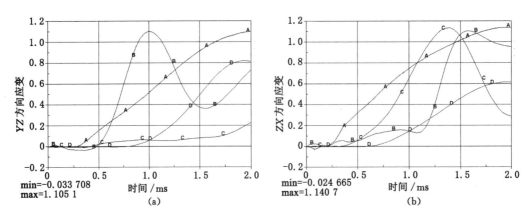

min=-0.033 708
max=1.105 1
(a)

min=-0.024 665
max=1.140 7
(b)

图 7-60　应变分布特征

(a) YZ 方向应变分布特征；(b) ZX 方向应变分布特征

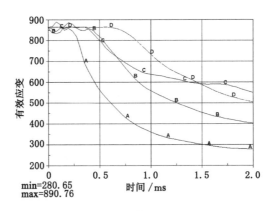

min=280.65
max=890.76

图 7-61　有效应变分布特征

爆破在排距方向的影响，并间接分析爆破对巷道内壁的影响。

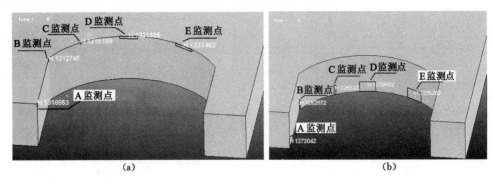

图 7-62　B_3 进风巷外、内侧监测点布置

(a) 外侧；(b) 内侧

　　图 7-63 反映了巷道内外两侧的压力分布特征，以下各图将按照左侧进风巷外侧监测点、右侧进风巷内侧监测点的方式对比布置，因此不再列出各个监测点的单元号。可以看出 B_3 进风巷外侧监测点的压力值大于巷道内侧的压力值，这是因为巷道外侧的监测点与直径

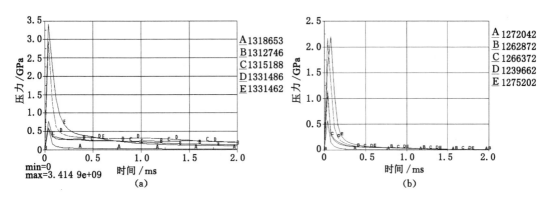

图 7-63　压力分布特征对比分析

(a) 外侧;(b) 内侧

100 mm 的乳胶基质炸药在一个剖面上,受到的爆破影响较大。两幅图中相对应的均是 E 监测点的压力值最大,D 监测点与 E 监测点的值较为接近,C、B 监测点的值较为接近,A 监测点的压力值最小,这表明顶板受到的影响较大,与上述观测的结果一致。

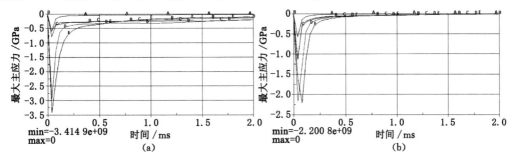

图 7-64　进风巷外侧、内侧监测点最大主应力对比分析

(a) 外侧;(b) 内侧

图 7-64 和图 7-65 对比分析了进风巷外侧、内侧最大主应力及最小主应力的分布特征,与压力分布特征相同,各个监测点的最大主应力值顺序与压力值一致,同样,进风巷外侧的值较大。

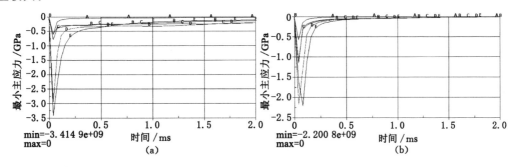

图 7-65　进风巷外侧、内侧监测点最小主应力对比分析

(a) 外侧;(b) 内侧

图 7-66 对比分析了进风巷外侧、内侧监测点 X 方向速度的分布特征,各监测点变化趋

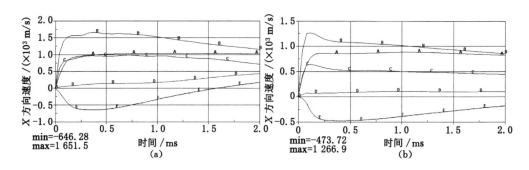

图 7-66 进风巷外侧、内侧监测点 X 方向速度对比分析

(a) 外侧;(b) 内侧

势基本相同,在大小上仍是进风巷外侧的监测点速度较大。两图中均是 B 监测点的速度较大,表明巷道直墙与圆拱连接处应力集中,受到炸药爆破在钻孔方向上的震动速度较大。

综合图 7-67 监测点在 Y 方向上的速度变化图、图 7-68 监测点最终速度分布特征图可以发现,Y 方向上 A、C、D、E 4 个监测点的速度值较为接近,进风巷外侧的速度值仍高于巷道内侧的值。

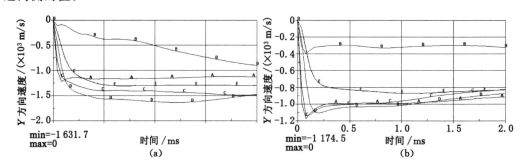

图 7-67 进风巷外侧、内侧监测点 Y 方向速度对比分析

(a) 外侧;(b) 内侧

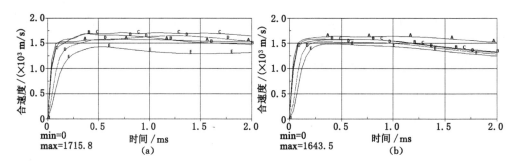

图 7-68 进风巷外侧、内侧监测点最终速度分布特征

(a) 外侧;(b) 内侧

图 7-69~图 7-75 均是巷道外侧、内侧所布置监测点的应变分布特征图,Y 方向上 A、C、D、E 4 个监测点的速度值较为接近,进风巷外侧的速度值仍高于巷道内侧的值。X 方向的应变分布基本一致,随着爆破时间的延续,进风巷外侧的应变大于内侧,A 监测点的应变明

显较小,其他各点的应变较为接近;YZ 方向的应变 B、A 两点位于最上方,C、D、E 3 点较为接近,不同的是巷道内侧监测点应变大于外侧,在 ZX 方向应变分布特征图、最小主应变图、第二主应变图中均呈现出这一特征,并且 B、A 监测点的应变值总是较大;在最大主应变分布特征图中,与 X 方向应变分布相似,A 监测点应变较小,其他各点区别不是很大,巷道内侧监测的应变更为接近。

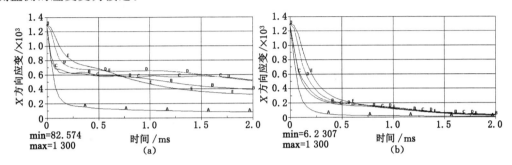

图 7-69 进风巷外侧、内侧监测点 X 方向应变对比分析

(a) 外侧;(b) 内侧

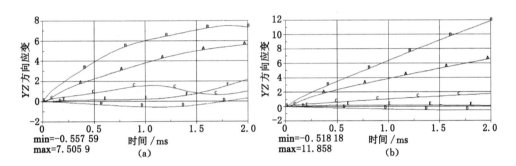

图 7-70 进风巷外侧、内侧监测点 YZ 方向应变对比分析

(a) 外侧;(b) 内侧

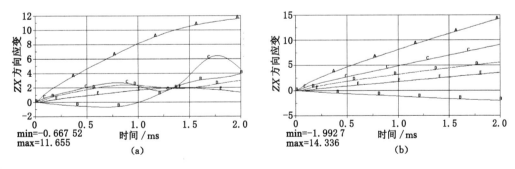

图 7-71 进风巷外侧、内侧监测点 ZX 方向应变对比分析

(a) 外侧;(b) 内侧

进风巷外侧、内侧的有效应变和最大主应变分布与 X 方向应变基本一致。图 7-76 的监测点流动密度分布特种图与最大主应力也一致。

基于非线性动力学分析的急倾斜煤层的顶煤超前预爆破参数得到不断优化,创新了开采

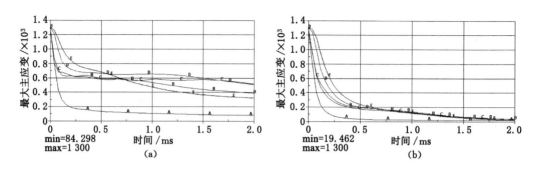

图 7-72　进风巷外侧、内侧监测点最大主应变对比分析
(a) 外侧；(b) 内侧

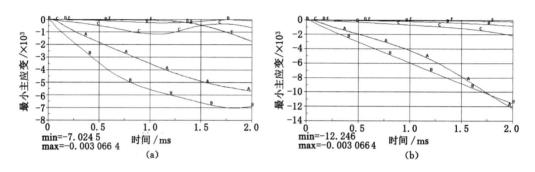

图 7-73　进风巷外侧、内侧监测点最小主应变对比分析
(a) 外侧；(b) 内侧

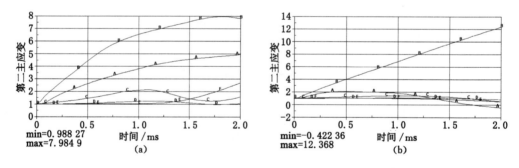

图 7-74　进风巷外侧、内侧监测点第二主应变对比分析
(a) 外侧；(b) 内侧

工艺，实现了新工艺的规范、统一操作。针对应用乳胶基质炸药在碱沟煤矿＋564 m 水平 B_{3+6} 工作面的试验情况，运用非线性动力学的数值模拟技术，确定出急倾斜特厚煤层超前爆破工作面支架上方护顶煤留设厚度 3.0～4.0 m，以保证工作面不发生架前冒顶与片帮，并可通过支架的反复支撑作用，可保证护顶煤自行垮落。为确保巷道支护有效，防止超前预爆顶煤起爆后造成巷道支护失效两巷垮冒，发生顶板事故，确定顶煤预爆炮孔终孔位置距巷帮水平距离不小于 4 m，顶煤预爆炮孔装药长度底端距离巷道顶部垂直高度不小于 4 m。爆破孔排距确定为 4.0 m，垮放效果与炸药量较平衡。顶煤预爆炮孔布置为 8 个。超前预爆炸药采用乳胶基质与敏化剂配合制成乳化炸药，采用 ZDY-800 钻机、BCJ-5 型装药机、BQF-100 型封孔器，以提高打

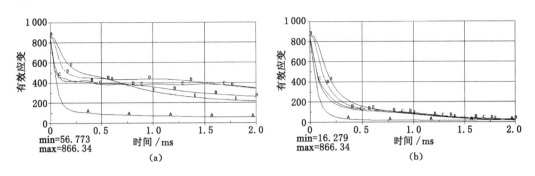

图 7-75　进风巷外侧、内侧监测点有效应变对比分析
(a) 外侧；(b) 内侧

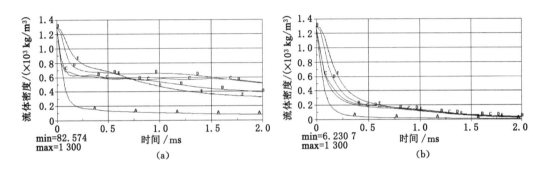

图 7-76　进风巷外侧、内侧监测点流动密度对比分析
(a) 外侧；(b) 内侧

钻、装药、封孔速度及质量。采用现场混装乳化炸药后，装药时间减少得更多，从每根钻杆长度的 1.58 min 减少到 0.14 min，只是原时间的 8.86%，使用装药机装药速度也较快、安全、便捷，由于是完全耦合装药，其爆破效果也明显优于普通乳化炸药。

通过减少炮眼，优化炮眼布置方式及装药量等参数，材料消耗不断减少，吨煤成本消耗及爆破材料消耗较采用架前爆破减少了 13.4%，由于生产工艺得到优化，生产工序互不干扰，推进度、生产时间都得到了提高。

7.5　本章小结

本章通过爆破致裂机制的探讨，推导了爆炸作用下裂纹应力强度因子的表达式，给出了裂纹继续扩展的判断准则和裂隙区、压碎区的判定准则，运用理论分析和数值计算手段揭示了爆破致裂特性，分析了不同装药半径条件下爆破后煤体的压碎区、裂隙区范围，获得了爆炸压力、振动速度及位移的衰减规律。结果表明：

(1) 依照 Mises 准则划分了压碎区和裂隙区形成的条件，定义了爆破造成煤岩体劣化的损失因子。在爆破分区半径大小的研究成果方面存在较大差异，一方面与岩石属于非均质、非连续性造成的差异性有关，也与研究对象的要求有着密切关系。煤体冒放性的提高主要与爆破致裂产生的宏观裂隙有关，对于某些严格控制爆破扰动的工程需将微观裂纹纳入考虑范围内。

(2) 爆炸后形成的压碎区、裂隙区与炸药性能及被爆体的物理力学特性有关，压碎区半径和裂隙区半径各自与炸药半径的比值并不会随着炸药半径的增大而增大;爆炸后质点的振动速度和位移与炸药中心的距离呈指数衰减关系。长条形炸药的中心点破坏较炸药两端强烈,且炸药横向中心两端的破坏呈对称性分布,在数值上也较为接近。

(3)爆炸最终形成的压碎区、裂隙区半径与炸药半径比值不变,但压碎区和裂隙区半径随装药量的增加而加大。压碎区和裂隙区半径平均约为装药半径 1.70 倍和 14.07 倍,得出每米炸药药量与爆破致裂分区的关系式,获得了爆炸荷载的时程曲线。

8　煤岩体水压致裂及其渗透作用的破坏规律

　　注水弱化煤岩体是水压致裂和水的渗流后造成的煤岩体浸润弱化作用的共同体现。由于煤岩体内部存在天然裂隙且在孔隙水压作用下有新的裂纹产生,使得呈固-液耦合状态下煤岩体的破坏过程极为复杂。固-液耦合作用的研究主要集中在建立渗透系数与应力-应变之间的联系上,煤岩体破裂后其渗透性的演化及其对力学行为的响应。本章采用能够形象显示注水致裂效果的数值计算方法,以期能够通过研究注水致裂的应力变化、破裂过程以及注入水的运移等,分析注水弱化煤岩体的过程,获得注水参数与强度劣化间的关系,为后续耦合致裂机制及工艺设计与效果评估奠定固-液耦合态体的分析基础。

8.1　注水致裂机制

8.1.1　注水参数类别

　　根据现场工业试验和理论的研究,注水致裂及软化煤岩体应科学地确定的关键技术参数包括:计算注水压力、时间和浸润半径等,这样才能更好地确定超前注水的距离并布置适宜的钻孔间距。

　　(1) 注水压力

　　受煤矿地下有限的空间及潮湿环境的特点,注水所需设备及器材的选择应便于操作,并具有高可靠性,适宜井下狭小的空间条件。

　　注水压力的确定与煤岩体的抗拉强度有关。另外,注水的长周期性导致了注水压力和流量以及注水时间是一个互相制约的关系。因此,在确定注水压力时需要综合考虑多方面因素,即除了考虑煤岩体自身的强度、透水性、浸润能力之外,还要掌握流量、注水时间、煤层泄水的可能性及压力-流量曲线。最后根据矿井现状、技术水平开展现场工业试验,确定合理的注水压力范围。

　　(2) 煤体含水率

　　根据预注水弱化机理,煤岩体注水含水率为:

$$\sigma_c = a - bh \tag{8-1}$$

式中　　σ_c——通过注水降低的煤岩体强度值,MPa;

　　　　h——要求达到的含水率,%;

　　　　a,b——所测煤岩体的试验常数。

　　工作面注水后的煤层含水量基本在一个范围,一般控制在 5%。过量的注水并不能提高煤层的含水量,结果有时只是增加了工作面及巷道内的淋水量,产生泄水现象。

　　(3) 注水量

　　每孔注水量是根据压裂煤体的压裂液浸润半径、煤体吸水率和煤体弱化浸润时间是否达到使顶煤变为可放出的松散体为依据进行确定。

根据工业试验的认识,根据压力致裂的要求,急斜综放工作面顶煤注水弱化,应采用"适度注水"方案。注水量过大,工作面淋水增大,不仅使工人操作环境恶化,而且也说明水量超标,未能实现理想的注水效果。同时必须加强管理,严格工作面注水工艺的实施,才能保证注水弱化效果。

（4）浸润半径

注水的浸润半径有 3 种确定方法：① 经验估计法,一般认为煤层的湿润半径为 7～15 m,具体需要根据煤层的裂隙与孔隙发育程度确定；② 试注测定法,先尝试完成合理注水压力下几个钻孔的注水试验,测定这几个钻孔注水后煤岩体的有效浸润半径,根据测试结果确定浸润半径；③ 经验公式法。

（5）注水孔间距

注水孔间距的确定受到来自于浸润方式的影响。图 8-1 为重复浸湿和不重复浸湿的钻孔间距示意图。不重复浸湿时,$S=2R$；重复浸湿时,$S=2R-a$。每孔周围约 $R/3$ 的区域为充分浸湿,则其余 $2R/3$ 的范围需要重复浸湿,故 $a=2R/3$。即得钻孔间距为：

$$S=4R/3 \tag{8-2}$$

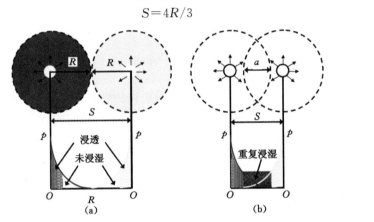

图 8-1　两种浸湿方式

(a) 不重复浸湿；(b) 重复浸湿

（6）浸润时间

可根据注水量和水泵流量来计算,实际在注水过程中出现较大范围淋水现象时,应停止注水。

$$t=Q/q \tag{8-3}$$

式中　Q——注水量；

　　　q——注水泵流量。

8.1.2　致裂与软化机制

注水致裂与软化作用的体现是降低煤岩体的整体强度,增加其内部裂隙的数量和密度,提高顶煤的冒放性,同时起到卸压和降低应力集中的作用。具体在以下方面：① 水压致裂造成裂缝破裂、扩展；② 水对煤岩体的物理力学和化学作用。

高压水注入煤岩体后通过对天然弱面的冲刷、楔入以及压裂作用,达到致裂煤岩体的目的；同时煤岩体在水的浸润、溶蚀作用下,原有微观结构的空间加大,造成更多的裂缝与骨架运移空间,从而增加了煤岩体的变形空间,降低了煤岩体的整体强度。在此过程中,煤岩体的力学性质发生变化,表现在强度减小、塑性增大。注水后煤岩体的含水率提高,从而大大降低了在采煤时的粉尘浓度,改善了煤矿井下高粉尘的作业环境,具有较强的实际意义。

从微观上看,煤/岩分子注水后被水包围,分子间的距离由于水的挤入而加大。煤岩体浸润后分子势能随着间距的加大而减小,此外水膜还有润滑作用,这降低了煤岩体分子与分子之间的黏聚力。当足够多的水分子进入固体分子之间后,分子之间间距增大、煤岩体骨架体积膨胀直到分子间的联结力丧失,成为离散态的颗粒。从细观上看,弱化了煤岩体颗粒间的黏聚力 c 和内摩擦角 φ,结构面遇水后其强度亦会下降。孔隙水压 σ_w 可使有效应力改变为 $\sigma'_n = \sigma_n - \sigma_w$,此时抗剪强度可写为:

$$\tau_w = c_w + (\sigma_n - \sigma_w)\tan\varphi_w \tag{8-4}$$

式中　c_w——注水后煤岩体的黏聚力;

　　　φ_w——注水后煤岩体的内摩擦角;

　　　σ_w——孔隙水压。

因此,注水后煤岩体的抗剪强度降低值可用下式表示:

$$\Delta\tau = \tau - \tau_w = c + \sigma_n\tan\varphi - [c_w + (\sigma_n - \sigma_w)\tan\varphi_w]$$
$$= c - c_w + \sigma_n(\tan\varphi - \tan\varphi_w) + \sigma_w\tan\varphi_w \tag{8-5}$$

式中　$c - c_w$——吸水后黏聚力下降的值;

　　　$\tan\varphi - \tan\varphi_w$——吸水后摩擦系数的降低值;

　　　$\sigma_w\tan\varphi$——注水后煤体的抗剪强度下降值。

煤岩体在注水作用下,整体的强度可表示为:

$$\tau = \sigma\tan\varphi + (C - ap\tan\varphi) \tag{8-6}$$

式中　C——煤岩体黏聚力,MPa;

　　　p——在裂隙内侧作用的水压,MPa;

　　　a——注水致裂效应系数。

注水后煤体的抗压强度(R_w)为:

$$R_w = R_c - \frac{2ap\sin\varphi}{1 - \sin\varphi} \tag{8-7}$$

式中　R_c——煤体自然状态下的抗压强度,MPa;

　　　φ——内摩擦角,(°)。

煤岩体的内聚力在注水压力作用下减少了 $ap\tan\varphi$,抗压强度减少了 $\dfrac{2ap\sin\varphi}{1 - \sin\varphi}$。

常用软化系数 η_c 来表示注水后煤岩体强度的下降程度,它是饱和水试件与干燥试件的单向抗压强度 σ_{cw} 和 σ_c 的比值,即:

$$\eta_c = \frac{\sigma_{cw}}{\sigma_c} \tag{8-8}$$

上式可以看出软化系数越小,表明注水后煤岩体强度的下降程度越大,注水的弱化效果更能凸显,越适宜采用注水软化法。当然,影响煤岩体水力致裂软化效果的因素较多,除了受到煤岩体复杂的物理力学性质、地质条件等因素的影响,还需要把煤岩体的孔隙发育程度、埋深、地应力特征、煤岩体的化学成分等因素与注水工艺综合加以考虑。

8.1.3 注水致裂形成裂纹的强度因子与判断准则

（1）注水致裂的临界水压

煤岩体具有非均匀、非连续、各向异性的特点，在对具体的材料进行测试分析时，一般将物体简化为各向同性体，或者如 RFPA 软件引入描述材料非均质性的随机变量实现材料的非均质性。

将煤岩体视为各向同性材料实施注水，此时，注水孔主要承受来自围岩中垂直方向和水平方向的应力（图 8-2 和图 8-3），注水孔长度方向上的应力忽略不计，即水平应力 σ_h 和垂直应力 σ_v。孔心到孔外任一点的距离为 R，水压 p_w 与围压应力共同作用下一点的径向应力和切向应力为：

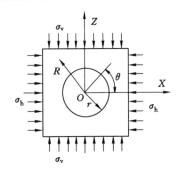

图 8-2　注水孔受力图　　　　　　　图 8-3　裂隙扩展模型

$$\sigma_r = \left[1 - \frac{R^2}{r^2}\right]\left[\frac{\sigma_h + \sigma_v}{2}\right] + \left[1 - \frac{4R^2}{r^2} + \frac{3R^4}{r^4}\right]\left[\frac{\sigma_h - \sigma_v}{2}\cos 2\theta\right] + \frac{p_w R^2}{r^2} \quad (8-9)$$

$$\sigma_\theta = \left[1 + \frac{R^2}{r^2}\right]\left[\frac{\sigma_h + \sigma_v}{2}\right] - \left[1 + \frac{3R^2}{r^2} + \frac{3R^4}{r^4}\right]\left[\frac{\sigma_h - \sigma_v}{2}\cos 2\theta\right] - \frac{p_w R^2}{r^2} \quad (8-10)$$

在注水致裂时，孔壁受径向水压作用，一般认为在注水产生的最大拉应力大于材料的最大抗拉强度时即认为裂纹出现，此时的水压为注水致裂的临界压力，注水孔周围出现裂纹（Ⅰ型）的条件是[93]：

$$p_{\mathrm{I}} = 3\sigma_h - \sigma_v + \sigma_t = 3\sigma_{\min} - \sigma_{\max} + \sigma_t \quad (8-11)$$

式中　$\sigma_{\max}$，$\sigma_{\min}$——原岩应力场中最大和最小水平应力；

σ_t——岩石单轴抗拉强度。

当最大主应力的方向确定时，孔壁周围出现裂纹的位置与最大主应力方向相同，即可通过裂纹的位置判断最大主应力的方向。在煤岩体中有时存在一定的初始孔隙压力 p_0，则此时裂纹的起裂压力为：

$$p_{\mathrm{I}0} = 3\sigma_{\min} - \sigma_{\max} + \sigma_t - p_0 \quad (8-12)$$

上式可以作为注水致裂形成平稳的拉伸破裂判断准则。

拉伸破裂准则只考虑了孔壁处切向主应力的作用，而忽略了径向主应力的影响。实际情况中钻孔孔壁可能受到剪切破坏。

$$\tau = c + \sigma_n \tan \varphi \quad (8-13)$$

$$\tau = \frac{\sigma_1 - \sigma_3}{2}\sin 2\alpha \quad (8-14)$$

$$\sigma_n = \frac{\sigma_1 + \sigma_3}{2} + \frac{\sigma_1 - \sigma_3}{2}\cos 2\alpha \tag{8-15}$$

$$\alpha = 45° + \frac{\varphi}{2} \tag{8-16}$$

式中 τ, σ_n——剪切破裂面上的剪应力和法向应力；

α——破裂面法向与最大主应力 σ_1 的夹角；

φ, c——岩石内摩擦角和黏聚力。

考虑孔隙压力的影响，发生剪切破坏时的孔隙压力 p_n 为：

$$p_n = \frac{\sigma_1 + \sigma_3}{2} + \frac{\sigma_1 - \sigma_3}{2}\cos 2\alpha - \left(\frac{\sigma_1 - \sigma_3}{2}\sin 2\alpha - c\right)/\tan\varphi \tag{8-17}$$

上式可作为注水致裂时剪切破裂的判断准则。

（2）裂纹应力强度因子

考虑孔隙水压的作用，裂纹面上的正应力可表示为：

$$\sigma = \sigma_n - p = \frac{1}{2}[(\sigma_v + \sigma_h) - (\sigma_v - \sigma_h)\cos 2\alpha] - p \tag{8-18}$$

式中 p——孔隙压力，MPa；

σ_v, σ_h——原岩应力场中的垂直、水平应力，MPa；

σ_n——主裂纹面上的法向压应力，MPa；

α——裂纹面与 σ_h 的夹角，(°)。

根据断裂力学中裂纹的表述方法给出裂纹强度因子计算公式，Ⅰ型裂纹强度因子为：

$$K_{\mathrm{I}} = -\sigma\sqrt{\pi a} = -\sqrt{\pi a}\left\{\frac{1}{2}[(\sigma_v + \sigma_h) - (\sigma_v - \sigma_h)\cos 2\alpha] - p\right\} \tag{8-19}$$

Ⅱ型裂纹应力强度因子可表示为：

$$K_{\mathrm{II}} = -\tau\sqrt{\pi a} = -\frac{1}{2}\sqrt{\pi a}\sin 2\alpha(\sigma_v - \sigma_h) \tag{8-20}$$

式中 α——裂纹面与 σ_h 方向的夹角。

（3）裂纹发展判断准则

注水后裂纹的发展与否可从断裂力学准则的角度解释，当裂纹尖端的应力强度因子大于等于材料的临界应力强度因子时，裂纹继续扩展，否则裂纹停止扩展。

注水作用下产生的多为复合型裂纹，其中Ⅰ型裂纹是最常见的，在工程中也是最危险的，Ⅰ型裂纹的断裂判据是：

$$\begin{cases} K_{\mathrm{I}} > K_{\mathrm{Ic}}:裂纹稳定扩展 \\ K_{\mathrm{I}} \leqslant K_{\mathrm{Ic}}:裂纹停止扩展 \end{cases} \tag{8-21}$$

式中 K_{Ic}——材料的平面应变断裂韧度，通过实验测定。

Ⅱ型裂纹的应力强度因子大于等于压剪状态下的断裂韧度时，即 $K_{\mathrm{II}} = K_{\mathrm{IIc}}$，裂纹在剪切作用下继续扩展。Ⅱ型及Ⅲ型裂纹的断裂韧度均不容易测定，目前的解决方法是通过构建复合型裂纹的断裂判据建立。根据以上计算得到的Ⅰ型和Ⅱ型裂纹的应力强度因子，得到Ⅱ型裂纹的扩展判据：

$$\lambda K_{\mathrm{I}} + K_{\mathrm{II}} = K_{\mathrm{IIc}} \tag{8-22}$$

式中 λ——Ⅰ型裂纹强度因子系数；

K_{IIc}——II型裂纹的断裂韧度。

工程上针对复合裂纹应用的偏安全的经验公式是根据I-II复合型裂纹的应力强度因子求和得出：

$$K_{\text{I}} + K_{\text{II}} = K_{\text{I-IIc}} \tag{8-23}$$

8.2 煤岩体注水致裂的特性

针对注水致裂和软化煤岩体已经有多个学者进行了卓有成效的研究。大多集中在致裂机理的细观分析、用于卸压和提高煤岩体冒放性等的应用性设计及参数优化，理论分析、基于相似材料模拟的实验分析、工业试验及数值模拟多有涉及。但是针对注水后煤岩体自身参数的劣化程度研究不多，本书在前人对注水致裂煤岩体多方研究的基础上，对该课题进行分析研究。

数值模拟作为实现对实验全程的监测分析并直观地显示结果得到了广泛应用，现应用于注水致裂模拟的主要软件有 RFPA、FLAC^{3D}、ANSYS 等。RFPA 以其能够直接显示致裂效果而在注水的模拟中应用较多。鉴于本节部分主要对注水致裂特性的研究，综合多种软件的特点，采用 RFPA 进行注水致裂煤岩体研究，分析不同尺度条件下注水后材料的破裂及强度劣化效应，实现对注水致裂煤岩体效果的量化评估，为后续注水工艺的设计提供依据。

8.2.1 数值计算原理与破坏准则

在通常的分析中一般把岩石作为均匀介质看待，特别是在数值模拟中。事实上岩石的非均质性对其力学性质有着显著的影响，考虑到这一点 1939 年韦布尔（Weibull）率先提出了用统计数学描述材料的非均质性方法，并形成了描述材料强度极值分布规律的"Weibull分布"。在 RFPA 系统中，引入了 Weibull 统计分布函数 $\varphi(\alpha)$ 以反映材料的非均质性：

$$\varphi(\alpha) = \frac{m}{\alpha_0} \cdot \left(\frac{\alpha}{\alpha_0}\right)^{m-1} \cdot e^{-\left(\frac{\alpha}{\alpha_0}\right)^m} \tag{8-24}$$

式中 α——岩石介质基元的力学参数；

α_0——基元力学参数的平均值；

m——描述岩石介质均匀性的分布函数参数；

$\varphi(\alpha)$——岩石基元体力学性质 α 的统计分布密度，MPa^{-1}。

上式表明，随着均匀系数 m 的增加岩石介质基元体的均匀性提高，当 m 越小时岩石介质越趋于非均匀性。图 8-4 反映了不同均匀系数岩石介质的强度或者弹性模量的分布（α 表示强度或弹性模量等力学性质）。

为量化注水致裂及渗透压作用下材料的劣化程度，可以用损伤参数 D 表示材料的损伤程度。材料整体的损伤劣化程度是材料介质中各基元缺陷累积的集中表现，因此基元体破坏的统计分布密度与损伤程度 D 有下列关系：

$$\frac{dD}{d\varepsilon} = \varphi(\varepsilon) \tag{8-25}$$

式中 ε——应变；

$\varphi(\varepsilon)$——基元体损伤率。

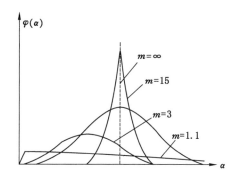

图 8-4 不同均匀系数材料的力学性质分布特征

在 $D_0 = 0$ 时,将上式代入 Weibull 分布函数可得:

$$D = \int_0^\varepsilon \varphi(x) \mathrm{d}x = \int_0^\varepsilon \left(\frac{m}{\varepsilon_0} \cdot \left(\frac{x}{\varepsilon_0} \right)^{m-1} \cdot \mathrm{e}^{-\left(\frac{x}{\varepsilon_0} \right)^m} \right) \mathrm{d}x = 1 - \mathrm{e}^{-\left(\frac{x}{\varepsilon_0} \right)^m} \quad (8\text{-}26)$$

式中 ε_0——初始应变。

上式即是考虑了材料非均匀性参量 m 的岩石损伤程度表达式。需要指出的是此损伤参量 D 仅用来表示 RFPA 中注水致裂,与前文所述的爆炸致裂煤岩体无关。将损伤参量 D 导入应力的表达式,可得 Weibull 分布时岩石单轴受压的本构方程[156]:

$$\sigma = E\varepsilon \cdot \mathrm{e}^{-\left(\frac{\varepsilon}{\varepsilon_0} \right)^m} \quad (8\text{-}27)$$

式中 E——岩石的弹性模量,GPa。

摩尔-库仑准则作为岩石力学中应用最广泛的强度理论,在本计算中也选用该准则。

8.2.2 不同尺度水压致裂数值实验

在实验室进行的水压致裂实验往往只能反映小尺度模型的破裂特征。为考察小尺度实验结果与大规模工程尺度下计算结果的差异性,在进行水压致裂时考虑了尺寸效应问题。建立了不同尺度的 6 种模型:100 mm×100 mm、200 mm×200 mm、400 mm×400 mm、1 000 mm×1 000 mm、2 000 mm×2 000 mm、4 000 mm×4 000 mm。模型中钻孔的大小及网格的划分见表 8-1。在模型 1~5 中钻孔半径按照模型的 $\frac{1}{20}$ 设计,在模型达到 2 000 mm×2 000 mm 和 4 000 mm×4 000 mm 时仍按照 $\frac{1}{20}$ 设计,则钻孔直径分别达到了 200 mm、400 mm,实际运用中基本未见到此类的注水钻孔,所以将钻孔半径仍旧定为较为常用的 50 mm。

表 8-1 模型尺度及网格划分标准

序号	模型尺度/mm	钻孔半径/mm	网格划分	序号	模型尺度/mm	钻孔半径/mm	网格划分
1	100×100	5	100×100	4	1 000×1 000	50 mm	400×400
2	200×200	10	200×200	5	2 000×2 000	50 mm	400×400
3	400×400	20	200×200	6	4 000×4 000	50 mm	400×400

为掌握能够反映宏观现象的有限元宏观参数与表征离散元特征的细观参数间的联系奠定基础,为揭示单孔注水致裂规律即可为注水参数的确定提供依据,本模型采用单孔注水致

裂模型(图 8-5)。

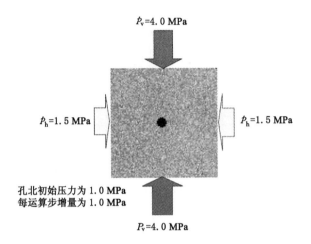

图 8-5　考虑尺度效应的水压致裂模型

　　试件的轴向压力和围压按照急倾斜围岩压力分布特征施加,具体是侧向压力 1.5 MPa,轴向压力 4.0 MPa,即水平压力 p_h＝1.5 MPa,垂直压力 p_v＝4.0 MPa,用来模拟急倾斜煤层条件下工作面煤体承受的载荷。在模型中心开挖圆形钻孔,整个加载过程通过压力加载方式。孔内注水的初始压力为 1 MPa,控制步数为 50 步,实际计算过程中出现大量裂纹即停止运算。孔压增量为 Δp＝1.0 MPa。通过计算围压作用下单孔岩石水压致裂历程,获得从钻孔中心到边界应力分布情况以及不同尺寸的模型在同样时刻的破坏裂纹模式、应力分布、声发射及水头分布情况。

　　不同尺度的模型在注水后基元体达到强度极限后裂纹开始萌生、发育,图 8-6 是模型的最终形态。可以看出,虽然各个模型的尺度不同,但裂纹的发育特征是相似的。在水平压力和垂直压力作用下裂纹主要由钻孔中心垂直发育,向模型的顶部和底部方向发展。与此相对应的是模型中声发射信号的分布特征(图 8-7)。可以直观地发现注水致裂过程中声发射信号的产生部位及数量。声发射信号产生的位置主要分布在注水孔的垂直方向上,与裂纹的发育路线基本吻合,且向裂纹的中心两侧扩展,以注水孔的水平方向为准呈对称的三角形分布(2 000 mm×2 000 mm 模型的裂纹发展路线相对其他模型不同,其声发射分布情况也不具备对称的三角形特征)。

　　在注水致裂试件的同时,裂纹不断地萌生、扩展并向外发射出声发射信号。研究注水致裂过程中产生的声发射位置、数量与破裂之间的关系,可为评估注水破裂形态及程度提供依据。

　　以与工程尺度较为接近的 4 000 mm×4 000 mm 模型为例,分析注水致裂过程中声发射的产生历程(图 8-8)。随着注水压力的加大,裂纹的数量在增加的同时声发射信号同样在增多,声发射信号产生经历了萌生—增多—大量扩展—稳定形态四个阶段,在钻孔纵向方向上形成了对应于裂纹发育特征的分布形态。其他模型中声发射信号的演化特征不再一一列出,总体上均遵循声发射信号在注水孔纵向聚集的特点,且在本层位的声发射信号向远方继续扩展时有一个积聚过程,裂纹扩张过程中尖端声发射数量尤其较多,如图 8-8 中箭头所

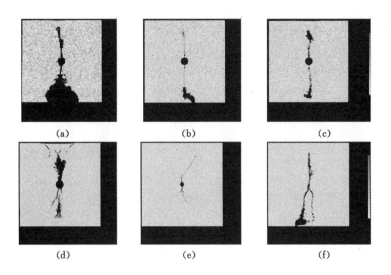

图 8-6 不同尺度的水压致裂模型最终形态

(a) 100 mm×100 mm；(b) 200 mm×200 mm；(c) 400 mm×400 mm；

(d) 1 000 mm×1 000 mm；(e) 2 000 mm×2 000 mm；(f) 4 000 mm×4 000 mm

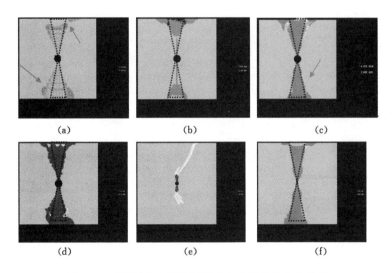

图 8-7 不同尺度水压致裂模型声发射最终分布特征

(a) 100 mm×100 mm；(b) 200 mm×200 mm；(c) 400 mm×400 mm；

(d) 1 000 mm×1 000 mm；(e) 2 000 mm×2 000 mm；(f) 4 000 mm×4 000 mm

指的区域，反映出孔隙水压增大的过程即是声发射信号逐渐产生、积聚的时期，当孔隙水压不断增大直至大于煤的抗拉强度时裂纹长度继续扩张，裂纹扩张后随着水压的继续加大开始致裂的下一循环。

钻孔注水后其周围应力发生改变，基于上述研究所发现的裂纹发展趋势(试件均是在纵向产生较长裂纹以致破坏)可以得出注水孔垂直方向上应力的变化较为剧烈。首先就水平压力在尺度效应下的变化特征进行分析：经过对水平压力的变化曲线可以看出注水孔周围单位体在 X 方向和 Y 方向应力基本均呈现出急速升高—降低—再缓慢升高的趋势，X 方向

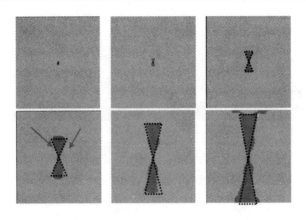

图 8-8　4 000 mm×4 000 mm 模型注水致裂过程中声发射的迁移特征

应力峰值均大于 Y 方向应力(图 8-9 和图 8-10)。

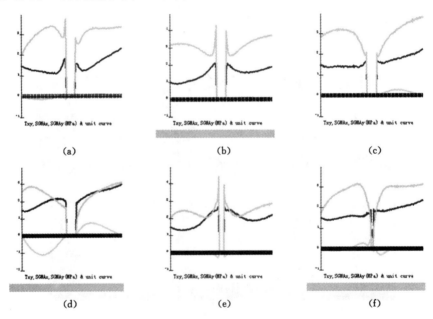

图 8-9　注水孔周围水平应力在突变前的特征

(a) 100 mm×100 mm;(b) 200 mm×200 mm;(c) 400 mm×400 mm;

(d) 1 000 mm×1 000 mm;(e) 2 000 mm×2 000 mm;(f) 4 000 mm×4 000 mm

　　注水后在水压作用及横向和纵向载荷共同作用下,钻孔孔壁附近的单元 X 方向应力首先出现急速升高的现象,随着孔壁单元体逐步破坏,孔隙压力及应力不断向孔壁周围扩展。由于煤体具有一定的渗透性,在距离钻孔孔壁较远的位置应力开始减少,受纵向荷载的作用在远离钻孔中心之外的区域应力出现缓慢的回升迹象。

　　图 8-11 和图 8-12 描述了 200 mm×200 mm 和 4 000 mm×4 000 mm 两个模型在注水过程中水头的演化特征。虽然有尺寸效应的影响,但是究其水头的变化趋势来说还是一致的。基本过程是:

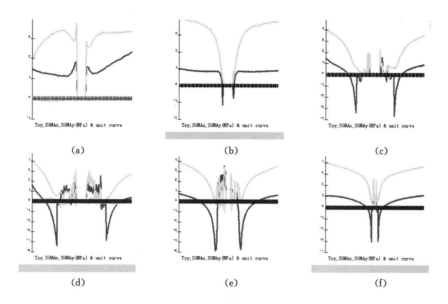

图 8-10 注水孔周围垂直应力在突变前的特征

(a) 100 mm×100 mm;(b) 200 mm×200 mm;(c) 400 mm×400 mm;

(d) 1 000 mm×1 000 mm;(e) 2 000 mm×2 000 mm;(f) 4 000 mm×4 000 mm

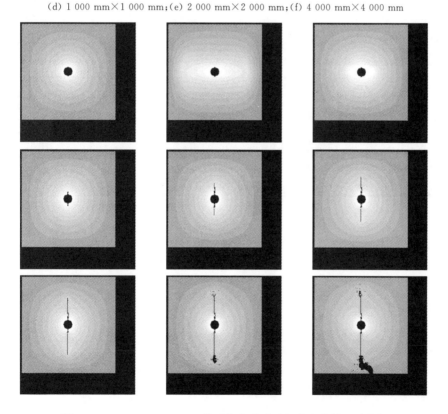

图 8-11 200 mm×200 mm 模型注水致裂过程中水头的迁移特征

(1) 运算初始阶段水压为 1.0 MPa,在水压的作用下水头均匀向四周扩散,呈现出近似于圆形的等值线特征;

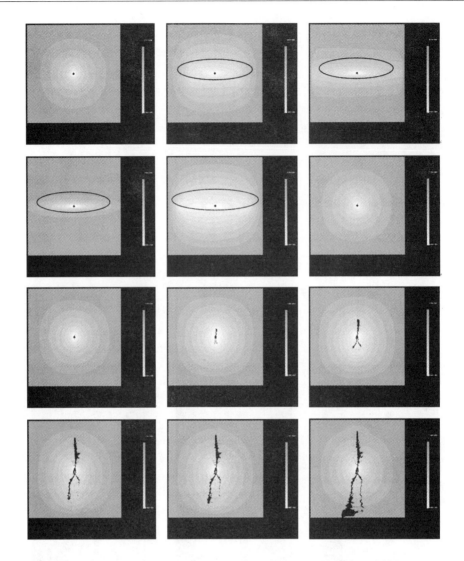

图 8-12　4 000 mm×4 000 mm 模型注水致裂过程中水头的迁移特征

　　(2) 在垂直应力和水平压力的作用下水平方向表现出较大压力,这是由于侧压较小,注水后压力首先向两侧扩散,此时模型中最大水头压力仍为 100 m;

　　(3) 随着运算步数的进一步加大和压力的增高(每步增高 1.0 MPa),水头分布等值线重新呈现出注水初始阶段的特征,即近似于圆形的等值线,这是压力在模型内部达到均衡分布的标志,此阶段在钻孔垂直方向上有微小的裂纹萌生,水头为 200 m;

　　(4) 在注水孔内压力重新达到平衡后随着压力的不断增高,钻孔垂直方向上的裂纹趋于增多,对应了裂纹应出现在最大主应力方向这一特点;

　　(5) 后续过程中裂纹不断向模型的顶部和底部延伸,表现出较好的对称性,水头等值线形态发生改变,在裂纹的尖端出现应力集中现象;

　　(6) 在 3 MPa 的压力下形成了较长的裂纹,最终在注水压力作用下模型底部出现基元体大面积破坏。

为了反映水压致裂的尺寸效应,图 8-13 展示了 4 000 mm×4 000 mm 模型注水致裂过程中水头的迁移特征。从图 8-13 可以归纳出注水孔周围孔隙压力的演化规律,首先在钻孔周围出现均匀的等值线水压分布,接着水压峰值开始横向发展,这些可从图中椭圆形内颜色较亮且发亮部分横向分布可以看出。但是在注水孔纵向位置出现裂纹时孔隙压力的等值线图重新呈现出近似于圆形的特征,这一变化与水头的迁移一致,图中裂纹周围水头等值线的变化较为明确地反映了这一点。虽然孔隙压力在横向分布的值较大,但是裂纹出现的初始位置及最终形态均表现在注水孔的纵向区域,可以推断在水平方向荷载小于纵向荷载时孔隙压力较易于向应力相对较小的区域扩展,但纵向的高应力作用导致注水孔纵向首先出现微裂纹的萌生,根据水的流动性可判断这将促使带有一定压力的水向裂纹处迁移,当达到单元体基元的抗拉强度时裂纹继续向纵向扩展。

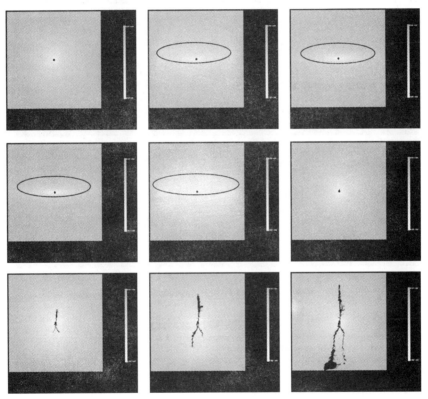

图 8-13　4 000 mm×4 000 mm 模型注水致裂过程中孔隙压力的迁移特征

根据以上实验可推断出在注水时裂纹将向应力较大的分向传播,实验虽然考虑了单元体的分均质性和尺度效应,但是并不能够完全地反映自然界非连续、非均质、各向异性的煤体及岩石中注水时裂纹的扩展形态,结合应力矢量演化历程发现注水孔周围的四个方位角上均出现一个应力集中区,此区域的面积在初期不断扩展但形态基本不变;随着运算时间的增长,注水孔纵向方向出现两个对称分布的椭圆形应力集中区,具体状态如图 8-14 所示的椭圆形内。

孔隙压力、水头的演化对应了声发射的演化规律,裂纹及声发射出现在图 8-14 所示椭圆形内的白色区域,即注水孔周围的四个方位角上出现的四个应力集中区,白色部分竖直方向的中央是当前应力集中突破的位置,表示应力在进一步的积聚,最终在应力集中区的破坏作用下模型破裂,在纵向方向形成几乎对称的三角形破坏区(图 8-14 中三角形框架所示)。注水形成的裂纹向纵向扩展可以有效降低煤体在纵向上的整体性,打通煤体下部和上部的通道,非常有利于特厚煤体的垮放。

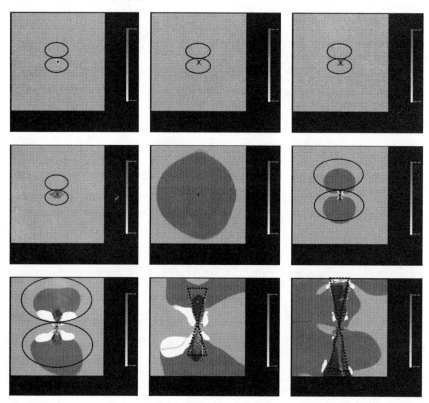

图 8-14　4 000 mm×4 000 mm 模型注水致裂过程中应力矢量演化特征

表 8-2　　　　　　　　　　　　　　不同尺寸试件的破坏水压力

序号	模型大小/mm	钻孔半径/mm	致裂压力/MPa	序号	模型大小/mm	钻孔半径/mm	致裂压力/MPa
1	100×100	5	4	4	1 000×1 000	50	4
2	200×200	10	3	5	2 000×2 000	50	6
3	400×400	20	4	6	4 000×4 000	50	5

在注水致裂模型中注水钻孔的孔径大小各不相同,加上试件的尺寸效应导致试件最终的破坏压力发生变化。表 8-2 反映了不同尺寸试件破坏时的水压,为形象地表示这一点,绘制了试件破坏水压与试件尺寸及注水孔尺寸的关系(图 8-15)。致裂压力分布在 3～6 MPa之间,由于尺寸效应的存在使得试件破坏水压呈上升趋势,这要求在实践过程中注水压力应适当加大。试件半径 R/钻孔半径 r 的值在试件尺寸 100 mm、200 mm、400 mm、1 000 mm时相同,均为 20;后续由于试件尺寸的加大注水钻孔半径无法随之加大,故钻孔半径维持在50 mm。综合图中所展示的破坏水压和试件半径 R/钻孔半径 r 的值可以看出,两者发展呈现出较好的相关性,随着试件所需破坏范围的加大要求水压越大,这准确地刻画了注水实践

对水泵压力的要求,为确定合理的注水孔间距及水压提供了依据。

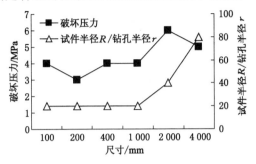

图 8-15　试件破坏水压与试件尺寸及注水孔尺寸的关系

8.2.3　孔隙水压作用下试件的加载破坏行为

在注水渗透作用下,新产生的孔隙和微裂隙及原生裂隙突然受载水来不及排出时,孔隙或裂隙中将产生很高的孔隙压力。这种孔隙压力,减小了煤体微观颗粒之间的黏聚力,从而降低了煤体整体的抗压强度,甚至使微裂隙端处由于受拉状态而进一步扩展。

通过实验获得考虑孔压作用下煤体试件的强度下降特征,掌握煤体损伤破坏中水压渗透性的演化规律。为深入研究孔隙水压的迁移规律和裂纹扩展模式的联系,根据注水后微元体受力特征认为,图 8-16(a)中单元体受注水压力的加载变形侧和入水孔隙压力侧一致,入水孔隙压力 p_3 和出水孔隙压力 p_4 的压差作用下微元体发生位移 u[图 8-16(a)],根据这一特点设置了如图 8-16(b)所示的模拟模型,用于模拟注水产生的孔隙水压作用下煤体的致裂进而导致强度下降的实验。

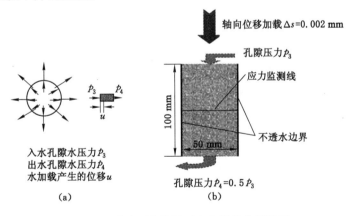

图 8-16　孔隙压力作用下劣化程度分析模型
(a) 单元体受注水影响作用示意;(b) 孔隙压力作用数值模型

计划模拟注水致裂煤体,设计 8 个不同孔隙压力(0 MPa、0.5 MPa、1.0 MPa、1.5 MPa、2.0 MPa、2.5 MPa、3.0 MPa、4.0 MPa)作用下煤体的强度变化情况,随着运算步数的增加,获得轴向加载和孔隙压力作用下煤体的破坏特征,还有其他加载过程中孔隙压力、应力、位移、声发射等图像变化,计划研究不同孔隙压力作用下煤体强度的下降程度。获得考虑孔压作用下岩石的破坏过程,岩石损伤破坏中孔隙水压的演化规律。模型大小按照标准试件的高径比构建,高 100 mm、宽 50 cm。

试件在顶部和底部注水、围压及加载作用下最终破裂,在实验过程中监测记录了试件表面水头、应力、位移、声发射信号及位移的变化,表 8-3 反映了不同方案中在不同水压作用下破裂时刻的运算步数、荷载、试件中间横向的压力均值及位移。在水压作用下试件顶部和底部出现水头的浸润线,随着运算步数的增加轴向荷载逐渐加大,试件内部的孔隙压力不断加大且影响范围随着扩展,试件在综合作用下出现微小的破裂,声发射信号逐渐产生,主要集中在试件最终破裂形态的面上。试件破坏的总体趋势是随着水压的增大,试件破裂所需的运算步数即所需荷载逐渐减小,这反映出了水压渗透并致裂试件的效应。

表 8-3   不同方案中在不同水压作用下破裂时的特征

序号	水压/MPa	运算步数/步	轴向荷载/N	中心线压力/MPa
1	0	231	631	12.70
2	0.5	225	617	12.35
3	1	225	617	12.35
4	1.5	216	593	12
5	2	205	558	11.1
6	2.5	205	561	11.3
7	3	随着压力加大的,试件初期已破坏,无法继续计算		
8	4			

图 8-17 为注水渗透模型最终的破裂形态,从中可看到裂纹的分布。由于水压的不同及非均质的影响,裂纹形态不一。总体上看裂纹呈竖向分布,水压越大,裂纹数量愈多、长度愈大。显示出高水压的致裂效果较好,在实践中应根据条件尽可能加大注水压力,提高煤岩体

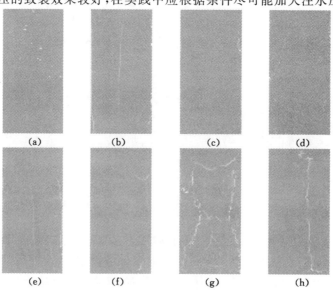

图 8-17 注水渗透试件受载后最终破裂形态
(a) 0 MPa;(b) 0.5 MPa;(c) 1 MPa;(d) 1.5 MPa;
(e) 2 MPa;(f) 2.5 MPa;(g) 3 MPa;(h) 4 MPa

中裂纹的数量和密度。

在运算过程中监测记录了轴向荷载的变化历程,如图 8-18 所示。在注水水压小于 3 MPa时各个试件的破裂前时刻,荷载曲线基本呈线性增加的趋势,在达到试件的峰值强度时试件破坏,轴向荷载呈现出迅速跌落的现象。另一个现象是随着孔隙水压的加大,试件破裂所需的荷载趋于减小,这表明孔隙水压促进了模型中基元体的破坏,在一定程度上起到了加快试件破坏的作用。

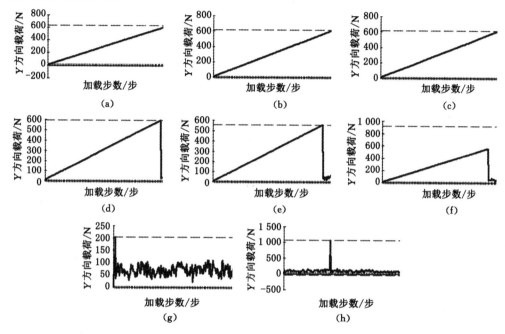

图 8-18 不同孔隙水压试件的加载曲线
(a) 0 MPa;(b) 0.5 MPa;(c) 1 MPa;(d) 1.5 MPa;(e) 2 MPa;
(f) 2.5 MPa;(g) 3 MPa;(h) 4 MPa

根据以上研究分析,注水压力与试件的破裂荷载有着重要联系,孔隙水压起到了对试件的加载作用。图 8-19 考察了破裂荷载与监测线应力和孔隙水压间的关系,随着孔隙水压从 0.5 MPa 逐渐增加至 2 MPa,试件破坏时所需荷载不断减小,与此相关的是监测线应力也具有此趋势,表明在孔隙水压的作用下试件破坏所需荷载减小,这导致试件承受 Y 方向压力减小,从而导致监测线应力值的下降。在孔隙水压为 2.5 MPa 时,荷载和监测线应力略有上升,这是因为此时孔隙水压较大,较早地对试件顶部产生破坏所致,但模型整体仍未破裂,需要继续施加较大的荷载(位移控制)才能破坏试件。

不同孔隙水压模型破裂前一步应力监测线上的应力分布(图 8-20)反映出模型中 Y 方向即加载方向上应力最大,水平方向和剪应力几乎为零。在水压为 3 MPa 和 4 MPa 时剪应力和水平方向主应力出现波动,这是由于试件在施加水压的初始时刻已经出现破裂,故此时监测线上单元体的应力出现较大波动。

与一般的渗透实验不同的是,本次试验中加载端和注水端同在一侧,即试件上部。这是考虑到实际注水时水压向外扩散和孔壁向外扩展的方向一致。图 8-21 以 0.5 MPa 渗透水压时试件的水头变化为例,展示了加载及注水过程水头的迁移历程。可发现模型上部在孔

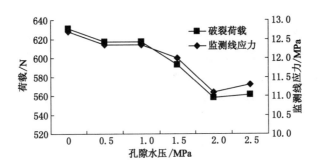

图 8-19　破裂荷载和监测线应力与孔隙水压关系

隙水的作用下水头等值线不断向下扩散,特点是模型顶部的水头较大,随着运算步数的加大模型中出现破裂,试件上半部分的基元产生破裂,结合下面所反映的声发射和位移矢量分布图可知,模型的破裂形态与水头迁移图像中基元的破裂区域一致,表现出孔隙水压对试件的破坏作用。

当孔隙水压较小时,水流沿着非均质模型中的孔隙逐渐向底部传播,水头等值线向底部扩展的长度较大,顶端的基元破坏的数量较小,但扩展深度较大;与之相反的是,孔隙水压越大,模型顶端破坏的基元数量愈多,这一点在 3 MPa 和 4 MPa 的图形(图 8-22)中较为显著,可以看到模型顶部破坏的基元非常明显,水压越大、顶部破坏区域越大,且呈现出半圆形的破坏区。在轴向荷载尚未将试件破坏时,孔隙水压已经使得试件端部足够多的基元产生破坏,造成试件的破坏,这降低了试件破坏时刻的轴向荷载的数值。孔隙压力较小时,试件端部的基元逐步破坏,破坏单元呈现出一定的离散性。

试件在破裂时刻的位移矢量分布对应于声发射分布,从侧面反映了出声发射信号的来源。通过对图 8-23 和图 8-24 的观察发现,破裂的形态大多集中在模型上部,在破裂时刻位移矢量和声发射信号均较为密集。水压越大,模型顶端的位移矢量越显著,端部在孔隙水压的作用下向底部凹陷的特征十分明显。

图 8-24 中列出的试件受载 3 MPa 和 4 MPa 的声发射图形显示出端部声发射信号的密集,这与渗透水压过大导致端部率先破坏有关。对应的从图 8-23 所示的位移矢量也可以看出,受载 3 MPa 和 4 MPa 的试件顶端部在其他部位尚未发生变形时已经出现了非常大的位移。水压增大固然可以更快地致裂试件,但水的渗透效应不能完全发挥作用,抑制了煤岩体吸水软化的能力,在工程实践中应结合实际情况选择合适的注水压力。

8.2.4　孔隙水压与试件强度劣化程度关系

经过对上述实验结果的综合对比分析,获得了煤的极限荷载 F 与渗透水压间的关系:

$$F = 651.27 - 15.743p \tag{8-28}$$

式中　F——试件的极限荷载值,N;

　　　p——孔隙水压,MPa;

　　　651.27——煤样常态非注水条件下破坏时的峰值荷载,N。

在 RFPA^{2D} 中极限荷载除以试件宽度即为其抗压强度,因此将上述煤的极限荷载转换为试件的抗压强度 σ_c,则得到下式:

$$\sigma_c = 13.025 - 0.3149p \tag{8-29}$$

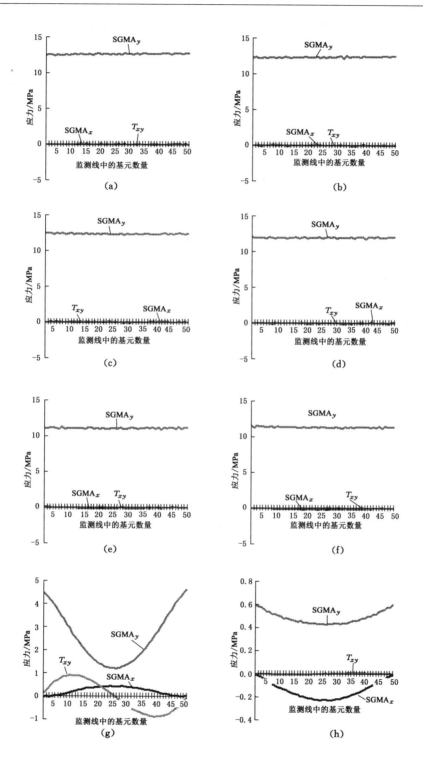

图 8-20　不同孔隙水压试件破裂时刻前一步模型纵向中心横向监测线上的应力曲线
(a) 0 MPa；(b) 0.5 MPa；(c) 1 MPa；(d) 1.5 MPa；
(e) 2 MPa；(f) 2.5 MPa；(g) 3 MPa；(h) 4 MPa

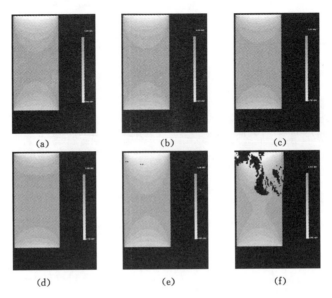

图 8-21　0.5 MPa 孔隙水压试件的水头迁移变化

(a) 50 步；(b) 100 步；(c) 150 步；(d) 200 步；(e) 226 步；(f) 破裂形态

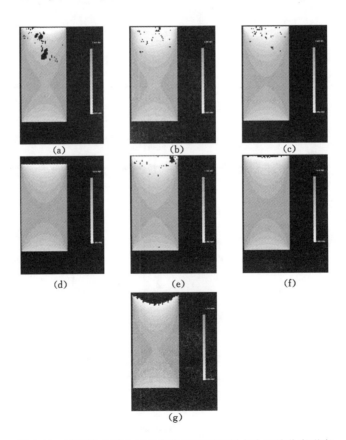

图 8-22　不同注水压力试件受载后破裂时刻水头迁移分布形态

(a) 0.5 MPa；(b) 1 MPa；(c) 1.5 MPa；(d) 2 MPa；(e) 2.5 MPa；(f) 3 MPa；(g) 4 MPa

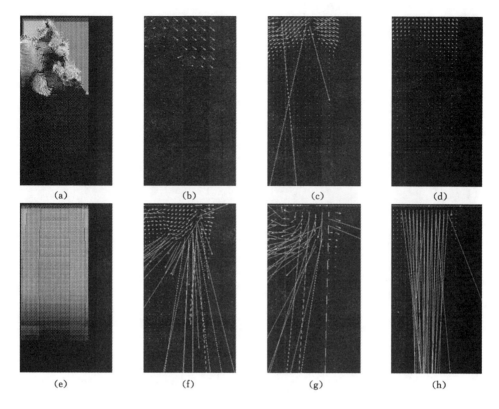

图 8-23　注水渗透试件受载后最终位移矢量分布形态
(a) 0 MPa；(b) 0.5 MPa；(c) 1 MPa；(d) 1.5 MPa；
(e) 2 MPa；(f) 2.5 MPa；(g) 3 MPa；(h) 4 MPa

　　根据上式即可判断评估不同孔隙水压是煤岩体的抗压强度及极限荷载。在煤岩体注水弱化时，首先发生微观的损伤变形，并在损伤的不断累计下导致破坏程度加大。定义一个能够表示煤岩体劣化程度的指数是量化描述注水效果的基础。为了更为直观地表征注水后渗透水压造成煤岩体整体强度的劣化程度，以指数的形式分析了劣化指数（Y）随孔隙水压的变化。定义非注水情况下劣化指数为 0，劣化指数理论上最大为 100，即试件完全丧失整体结构及强度。由于破裂荷载及监测线应力变化在趋势上较为一致，故将两者综合起来丰富劣化指数的涵盖内容。图 8-25 反映了破裂荷载、监测线应力及两者综合在一起的劣化指数。劣化指数 Y 与孔隙水压 p 的关系可表示为：

$$Y = 0.013\,8e^{0.456\,5p} \quad (p = 0.5 \sim 2.5) \tag{8-30}$$

　　煤的极限荷载及强度随注水压力 p 的增加而降低，针对特定物理力学性质的煤层及岩层，选择合理的注水软化参数，可以改善煤体的冒放性并大幅降低覆岩应力集中导致动力灾害的概率，促进矿山的安全生产。考虑到有些煤岩体遇水强度下降不显著，特别是当煤岩体厚度及硬度均较大、吸水性较差的情况下，单独采用注水软化法并不能完全达到致裂或者卸压的目标，且所耗时间较长。要实现煤岩体良好的致裂及卸压需与其他措施如爆破等方法一起采用，实现煤岩体的有效致裂。

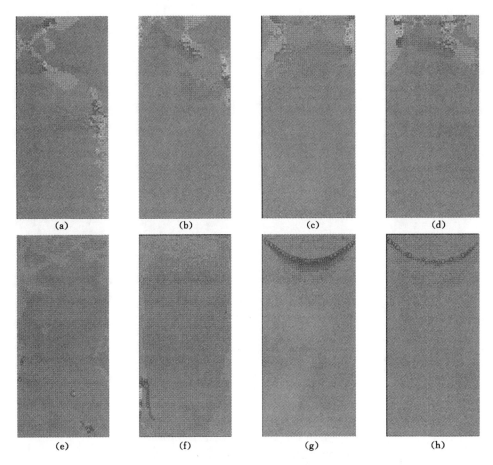

图 8-24　注水渗透试件受载后最终声发射矢量分布形态

(a) 0 MPa；(b) 0.5 MPa；(c) 1 MPa；(d) 1.5 MPa；

(e) 2 MPa；(f) 2.5 MPa；(g) 3 MPa；(h) 4 MPa

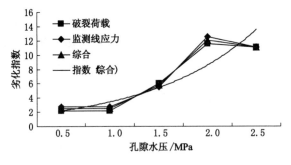

图 8-25　试件劣化指数评估

8.3　本章小结

本章通过注水致裂机制的探讨，建立了注水致裂裂纹的强度应力因子及对应的裂纹扩展准则,以急倾斜围岩应力为背景,研究了注水致裂实验中尺度效应对实验结果的影响;其次通过对不同注水渗透压力作用下试件强度及加载特性的数值实验研究,获得了孔隙压力演化规律和致裂特性,提出了评估注水致裂强度劣化的评估指数,最后运用理论分析法分析并建立了耦合致裂程度评估方法。结果表明:

(1) 由于尺寸效应的存在使得试件破坏水压呈上升趋势,破坏水压和试件半径 R/钻孔半径 r 呈现出较好的相关性,随着试件所需破坏范围的加大要求水压越大。

(2) 在孔隙水压作用下试件破坏所需荷载减小,在孔隙水压为 2.5 MPa 时,荷载和监测线应力略有上升。孔隙水压较大,较早对试件顶部产生破坏所致,但模型整体仍未破裂,需要继续施加较大的荷载(位移控制)才能使试件破坏。

(3) 注水渗透而形成的孔隙压力,其作用下强度劣化程度在数值计算的方式下得到了评估,分析了孔隙压力的演化规律和不同孔隙水压的破坏特性,衡量注水和单轴加载共同作用下注水孔周围应力、水头、位移等的分布特征,掌握了注水致裂的劣化指数 Y 与孔隙水压的关系,获得了孔隙水压与试件强度和峰值荷载的表达式。

第三篇　煤岩体耦合致裂效果等效转化

9 煤岩体耦合致裂特征与顶煤的可放性分析

耦合致裂是一个涉及煤/岩-裂隙-水-爆生气体多介质互相作用的复杂过程。耦合致裂的实质是首先通过注水工艺的实施降低煤岩体的整体强度和裂纹应力强度因子,在固液耦合态煤体的基础上完成爆破,进一步增加爆破冲击波与爆生气体致裂形成裂纹的数量和密度。由于爆破与注水致裂煤岩体机制较为复杂,且作用特点有显著差别:爆破的反应时间较短而注水致裂软化所耗时间较长。将两者结合起来分析致裂机制、效果及裂纹扩展准则时,要从细观层面来分析考虑两者的共同作用。由于注水致裂的长期性特点,可以将超前注水后的煤岩体看作固液耦合态体,在此基础上实施爆破以进一步提高爆破的致裂效果。在对爆破和注水单独作用机制及破坏规律研究的基础上,开展爆破动载作用下固液耦合态煤岩体的破坏特性研究,采用理论分析和数值计算的方式研究耦合致裂效果,定量化评估耦合致裂后强度的劣化程度,最后运用离散元方法实现煤体"整体-散体"的等效转化,分析破碎后离散态煤体的垮放规律及顶煤块体间的铰接结构,为煤岩体耦合致裂程度评估及方案设计提供基础数据支撑。

9.1 耦合致裂强度劣化分析方法

9.1.1 耦合致裂的界定与致裂机制

(1) 耦合致裂的界定

耦合致裂定义为"在煤岩体已被注水弱化的基础上(超前注水使煤岩体呈固液耦合状态)实施爆破"。耦合致裂的煤岩体在爆破致裂前呈固液耦合状态,实施的整个过程是注水致裂与软化效果和爆破致裂作用的叠加,是长期和短期效应的叠加,也是孔隙水压和爆破应力波及爆生气体压力的叠加,属于应力场、湿度场、弹性波场等的综合作用,是液体、固体、气体的互相作用。为此,将注水及爆破结合实施的方法定义为耦合致裂。

工程实践中要考虑工艺间实施的适应性与工序间的影响。考虑到注水的周期较长,超前注水不影响工作面的开采,故提出超前于工作面在煤岩体中实施注水;然后在已被致裂、软化煤岩体的基础上实施爆破,这样相当于在强度已降低的煤岩体中实施爆破,降低了裂纹的应力强度因子,可促使注水无法扩展的裂纹进一步延展。同时爆生气体在强度已降低的煤岩体中传播进一步加大了同等条件下炸药爆破的致裂效果,增加了裂纹的数量和密度,并规避了先实施爆破时裂纹较多导致注水时所需的保压问题。

(2) 耦合致裂机制

爆破和注水都是通过对煤岩的局部进行改造,降低爆破和注水影响范围内煤岩体的强度增加其自身变形量和裂隙量,从而达到提高煤岩体冒放性和围岩卸压的目的。煤岩体在注水后形成固液耦合态体,围岩除原生裂隙外注水产生新的裂隙,浸润了煤岩体,也降低了围岩结构体分子间的黏结力,进而降低了煤岩体整体的内聚力和强度,促进了裂纹的萌生与扩展。

在注水致裂及软化煤岩体的基础上实施爆破,利用爆炸产生的爆生气体楔入注水前的原生裂隙和注水后生成的新裂隙中,在煤岩体强度降低的基础上爆破等于降低了煤岩体的断裂韧度和裂纹扩展的临界值,这将提高爆生气体的扩展范围、增加炸药爆炸致裂煤岩体的效果。可以得出:耦合致裂技术不单单是两种方法的简单叠加,其本质是爆炸形成的爆生气体和冲击波共同在已软化的煤岩体中传播,致裂效果大于两种方法的叠加。湿润的煤体亦可大大降低爆炸产生的粉尘量和热量,有力地抑制了爆炸致裂的缺点,达到了优势互补:即改善了注水致裂时效性较差的缺点,又弥补了爆炸所具有的温度高、粉尘大的劣势。在注水的基础上实施爆破也提高了煤岩体单独实施爆破的弱化程度。耦合致裂除了用于提高顶煤的冒放性外,还可适用于围岩集中应力的卸压,降低动力灾害产生的频次和危害程度。

9.1.2 引入强度劣化率的耦合致裂裂纹扩展判据

在断裂力学中认为,当裂纹尖端附近的应力场强度因子增大到某一数值时,裂纹便失稳扩展从而导致材料发生断裂,裂纹发生失稳扩展的临界应力场强度因子叫做该材料的断裂韧度。根据前文建立的注水时裂纹的断裂判据,从耦合致裂工艺的含义出发,引入注水后煤岩体强度下降的表示参数:强度劣化率 f',给出在注水的基础上爆破时裂纹的扩展判据。

(1)强度劣化率的定义

煤岩体作为一种存在着大量的节理裂隙、裂纹等缺陷的非均匀、非连续性体,注水致裂及浸润过程爆炸与应力波在其中的传播十分复杂,量化地表达耦合致裂后煤岩体的破坏特征较难。根据注水及爆破后煤岩体强度均得到下降的特征,用强度劣化程度来反映耦合致裂的效果,耦合致裂后煤岩体的整体强度劣化程度用 f' 表示:

$$f' = 1 - \frac{F_{\max}}{F_0} \tag{9-1}$$

式中 $F_{\max}$——耦合致裂后煤岩体的极限承载力;

F_0——处于相对完好状态时煤岩体的极限承载力。

$F_{\max}$通过耦合致裂后模型的加载实验获得(注水后煤岩体的强度劣化程度亦运用该方法获得)。

(2)耦合致裂后裂纹的扩展判据

耦合致裂中注水是在煤岩体为原始状态下实施的,此时裂纹的断裂韧度是煤岩体自然状态时的断裂韧度,可通过对自然状态下煤岩体圆盘试件的劈裂试验确定,即注水时裂纹的断裂韧度为煤岩体自然状态下的断裂韧度。

注水时,根据断裂力学中裂纹的表述方法给出裂纹强度因子计算公式,Ⅰ型裂纹强度因子为:

$$K_{\mathrm{I}} = -\sigma\sqrt{\pi a} = -\sqrt{\pi a}\left\{\frac{1}{2}\left[(\sigma_v + \sigma_h) - (\sigma_v - \sigma_h)\cos 2\alpha\right] - p\right\} \tag{9-2}$$

注水后实施爆破时的裂纹主要以Ⅰ型裂纹为主,在爆生气体、注水压力、地应力综合作用下形成的Ⅰ型裂纹应力强度因子为:

$$K_{\mathrm{I}} = K_{\mathrm{I}(1)} + K_{\mathrm{I}(2)} = -\sqrt{\pi a}\left\{\frac{1}{2}\left[(\sigma_{\mathrm{v}} + \sigma_{\mathrm{h}}) - (\sigma_{\mathrm{v}} - \sigma_{\mathrm{h}})\cos 2\alpha\right] - p\right\} + \pi P_0 \mathrm{e}^{-ab}\sqrt{\frac{a}{\pi}}$$

$$(9\text{-}3)$$

注水作用下形成Ⅰ型裂纹的断裂判据是：

$$\begin{cases} K_{\mathrm{I}} > K_{\mathrm{Ic}} : 裂纹稳定扩展 \\ K_{\mathrm{I}} \leqslant K_{\mathrm{Ic}} : 裂纹停止扩展 \end{cases}$$

$$(9\text{-}4)$$

式中　K_{Ic}——材料自然状态（无注水、无爆破）下的平面应变断裂韧度。

引入注水后的强度劣化率 f'，爆破作用下Ⅰ型裂纹的断裂判据是：

$$\begin{cases} K_{\mathrm{I}} > (1-f')K_{\mathrm{Ic}} : 裂纹扩展 \\ K_{\mathrm{I}} = (1-f')K_{\mathrm{Ic}} : 临界扩展 \\ K_{\mathrm{I}} < (1-f')K_{\mathrm{Ic}} : 裂纹稳定 \end{cases}$$

$$(9\text{-}5)$$

注水后裂纹的发展可分为两个阶段从断裂力学准则的角度解释：

① 当裂纹尖端的应力强度因子大于材料自然状态的断裂韧度 K_{Ic} 时，裂纹继续扩展，否则裂纹稳定；

② 耦合致裂后裂纹尖端的应力强度因子大于注水后煤岩体的裂纹应力强度因子 $(1-f)K_{\mathrm{Ic}}$ 时，裂纹继续扩展，否则裂纹稳定。

上面两点即为耦合致裂所形成裂纹的扩展准则。可以看出，耦合致裂第二阶段裂纹的稳态扩展条件与注水降低煤岩体强度的程度有关。注水措施通过致裂与软化煤岩体降低了煤岩体的强度，减轻了裂纹继续扩展所需的临界断裂韧度，加上水的溶蚀作用增加了煤岩体中的孔隙，给爆生气体营造了更多的楔入及迁移空间，促使耦合致裂第二阶段的爆破冲击波及爆生气体产生更多的裂纹，提高了致裂效果。

9.1.3　耦合致裂分析方法选择与分析流程

对国内外文献的研读发现，在综放工作面顶煤松动方面固液耦合体受爆破动载研究方面甚少，爆破与注水致裂技术与其作用下材料的劣化参数尚未建立起一致的定量化关系。在对实践工作的指导和开展时参数大多选用实践过程摸索出来的经验公式或者根据现场实践结果折减进行计算。采用经验及实践数据是由于爆破与注水本身的机制较为复杂不易掌握，而耦合致裂过程则涉及固、液、气三相介质的耦合作用，在数学上完整地表现出来异常困难；另一方面爆破在瞬间内发生而注水致裂则需要相对较长的时间且两者均不具备较好的观测性，这两个原因是固液耦合态煤岩体实验开展的主要障碍。

数值模拟是依靠计算机按照人们的设计实现一个特定的计算，这非常类似于物理实验的过程。分析人员站在数学方程的圈子外看待物理现象的机制和演变过程，就像做一次物理实验。在计算工作完成后，数据和对应的图形即可输出并生成，还可以显示运算结果的动态变化过程，随着计算机技术的发展，模拟的结果也越来越逼真。所以数值模拟以其直观、可量化、结果可视性强的特点成为科学研究的重要手段，当然在求解比较复杂的问题时，数值求解方法在理论上还不够完善，需要和实验结果进行对比验证。基于这个认识提出能够反映固液耦合态煤岩体在爆破动载下的数值实验方法，开展研究爆破和注水耦合致裂下煤体的劣化程度研究，并建立爆破动载作用下固-液耦合状态煤体的破坏模型，研究煤体耦合致裂的破坏特征。在考虑注水致裂的固液耦合态数值模型中施加爆破动载时，通过固-液耦合模式和非线性求解器的使用，获取煤体在耦合致裂作用下的强度劣化程度，可以较好地实现该耦合致裂效果并直观地显示出来。

应用于注水致裂模拟的主要软件有 RFPA、FLAC³ᴰ、ANSYS 等。RFPA 以其能够直接显示致裂效果而在注水的模拟中应用较多；ANSYS 作为传统的有限元分析软件，其收购的 Fluent 可以作为单独的模块进行流体、热传递和化学反应等有关的研究，但是其与其他软件的交互性较差，其图像显示的效果也较差，操作也较为烦琐，在本研究中无法与炸药爆炸致裂煤岩体的内容结合起来，不能做到同等条件的一致性分析与对比。FLAC³ᴰ有较多的本构模型可供选择，并可通过 Fish 函数自定义本构模型，且其与其他软件如 ANSYS、CAD、Tecplot 等实现良好的信息传输，更重要的是 FLAC³ᴰ能够同时实现固-液耦合和动载施加研究，所以选择 FLAC³ᴰ程序作为耦合致裂破坏特性的分析软件。

耦合致裂后的煤岩体在强度上的劣化程度需要通过类似于岩石力学实验的加载获得。在注水致裂煤岩体基础上施加爆破动载并计算后，对模型施加轴向载荷，获得试件的强度曲线，分析煤岩体耦合致裂后强度或承载能力的下降程度，建立耦合致裂参数和强度劣化间的关系。最后运用离散元方法实现煤体"整体-散体"的等效转化，分析破碎后离散态煤体的垮放规律及顶煤块体间的铰接结构。

根据以上认识，耦合致裂后导致强度劣化的分析流程见图 9-1，具体步骤如下：

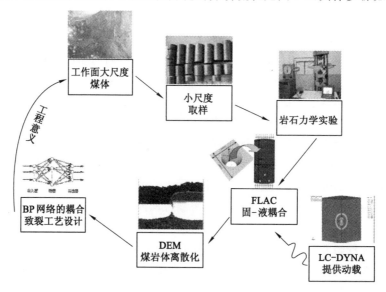

图 9-1　煤岩体耦合致裂分析流程

（1）建立有限元 FALC 模型并开启固-液耦合模式，完成固-液耦合态模型的构建，获取注水后模型试件的强度劣化特性；

（2）利用 LS-DYNA 模拟爆破，获取不同装药量情况下爆破动载的压力时程曲线；

（3）将（2）获得的爆炸动载施加到（1）所建立的模型上，掌握动载作用下固-液耦合态模型破坏程度；

（4）建构 PFC 模型，模拟与（3）相似的试件强度变化特征，将获得离散元参数进行顶煤的垮放和流动模拟，分析离散化煤体的铰接结构、回采率等；

（5）采用神经网络和现场实测相结合的方法对耦合致裂效果进行综合预计，完善耦合致裂方案。

9.2　固-液耦合分析原理

FLAC³ᴰ完成固-液耦合模拟所涉及的参数主要有渗透系数、流体的密度或者 Biot 系数和 Biot 模量等,也允许单独进行流动计算,或者与其他力学模型进行耦合计算,分析流-固耦合作用的影响。在 FLAC³ᴰ中,孔隙压力 p、力学体积应变 ε 和温度 T 与流体体积变量呈线性关系。流体结构法则表述为:

$$\frac{\partial \zeta}{\partial t} = \frac{1}{M} \frac{\partial p}{\partial t} + \alpha \frac{\partial \varepsilon}{\partial t} - \beta \frac{\partial T}{\partial t} \tag{9-6}$$

这里 ζ 是指每单位体积孔隙材料的流体体积,M 是 Biot 模数,α 是 Biot 系数,β 是不排水热力系数,它们都考虑土骨架和流体的热力膨胀因素。把 $-q_{i,i} + q_v = \frac{\partial \zeta}{\partial t}$ 代入式(9-6)得到:

$$-q_{i,i} + q_v^* = \frac{1}{M} \frac{\partial p}{\partial t} \tag{9-7}$$

上式等号左侧的第二项为:

$$q_v^* = q_v - \alpha \frac{\partial \varepsilon}{\partial t} + \beta \frac{\partial T}{\partial t} \tag{9-8}$$

FALC 里面基本的法则仍是采用达西定律定义比流量矢量与孔隙压力间的关系。对于恒定流密度条件下的均质、各向同性土体而言,比流量矢量与孔隙压力间的关系法则如下所示:

$$q_i = -k \left[p - \rho_f x_j g_j \right]_{,i} \tag{9-9}$$

式中　k——材料的渗透系数;

　　ρ_f——流体的密度;

　　$g_j (j=1,3)$——重力加速度的三个分量。

为了供将来参考,量 ϕ 被定义为重力头,$\rho_f g \phi$ 定义为压力头:

$$\phi = \frac{p - \rho_f x_j g_j}{\rho_f g} \tag{9-10}$$

在 FLAC³ᴰ的全水-力耦合计算中:孔隙压力的变化引起力学应变从而影响应力;进行渗流计算时,FLAC³ᴰ在默认的情况下,边界条件为不透水边界,该条件下节点上的孔隙压力可自由发生变化,也可以通过有关命令固定或者自由节点上的孔隙压力,在 FLAC³ᴰ通过内置的力学模型完成固-流耦合计算。此时孔隙压力的变化将引起力学应变从而影响应力,应力的改变也将导致孔隙压力发生变化,FLAC³ᴰ正是通过这样的循环计算实现固-流耦合的分析。

9.3　非线性动载分析及施加方法

FLAC³ᴰ具有动力分析模块,可以进行非线性动力问题的求解,在动力计算的同时还可以与 FLAC³ᴰ其他的多种计算方式进行耦合,可以耦合的因素包括:结构单元、流体、热力学、大变形计算模式下动力荷载作用下的大变形。可以看出，FLAC³ᴰ可适用于爆炸等动力荷载作用下的固-流耦合计算，这满足了本实验需要完成动力分析和固-液耦合分析的要求，是选择该软件的主要原因。

（1）FLAC³ᴰ非线性分析方法的特点

FLAC³ᴰ在进行非线性问题求解时可以采用任意的本构模型，比如弹性模型、Mohr-Coulomb 模型等。这是因为输入模型的材料参数是静力计算时的参数，FLAC³ᴰ通过设置合适的阻尼形式、阻尼参数、边界条件等来实现静力模型在非线性动力荷载作用下的求解。当然如果选择的模型本身具有非线性本构模型的特点，那么在运算的过程中不需要设定额外的阻尼参数。

（2）动力荷载的类型与施加方法

FLAC³ᴰ进行动力计算时，必须考虑动力荷载的类型和施加方法，这与动力荷载的来源有关，如果动力荷载来自于模型外部即在模型的边界处施加，而动力荷载发生于模型内部，则需要在模型内部的节点上完成动力荷载的施加。FLAC³ᴰ可以接受的动力荷载输入类型有四种：① 加速度时程；② 速度时程；③ 应力（压力）时程；④ 集中力时程。

动力荷载的施加采用 APPLY 命令，荷载的表示方式有 Fish 函数和 Table 命令定义两种。两者的差异在于 Fish 函数表达的动力荷载比较规则，一般是某个三角函数，输出的较为规则的动力荷载便于观察模型在动力作用下的响应。Table 定义的表中数据大多为实测的、不规则动力数据等，常用于正式计算时输入较为离散的动力荷载数据。

（3）边界条件和阻尼的设置

在动力问题中必须设置合理的边界条件，消除边界上波的反射影响。为了使有限模型等效于无限边界，FLAC³ᴰ中提供了减少模型边界上波反射的两种边界：静态边界和自由场边界。

FLAC³ᴰ中允许采用静态边界条件来吸收边界上的入射波。它是通过在模型的法向和切向上分别设置自由的阻尼器，吸收入射波。阻尼器提供的两个方向上的黏性力如下：

$$t_n = -\rho C_P v_n \tag{9-11}$$
$$t_s = -\rho C_S v_s \tag{9-12}$$

式中　v_n, v_s——模型边界上法向和切向的速度分量；

　　　ρ——介质密度；

　　　C_P, C_S——P 波和 S 波的波速。

动力问题的求解中设置阻尼的目的即是重现系统在动荷载作用下的平衡。FLAC³ᴰ提供了三种各具特点的阻尼形式供用户选择，分别是应用于结构体的瑞利阻尼、不用求解系统自振频率的局部阻尼以及与材料无关的滞后阻尼。

瑞利阻尼最初应用于结构和弹性体的动力计算中，用来减弱系统的振幅。阻尼矩阵 C 与质量矩阵 M 和刚度矩阵 K 之间的关系用下式表示：

$$C = \alpha M + \beta K \tag{9-13}$$

其中，α、β 分别为与质量、刚度成比例的阻尼常数。

局部阻尼是 FLAC³ᴰ静力计算中采用的阻尼形式，但有时也用于动力计算。它的特点在于不用求解系统的自振频率，而且不会减少时间步，这方便了模型的运算且提高了计算效率。但局部阻尼不能有效地衰减复杂波形的高频部分，计算结果受高频"噪声"的影响存在失真现象，在进行复杂动载作用效果的分析时需慎重。

滞后阻尼是与材料属性无关的阻尼格式,可以直接采用动力试验中的模量衰减曲线。它的好处在于不会减少计算时间步,提高了计算效率,该种阻尼的适应性较强,可以与其他阻尼格式同时使用,也可以应用于任意的材料模型中。

瑞利阻尼计算得到的加速度响应规律比较符合实际,但这是以牺牲计算速度为代价的,为了减少等待时间、较快地获得计算结果很多时候选择局部阻尼来代替。本书将首先考虑采用瑞利阻尼,在计算时步过小而严重影响计算速度时选择采用局部阻尼。

当动载荷是发生在模型内部时,不需要施加自由场边界,动载可以直接通过 apply 命令施加在节点或面上,本书计算中由于爆炸发生于煤岩体的内部,所以考虑采用静态边界。

(4)非线性动力耦合分析步骤

FLAC^{3D}在进行非线性动力问题分析时采用的是完全非线性的动力分析方法,并且可以完成动力与渗流的耦合分析,即完成本研究提出的耦合致裂后呈固-液耦合态模型在爆炸动载作用下的破坏特性研究。动力分析是在静力分析的基础上进行的,在动力计算之前要进行静力的力学计算和渗流计算,得到正确的应力场和渗流场。同时在动力计算前要考虑网格尺寸、边界条件、材料参数、阻尼类型等问题,一般动力分析过程如图 9-2 所示。

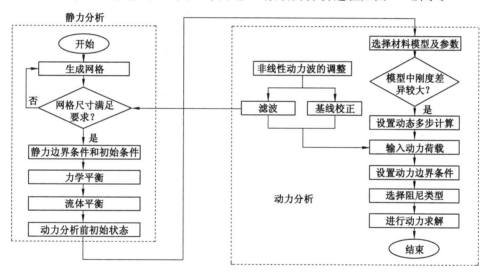

图 9-2 非线性动力耦合问题求解流程

9.4 固-液耦合态模型在爆破动载下的力学实验

9.4.1 模型设计与构建

耦合致裂是在注水后的模型中施加爆炸动载,主要针对注水和爆破效果的分析,如塑性区、应力、位移等分布特征,基本不涉及爆炸后固-液耦合模型内部孔隙压力的变化。注水实践的经验表明,爆炸后裂隙发育将导致注水孔压力急剧下降甚至局部出现涌水,达不到注水致裂所要求的"保压",所以耦合态模型在爆破动载下的模型首先需要建立固-液耦合态模型,在完成注水致裂及软化的基础上施加爆炸荷载。固-液耦合态模型在爆破动载下的作用分析模型的最终设计思路见图 9-3。

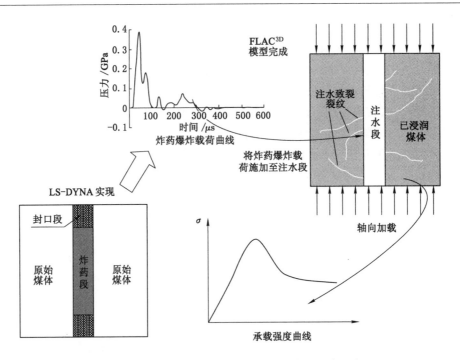

图 9-3　固-液耦合态模型施加爆破动载模型设计思路

依据《煤和岩石单向抗压强度及软化系数测定方法》(MT 44—1987)的规定,进行岩石力学实验的标准试件应为直径为 50 mm 的圆柱体,为避免过大、过小的高径比造成实验结果失真,将高度与直径的比值规定为 2∶1。因此,模型在 FLAC^{3D} 中进行压缩实验时应为圆柱体,在设计模型时应满足模型高径比的要求,耦合致裂的模型设计还要考虑到注水和爆破两方面多参数的需求。

(1) 满足注水水压和爆破计算需求

不同水压及装药量作用下其耦合致裂效果是不同的。根据前文对不同尺度试件的致裂及渗透致裂研究中得到,注水致裂压力至少应在 3 MPa 以上,工程尺度下注水水压应尽可能加大。为了使研究结果更具有适应性,应选取不同的致裂水压,对比分析在有限元中模型孔隙压力、应力、位移及塑性区的演化特征。为此对注水水压的范围进行扩展,定为 2~12 MPa,以期为其他高强度、低渗透煤岩体的致裂提供借鉴。为了反映不同装药量对注水后模型的破坏作用,利用 LS-DYNA 获得不同装药量的动力载荷曲线,将其施加至不同水压作用后的模型中,完成固-液耦合态模型动力载荷的施加。综合考察不同水压、不同装药量作用下的破坏特性。

潘鹏志等[157]研究表明水压致裂时孔径不同其最终的破裂模式相差不大,但破裂的位置由于材料的非均质性出现较大的差别,致裂水压随着孔径增加而下降。倪冠华等[158]研究表明钻孔直径越大,同样的水压可产生较大的致裂以及湿润范围,所以在注水时应采取大直径钻孔注水,提高注水软化煤岩体的实施效果。这些研究表明即便在同一注水压力下,不同孔径的注水孔其造成的注水影响效果是不同的,为此根据爆破载荷所要求的不同药量的需求,设计了以下计算方案,见表 9-1。表中注水孔半径和装药半径一致,满足了不同孔径和不同药量的要求;注水压力分布在 2~12 MPa,可以反映不同水压作用下的弱化效果。

表 9-1 耦合致裂方案设计

名称	模型 1	模型 2	模型 3	模型 4	模型 5	模型 6
注水压力/MPa	2	4	6	8	10	12
炸药半径/cm	2.1	3.0	3.75	4.7	5.65	6.65
钻孔半径/cm	2.1	3.0	3.75	4.7	5.65	6.65

（2）模型大小设计

为保障模型的一致以实现结果的准确对比,注水致裂与爆破的数值模型大小及规格相同,均为圆柱形。为方便模型设置边界条件及初始压力的施加,模型设计形状为外方、内圆。炸药的爆破影响范围与安置炸药的半径有关,为保障有足够的安全边界,仍将模型内部圆柱体的半径设计为最大半径 6.65 cm 的 30 倍,取整数后为 200 cm。在圆柱形的模型外侧构建 100 cm 宽的方形边界以便于施加边界条件。模型中圆柱体的宽度 200 cm×2 cm,按照高径比 2:1 设计,则高度应为 800 cm,模型最终大小为宽 600 cm,高 800 cm。在进行单轴压缩实验时将模型外侧的 Group 挖掉即可,形成的模型试件为高 800 cm、直径 200 cm 的圆柱体,模型整体见图 9-4(a)。围压按照急倾斜围岩应力特征施加,后期模型完成单轴加载时去掉围压。

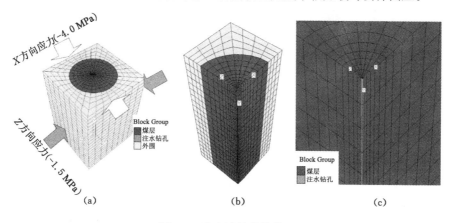

图 9-4 注水计算数值模型

(a) 注水整体模型;(b) 四分之一模型;(c) 注水钻孔特写

模型中 X 方向代表实际中的水平方向,Y 方向代表煤层走向,Z 方向代表实际中的垂直方向。在 FLAC 中建好的注水数值模型含有 11 520 个单元,12 117 个节点。模型的四分之一模型见图 9-4(b)。由于相对这个模型来说钻孔直径较小,将模型放大可见图中竖直的中间灰白线即为钻孔,见图 9-4(c)。煤体的物理力学参数和前述章节中的参数一致。

计划在模型中为注水孔顶部和底部各设置 200 cm 的边界,以更好地观测注水及炸药爆炸在深度方向的破坏特性,但按照炸药长度 800 cm 来计算,封口长度需达到 200 cm,则模型高度应为 1 200 cm、宽 600 cm 的尺寸,如此模型体积和单元数量将迅速加大,导致实验室计算机负荷过大,不能够顺利地完成计算,故在此去掉注水段上端的封口段和下端的边界段,仅分析其中半径方向的耦合致裂效果,而事实上受注水及爆炸影响显著的区域也是在半径方向,在封口段及钻孔底部留设的边界可看作是起到安全防护、保障注水及爆炸作用的意义。而耦合致裂运算后进行加载实验仍旧需要将注水和装药部分的顶部和底部边界去除,满足高径比的要求,更为重要的是边界设置的过大将严重影响加载后试件的应力曲线变化。基于以上考虑,模型设计时顶部和底部不再设置边界煤柱及岩柱,而以渗透和不反射的边界设置条件替代。

在利用 LS-DYNA 计算爆炸载荷时,基于规定中高径比 2∶1 的要求,按照炸药长度为 8 m,两端边界各为 2 m 设计。考虑到本次模拟主要为获得炸药爆炸的荷载,不涉及模型中各点及单元变形计压力的监测分析,因此将模型半径定为 1 m,减少计算负荷。爆炸荷载的计算模型设计及数值模型见图 9-5。利用 ANSYS 建立 6 个炸药载荷计算模型后调用 LS-DYNA 模块进行非线性运算分析,经过 LS-DYNA 的计算,获得 6 个不同孔径大小的炸药爆炸荷载。

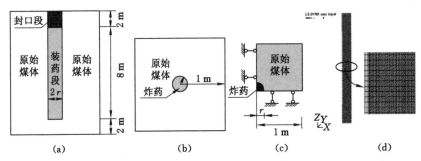

图 9-5　炸药爆炸的荷载计算模型
(a) 整体剖面图;(b) 平面图;(c) 计算图;(d) 数值模型

根据图 9-4 所设计的模型完成固-液耦合研究后,对固-液耦合态模型进行动力分析的边界条件、阻尼等的设定,以压力时程的方式施加动载,得到对应炸药量和注水压力下固-液耦合态模型受动载的影响。为掌握注水后模型整体强度的变化情况对施加动载后的模型按照岩石力学单轴压缩实验的方式进行加载,考察耦合致裂导致煤岩体强度劣化的程度,完成耦合致裂的破坏规律分析。

9.4.2　自然状态模型的单轴抗压强度制取

单向抗压强度是考量煤岩体物理力学性质的主要参数之一,本实验的最终目的即为制取耦合致裂后试件的单轴抗压强度。为提高模型强度曲线获得的准确性,严格按照岩石力学实验的高径比设计模型的大小。在数值模型运算开始前按照与岩石力学实验相似的步骤:在试件上下两端利用刚性端头加载,用作用在模型 Y 方向的位移边界代替岩石力学实验中的轴向加载,确定耦合致裂后模型的最大可承受荷载。为将耦合致裂后试件的强度与自然状态下的强度进行对比,首先根据本方法进行了常规状态下试件的单轴压缩实验。通过对底面单元反作用力的综合除以加载面即 Y 面($\pi r^2 = 3.14 \times 2^2 = 12.56 \ \text{m}^2$),用 Fish 函数编程并用 Hist 命令全程记录加载数据,最终获得底面 Y 方向垂直平均应力的值,即模型的峰值压力。参数选择表 7-2 中的煤体参数,计算的数值模型及结果见图 9-6。

在端部加载作用下,试件发生变形,可以直观地看到切面上 Y 方向应力的分布特征,表现在顶部承受较大的应力;模型中间变形剧烈、向四周鼓出,说明试件发生塑性变形;切面上的塑性区以剪切破坏为主。试件中间变形膨胀并鼓出即可认为是内部单元体在剪切作用下的结果。在运算过程中对试件中的应力进行了监测,侧面位于模型 Y 方向中间点坐标(1, 4,0),底面点坐标(1,0,0),同时编制了对底面应力拾取、平均的程序,得出了平均应力,即可

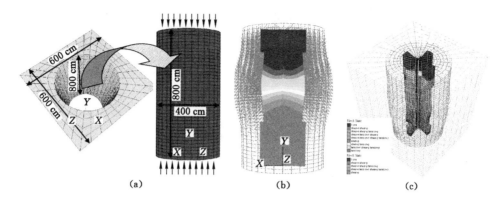

图 9-6　数值计算模型与结果

（a）数值计算模型；（b）切面上 Y 方向应力；（c）切面上塑性区特征

认为是试件的单轴抗压强度。

图 9-7 是上述 3 个监测点在运算过程中的变化曲线，模型中间坐标点的应力上升速度最快，且应力值超过了 14 MPa，最大达到 14.54 MPa，这验证了试件中发生剪切破坏，从而出现在中间部位应力较大的现象。随着试件逐渐地发生破坏，底面的平均应力值不断升高，达到峰值（13.33 MPa）后开始缓慢下降，表明模型已经破坏，在残余强度的支撑下开始进入峰后的塑性流动阶段。煤体抗压强度 13.46 MPa，对比可知，两值十分接近，差别仅有不到 1%，表明计算结果是可信的。

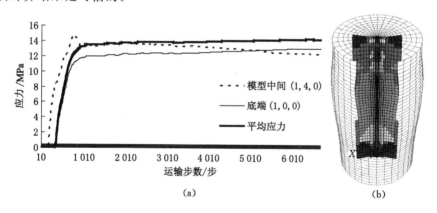

图 9-7　监测点应力曲线

（a）试件承载应力变化特征；（b）模型破坏特征

9.4.3　注水后模型的强度劣化分析

FLAC³ᴰ中的固-液耦合模拟可以同时研究力学行为和孔隙压力的作用。在固流耦合计算结束后，在试件上施加以位移形式控制的加载率，通过"solve age 6e2"定义运算时间，运算后得出不同注水压力作用下模型的破坏情况。需要说明的是，由于模型中注水钻孔的孔径不同，这直接导致 FLAC³ᴰ中的运算时步 time step 各不相同，所以图中各个方案的运算步数也不尽相同，但其 fluid time 是一致的。

为了验证数值模拟的准确性，首先对 6 个孔径自然状态下不同孔径试件的强度进行计算，见表 9-2。模拟值误差最大仅有 1.04%，表明该方法是准确可行的。

表 9-2			不同注水水压下的模型强度劣化程度				
注水压力 /MPa	钻孔半径 r/cm	自然状态 /MPa	实验值 /MPa	误差/%	注水后 F_{max}/MPa	劣化率/%	R/r
2	2.1	13.46	13.33	0.97	12.11	9.15	95
4	3.0	13.46	13.32	1.04	13.20	0.90	67
6	3.75	13.46	13.32	1.04	12.18	8.56	53
8	4.7	13.46	13.36	0.74	11.71	12.35	43
10	5.65	13.46	13.38	0.59	11.44	14.50	35
12	6.65	13.46	13.42	0.30	8.07	39.87	30

注水压力的增大将对试件造成更多的破坏,使更多的单元体进入屈服状态,这直接降低了试件的承载能力,有利于煤岩体的顺利垮放,改善顶煤及工作面围岩冒放困难的局面。在按照固-液耦合计算设计尺寸构建数值模型进行计算后,去掉圆柱形试件的外围,向模型顶部施加位移控制的荷载,获得了不同注水压力下对应试件的最大承载压力演化历程(图9-8),即单轴抗压强度。将模型注水后模拟得到的抗压强度与注水前的数值计算结果比较发现(表9-2),各个试件的强度均出现了下降,即强度劣化现象。强度的劣化与注水的压力大小密切相关,整体趋势是随着注水压力的加大模型的强度不断下降,劣化程度逐步上升。

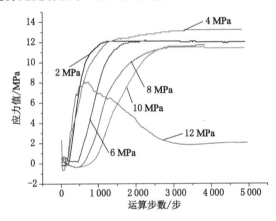

图 9-8　不同注水水压下的应力曲线

图 9-9 反映了随注水压力的增加模型整体强度及强度劣化率的变化曲线,模型整体承载能力和强度劣化率两者呈负相关关系,前者随着注水压力的增加而减小,后者随着注水压力的增大而增大。在压力达到 12 MPa 时试件的强度急剧下降,劣化率达到 39.87%;当水压在 6 MPa 以内时,强度劣化率仅在 10% 以内,这说明提高注水压力可加大对煤岩体材料的致裂效果,注水压力对强度劣化率有着重要的影响。

对数据的整理拟合分析获得了注水压力和试件最大承载力间的关系,得出了考虑急倾斜围岩应力条件下注水压力和模型试件强度的关系式:

$$\sigma_c = -0.185\,1p^2 + 1.904p + 8.614 \tag{9-14}$$

按照上述式子可将不同注水水压作用下试件的抗压强度与自然状态相比,评估煤岩体的注水效果。这表明注水产生新的裂隙和软化作用,降低了材料整体的强度、提高强度了岩

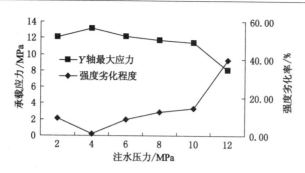

图 9-9　不同注水水压致裂降低强度的效果分析

体的劣化率,从而达到提高煤岩体冒放性的目的。同时,强度的降低将大大减少出现应力集中的现象,有效地控制了出现动力灾害的规模和概率。通过数值模拟进行类岩石力学实验的方法准确、方便地预测注水压力下煤岩体的强度,从而评估煤岩体的强度降低程度,优化注水有关的参数。当然由于本例子选择的试件半径为 200 cm、高为 800 cm,在工程实践中,因根据实际情况按照本书提出的方法进行实验的设计、运算和结果处理。

9.4.4　注水致裂的破坏特性

注水后将造成煤岩体材料的强度下降,特别是在孔壁附近,材料呈现出塑性状态。不同水压作用下计算同样的时间后模型径向和长度方向的塑性区见图 9-10。通过对塑性区分布的观察得出,随着注水压力的加大,钻孔径向和长度方向上拉破坏的塑性区面积呈增加趋势,且由注水钻孔中心向四周扩展,表明塑性区的出现是由钻孔施加带压水形成的。随着注水压力的加大,钻孔长度方向上塑性区发育近似于椭圆形,且椭圆形的短轴(Z 方向)不断加大,以 Y 轴为基准呈上下对称分布。

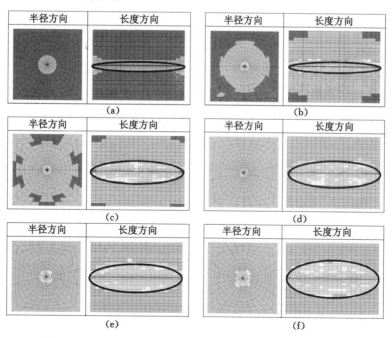

图 9-10　不同注水水压作用下模型整体的塑性区分布特征

(a) 2 MPa;(b) 4 MPa;(c) 6 MPa;(d) 8 MPa;(e) 10 MPa;(f) 12 MPa

以注水 12 MPa 的模型为例,图 9-11 显示了该模型中 X 轴切面的塑性区分布。模型中 X 轴上的塑性区与 Z 轴分布特征相似,也遵循沿 Y 轴对称的特点。可以得出整体模型中塑性区的分布将呈现出椭球体的特点,其以 Y 轴为长轴,X 轴和 Z 轴为短轴,据此建立了注水致裂的塑性区椭球体分布模型:

$$\frac{x^2}{a^2}+\frac{y^2}{b^2}+\frac{z^2}{c^2}=1 \tag{9-15}$$

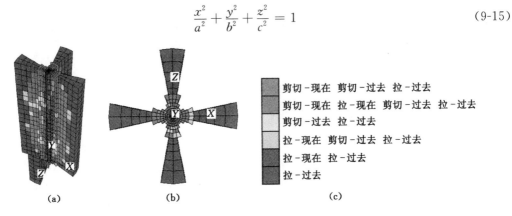

图 9-11　试件内部破坏特征

(a) X 轴和 Z 轴切面上的塑性区;(b) Y 轴 0 处塑性区;(c) 各塑性区的图例

按照塑性区椭球体状的发育特点,计算了不同注水压力下钻孔附近塑性区随注水压力的变化,见图 9-12。随着注水压力的加大塑性区的体积增大趋势显著,其中椭球体的长轴(Y 轴)保持不变,主要增加量在短轴(X 轴和 Z 轴),且数值同时增大,保持着较好的一致性。

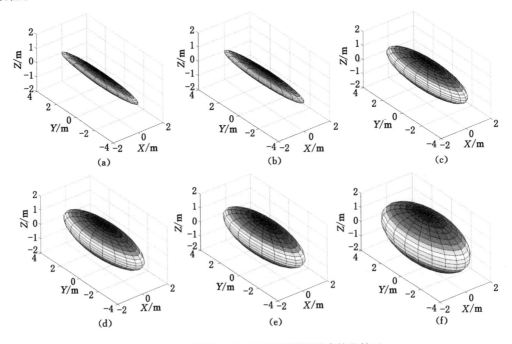

图 9-12　不同注水压力下钻孔周围形成的塑性区

(a) 2 MPa;(b) 4 MPa;(c) 6 MPa;(d) 8 MPa;(e) 10 MPa;(f) 12 MPa

　　水压为 6 MPa 时塑性区面积接近占整个模型,8 MPa、10 MPa、12 MPa 时这个模型均布满了塑性区。为此对塑性区的面积进行了统计分析,结果见图 9-13。随着水压的增大,正处于剪切和抗拉破坏状态的单元体积不断上升,反映出水压大小和材料破坏的相关性。FLAC³ᴰ里面的单元体在运算过程中曾经进入过屈服状态,但没有超出 mohr-c 破坏包络线,且已经退出了屈服状态回归稳定时用_past 表示,即 shear_past 和 tension_past。如图 9-13所示,水压的膨胀、压裂造成模型中处于抗拉破坏的体积远大于剪切破坏,正处于拉破坏拉伸破坏的体积量亦远大于剪切破坏,两者的体积比大致相似。

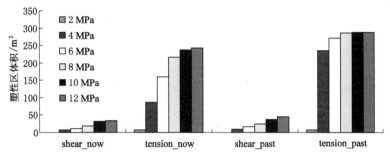

图 9-13　不同水压作用下塑性区的类别及体积分布特征

　　在固-液耦合模型中,模拟对钻孔注入一定压力的水,在其流动过程中,造成模型间孔隙压力发生改变,水流由钻孔向外渗透,并不断冲刷、形成新的裂隙向四周扩展,导致钻孔周围孔隙压力发生改变。在运算过程中对多个位置的孔隙压力进行了监测记录,分析研究不同位置处孔隙压力的规律,为确定合理的注水参数提供依据。以注水钻孔直径应用较为广泛的 133 mm 的模型为例予以描述。

　　在模型中钻孔以 Y 轴为中心,长度为 800 cm,为掌握钻孔长度方向孔隙压力的分布情况,进而评估注水孔沿长度方向的弱化效果,对距 X 轴上同一距离处的 5 个层位(0 m、2 m、4 m、6 m、8 m)上的孔隙压力进行监测记录,分析孔隙压力沿 Y 轴即钻孔长度方向的变化。图 9-14 是 $r=6.65$ cm, $p=12$ MPa 模型中监测点的孔隙压力变化曲线,可看到均是 4 m 层位的曲线处于最上部,表明该点处的孔隙压力在 5 个层位上总是最大,这说明孔隙压力最大值出现在钻孔长度方向的中心,即在钻孔长度方向的中心注水致裂效果最佳,这对应了塑性区图中模型中间点 Y 方向塑性区扩展高度最大的现象。

　　距 X 轴 0.5 m 处 5 个层位的孔隙压力最大(4 m 层位)超过 4.5 MPa, X 轴 1.0 m 处 5个层位的孔隙压力最大(4 m 层位)超过 1.15 MPa, X 轴 1.5 m 处 5 个层位的孔隙压力最大(4 m 层位)超过 0.37 MPa。这首先说明随着距钻孔中心 Y 轴距离的加大孔隙压力呈下降趋势,即反映出孔隙压力沿钻孔径向不断衰减,钻孔长度方向的中心点的孔隙压力最大表明该区域受注水致裂效应最为显著。

　　Y 轴不同层位上孔隙压力沿径向的衰减规律见图 9-15,可看出 2 m 层位、4 m 层位、6 m层位的图中均是黑色曲线即距 Y 轴 0.5 m 的监测点位于最上方。随着距 Y 轴距离的加大,孔隙压力不断减小,在 4 m 层位中距 Y 轴 1.0 m 处孔隙压力略大于 1 MPa,而在 2 m 层位和 6 m 层位孔隙压力仅有约 0.2 MPa,表明孔隙压力沿钻孔径向和长度方向衰减严重。图9-15 中 0 m 和 8 m 层位、2 m 和 6 m 层位在距 X 轴 0.5 m、1.0 m、1.5 m 处的孔隙压力演化曲线几乎一致,且孔隙压力值也相当,即说明孔隙压力在钻孔长度方向上中心为最大、向两

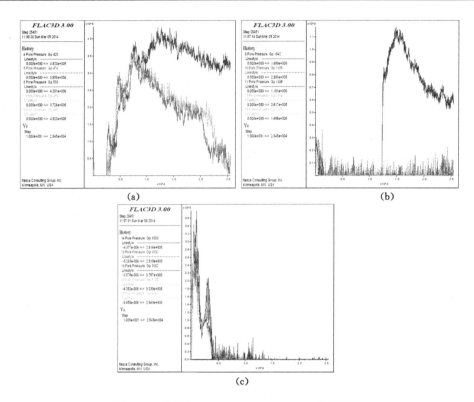

图 9-14　X 轴上 0.5 m、1.0 m、1.5 m 三点分别沿

Y 轴 0 m、2 m、4 m、6 m、8 m 的孔隙压力变化历程

（a）距 Y 轴 0.5 m 处；（b）距 Y 轴 1.0 m 处；（c）距 Y 轴 1.5 m 处

侧均匀扩展,孔隙压力以钻孔长度为中心呈对称分布。孔隙压力的演化和注水压力、煤岩体的渗透系数、地应力等多因素有关,在此不作讨论,在地质、应力等条件一致的情况下可认为距离钻孔方向中心距离越近愈容易受到致裂和软化的作用。

经过对上述各个层位测点的孔隙压力变化得出以下结论:钻孔长度方向上的孔隙压力在钻孔中心最大,沿钻孔长度方向向两端扩展过程,孔隙压力逐渐减小;孔隙压力沿钻孔的半径方向不断衰减。

图 9-16 采用云图的形式表达了不同注水压力方案中孔隙压力沿径向和钻孔长度的分布特征,孔隙压力在径向图中的特点是钻孔中心处压力最大,钻孔四周的孔隙压力基本呈圆形分布;钻孔孔隙压力在垂直方向（Z 轴）上基本对称分布,随着注水压力的加大,钻孔长度方向即 Y 轴中心处压力最大的趋势越显著,从一个椭圆体的发展趋势逐渐变成纺锤体形态。

9.4.5　耦合致裂的强度劣化程度分析

煤及岩体注水后,一部分带压力的直接形成裂纹;另一部分水以浸润煤岩体的方式渗入分子间,水分子间的范德华力降低了煤岩体分子间的黏聚力,当骨架间的孔隙压力足够大到裂纹起裂的抗拉强度时,新的水力裂纹产生。加上煤岩体沉积过程中附加的可溶性介质(胶结质、蒙脱石等)的溶蚀,形成充满压力水的一定空间,造成煤岩体原有的微观结构发生变形,这都将促使新裂隙的产生。接着带有一定压力的水继续向前渗透,并重复这一致裂过

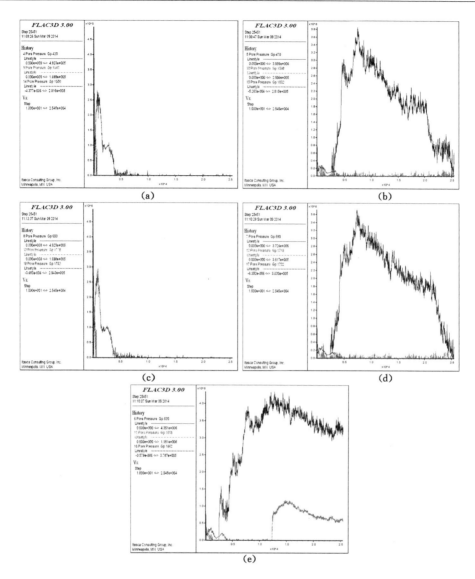

图 9-15　Y 轴 0 m、2 m、4 m、6 m、8 m 层位上距
X 轴 0.5 m、1.0 m、1.5 m 位置的孔隙压力变化历程
(a) 0 m 层位；(b) 2 m 层位；(c) 8 m 层位；(d) 6 m 层位；(e) 4 m 层位

程,直至局部出现泄水现象、孔隙压力大幅下降后停止。注水工艺完成后,在煤岩体内实施爆破,冲击波、应力波和爆生气体等共同作用下产生更多裂隙、并楔入注水形成的裂纹中,进一步提高了致裂效果,实现煤岩体的高效、耦合致裂。

　　由此可见,耦合致裂的并不仅仅是两种工艺的简单叠加,而是涉及细观层面上水-煤/岩-裂隙-气体-应力间的多重多态介质耦合作用。因此,采用数学公式完全地表述出如此复杂的煤岩体耦合致裂现象其难度是可想而知的;采用现场取样实验的方法进行爆炸和注水的测试对实验设备提出很高的要求,且尺寸要足够大以满足加载大尺度试件的需求。总之无论在理论上还是室内实验的方法,建立固-液耦合态煤岩体致裂的劣化程度直接测试是困难的。随着计算机技术及硬件的发展,数值模拟以其高效、直观、快捷且能够揭示复杂现象

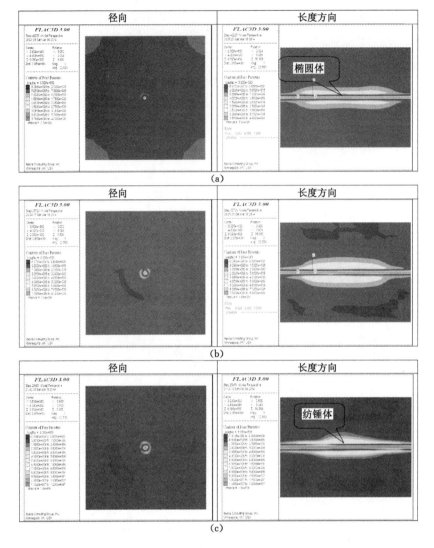

图 9-16　不同注水压力方案中孔隙压力沿钻孔径向和长度方向的分布

(a) 4 MPa；(b) 8 MPa；(c) 12 MPa

的演化过程而得到广泛应用，将这种方法应用在固-液耦合态煤岩体爆炸动载下的破坏研究，满足了大尺度的实验，且运算结果直观、形象，对揭示耦合致裂机制及工程实践有很好的指导意义。

在利用 FLAC[3D] 模型完成固-液耦合态模型的构建和运算后，进行了注水所造成的破坏特性分析，下面运用 LS-DYNA 进行炸药动力载荷的模拟，得到不同装药量方案中爆炸产生的荷载数值[159]，见图 9-17。

将载荷施加到注水后的固-液耦合态模型中，获得耦合致裂的破坏特性。经过对运算过程中测点的速度监测，将动力计算时间设为 0.01 s，此时质点的速度趋于零，表明模型受动载的作用接近结束。实际动力荷载变化历程为 0.004 s，但为了使得模型内部各节点的振动速度平衡、接近于为零，不影响后续模型的加载，将动力运算时间适当加大，以达到模型内部

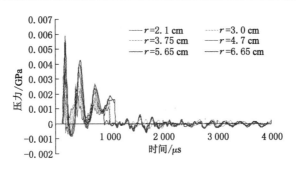

图 9-17 不同孔径对应的爆炸荷载曲线

动载的充分平衡。在动力计算结束并完成加载后,得到不同方案下耦合致裂效果的应力曲线,见图 9-18。

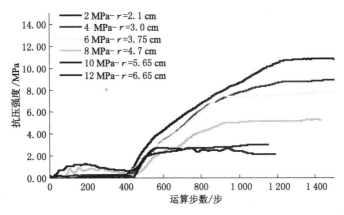

图 9-18 耦合致裂后试件强度变化曲线

通过图 9-18 可以看出,在固-液耦合态模型中施加爆炸动载后试件强度进一步下降,同样随着钻孔孔径的加大其装药量也增加,这直接导致钻孔孔径较大的试件强度下降显著。在耦合致裂方案的工程实践设计中应注意炸药钻孔半径和排距的关系,后续将以能够反映装药量和试件所代表的质量的炸药单耗 kg/m³ 来表征这一特点。对注水及耦合致裂效果进行统计分析,见表 9-3。

表 9-3 耦合致裂后模型强度劣化程度分析

注水水压 /MPa	炸药单耗 /(kg/m³)	自然态 /MPa	注水后 /MPa	注水劣化率/%	耦合后 F_{max}/MPa	R/r	耦合致裂劣化率/%	耦合提高率/%
2	0.09	13.46	12.11	9.15	10.7	95	20.51	11.36
4	0.19	13.46	13.20	0.90	9.05	67	32.76	31.86
6	0.29	13.46	12.18	8.56	7.47	53	44.50	35.94
8	0.46	13.46	11.71	12.35	5.23	43	61.14	48.79
10	0.67	13.46	11.44	14.50	3.08	35	77.12	62.62
12	0.92	13.46	8.07	39.87	2.59	30	80.76	40.89

耦合致裂是注水与爆炸两种方法共同作用的结果,对于耦合致裂效果的评估时,单独对每一种方法所产生的强度劣化进行研究是不能够全面地反映耦合致裂效果的,这是因为耦合致裂不仅仅是两种煤岩体弱化方法造成的破坏作用的累积,而是包含着复杂固-液-气体-煤/岩-裂隙互相作用的多介质作用过程[160]。因此,在分析耦合致裂效果时应将注水和爆炸的主要参数一并考虑。随着注水压力和装药量的加大,强度劣化率不断上升,劣化率是一个与注水压力及炸药单耗综合作用有关,为此建立了包含注水压力 p、装药量 Q 在内的耦合致裂效果劣化函数:

$$f = 0.371\ 6\ (pQ)^{0.350\ 9} \tag{9-16}$$

式中　f——耦合致裂的强度劣化率,%;

　　　p——注水压力,MPa;

　　　Q——炸药单耗,kg/m³。

$$均方根误差 = \left[\sum_{i=0}^{N} \frac{(T_i - A_i)^2}{N} \right]^{1/2} \tag{9-17}$$

式中　T_i——实验结果值;

　　　A_i——公式的预计值;

　　　N——实验方案数,在此为 6。

为检验函数的准确性,计算了公式的均方根误差,见表 9-4。数据点总的均方根误差仅有 0.059,表明各数据的离散度较小、拟合度较高,可以作为耦合致裂效果的预计手段。耦合致裂效果与试件的半径有着重要联系,这对应着工程实践过程中"排距"的大小。图9-19考察了试件半径与钻孔半径的比值与耦合致裂效果间的关系,可见在同一 R 时,随着钻孔半径的加大耦合致裂后强度下降趋势明显,劣化率持续升高。因此,在条件允许的情况下应尽可能地施工大孔径钻孔实施注水和爆破,在增大钻孔孔径的同时控制耦合致裂钻孔的排距,大于式(9-16)所要求的炸药单耗对应的排距则强度劣化率得不到保障,过小则造成炸药单耗上升带来的成本攀升,不利于经济效益的提高。

表 9-4			耦合致裂强度劣化率预计			
名称	2 MPa $r=2.1$ cm	4 MPa $r=3.0$ cm	6 MPa $r=3.75$ cm	8 MPa $r=4.7$ cm	10 MPa $r=5.65$ cm	12 MPa $r=6.65$ cm
强度劣化率/%	20.51	32.76	44.50	61.14	77.12	80.76
f 函数预计/%	20.36	33.75	45.13	58.70	72.43	86.31
均方根误差	0.06	0.40	0.26	1.00	1.91	2.27

煤体的强度直接影响顶煤的破碎和垮放程度,所以煤层的硬度即是用抗压强度除以 10 得到的。强度较高的煤体不容易在覆岩运移及支架反复支撑下破裂,耦合致裂的目的就是降低煤及岩体的强度,将高硬度的煤岩层转为低硬度、易垮放的状态。多年的实践表明,一般在单轴抗压强度小于 5 MPa 时,顶煤容易垮落、回采率能够得到较好的保障,当抗压强度大于 25 MPa 时,顶煤垮落破碎存在较大的困难。对于急倾斜特厚煤层来说,煤层普氏硬度 $f \approx 1.5 \sim 2$,属于中硬煤层,加上顶煤放出厚度较大(20 m 以上),这大大增加了顶煤自然破碎和垮放的难度。因此,可以说要实现复杂条件下特厚煤岩体的垮放即是将其强度降低或

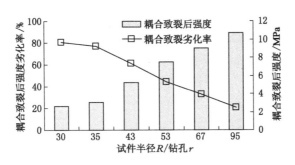

图 9-19　试件半径与耦合致裂效果的关系

接近到 5 MPa,可以用耦合致裂后的最终强度数值是否小于 5 MPa 作为其实施效果的评判指标,同时作为后续耦合致裂设计方案的依据。

9.4.6　耦合致裂的破坏特性

经过注水后,煤岩体强度降低、裂隙密度进一步加大,此时在此基础上向钻孔内装填炸药完成对煤岩体的二次致裂。爆炸形成的冲击波、爆生气体作用于已软化的煤岩体中,增加了压碎区、裂隙区的扩展半径,更多区域的煤岩体趋于破坏或进入塑性状态。因此,相较于注水前模型中塑性区的分布面积,耦合之后塑性区的范围进一步拓展。

图 9-20 反映了塑性区随着装药量的增加而扩展的演化过程,对比图 9-10 可知,耦合致裂后塑性区的面积得到了有效增加。在单独实施注水的模型中塑性区的分布呈现出椭球体形态,在注水压力为 12 MPa 时亦遵循这一特点,不过由于耦合致裂作用较强而模型较小,

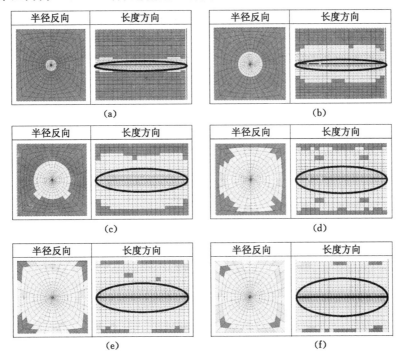

图 9-20　耦合致裂后模型中塑性区分布特征

(a) $p=2$ MPa,$\gamma=2.1$ cm;(b) $p=4$ MPa,$\gamma=3.0$ cm;(c) $p=6$ MPa,$\gamma=3.75$ cm;
(d) $p=8$ MPa,$\gamma=4.7$ cm;(e) $p=10$ MPa,$\gamma=5.65$ cm;(f) $p=12$ MPa,$\gamma=6.65$ cm

使得塑性区的椭球体形态不够突出。将注水后塑性区分布特征的椭球体在 Y 方向和 Z 方向投影的椭圆标注在耦合致裂模型中,可以看出耦合致裂后塑性区面积的扩展显著,具体特征表现在装药半径在 2.1 cm 的模型中,耦合致裂后的塑性区扩展面积相对于单独实施注水时变化不大;装药半径 3.0 cm 时,塑性区在 Z 方向的高度比单独实施注水增加了近 2 倍;装药半径为 3.75 cm 时,塑性区在 Z 方向的高度比单独实施注水增加近 1 倍;装药半径为 4.7 cm 时,塑性区在 Z 方向的高度增加近 1 倍;装药半径为 5.65 cm 和 6.65 cm 时,塑性区已经扩展至模型边界处。这表明加大装药半径可以起到较大的破碎作用,使更多的模型单元进入塑性状态即表明实践工程中将有更大范围的煤岩体屈服、破坏,从而达到提高煤岩体冒放性和解除应力集中的目的。

爆炸过程除了对煤岩体本身造成直接的冲击压力作用外,还涉及爆炸产生的震动影响,在 FLAC[3D] 模型中,对 5 个层面(Y 轴 0 m、2 m、4 m、6 m、8 m)上距离 Y 轴中心分别为 0.5 m、1.0 m 和 1.5 m 处的节点速度进行了监测记录,见图 9-21。节点的速度在运算初期即达到峰值,这与炸药爆破的特性有关,爆炸后冲击波的能量虽然较大,但作用时间较短,在其对孔壁的压缩做功迅速衰减为应力波,所以在爆炸初期质点的速度达到峰值,之后便随着应力波逐渐向弹性波衰减并趋于零。图 9-21 中 Y 轴各层位上距 Y 轴不同距离质点的速度,越靠近炸药边界,速度越大、变化频次越大,远离炸药中心的质点,炸药的能量传导至该端需要一个过程,所以其质点速度的变化出现一定的延迟性。

同一层位距 Y 轴不同距离上监测点的速度变化亦随时间的增长而不断衰减。在距离 Y 轴 0.5 m 处的节点最大速度约为 6.5 m/s,1.0 m 处和 1.5 m 处分别降到 4 m/s、3.2 m/s,相对于图 9-21(a)中曲线的变化来说,节点的速度变化也在逐渐变得缓慢,反映出远离爆炸中心的位置受到的爆炸震动影响较小。

耦合致裂除了造成煤岩体破碎之外,由于其能够降低煤岩体的强度增加节理裂隙数量和密度,提前诱导应力的释放,从而将起到控制集中应力、降低动力灾害发生规模和概率的

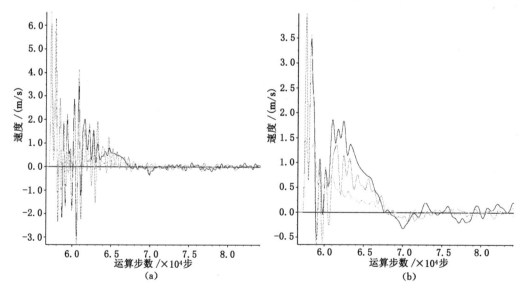

图 9-21　$r=2.1$ cm 的 Y 轴 5 个层面上距 X 轴不同距离处节点 X 方向速度变化历程
(a) 0.5 m;(b) 1.0 m

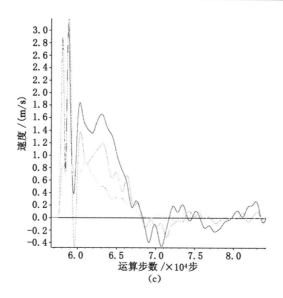

续图 9-21 $r=2.1$ cm 的 Y 轴 5 个层面上距 X 轴不同距离处节点 X 方向速度变化历程

(c) 1.5 m

作用。以注水 12 MPa,装药半径 6.65 cm 的模型内部应力分布进行分析,如图 9-22 所示。

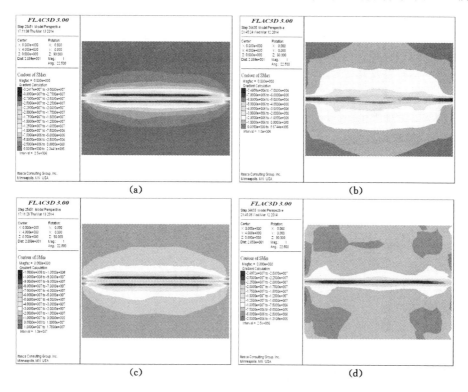

图 9-22 注水后与耦合致裂后模型剖面应力变化对比

(a) 注水后(12 MPa)最大主应力;(b) 耦合致裂后($r=6.65$ cm)最大主应力;

(c) 注水后(12 MPa)最小主应力;(d) 耦合致裂后($r=6.65$ cm)最小主应力

在注水后模型内部最大主应力主要集中在注水孔附近,数值可到 32.417 MPa,钻孔附近的应力仍处于高位,耦合致裂即实施爆破后压力显著下降,钻孔附近的应力集中现象得到改善,最大应力值减少至 7.495 8 MPa,1~2 MPa 的区域远大于仅实施注水的方案。最小主应力的应力云图也表明耦合致裂具有明显的优势,耦合致裂后模型整体的应力处于5~7.5 MPa,而注水方案中大部分区域的应力处于 10~20 MPa。综合表明,耦合致裂不仅可以降低被爆炸体的强度,降低其承载能力,还可降低模型整体范围内的应力水平,减小应力分布梯度,这对于改善煤岩体的冒放性和集中应力区域的卸压十分有益。

至此,建立并形成了装药量、水压和强度之间的关系式,实现煤体劣化程度的量化表达,分析了耦合致裂对煤岩体的破坏特性,包括强度降低程度、范围及集中应力减小等,为后续耦合致裂方案的设计提供了基础。接下来将利用 PFC 进行制取应力应变曲线,通过对参数的不断优化、调整,获得与各个耦合致裂方案相近的模型强度曲线,此时即可得到注水及爆破耦合致裂造成煤岩体强度劣化的离散元细观参数,用该参数进行煤岩体的垮放研究,建立垮放效果及顶煤流动规律及采出率等与耦合致裂措施间的关系,从工程应用的角度评估固-液耦合态模型施加炸药爆炸动载荷后煤岩体的致裂效果,完成实现煤岩体从以有限元为代表的整体向离散化体的等效转变。

9.5 "整体-散体"的等效转化及散体垮放特性

放顶煤开采主要依靠矿山压力、支架反复支撑及注水软化与顶煤松动爆破的共同作用,将处于整体状态的顶煤转化为松散顶煤,即研究顶煤放出规律的前提条件是顶煤已从整体状态转变成为处于散体形态的松散介质,散体化的煤块能够靠自重实现有效的垮放,最终流入支架后部的刮板机,完成放顶煤的开采流程。在煤岩体实施耦合致裂后,即可认为顶煤已经完成了"整体-散体"的转变,此时煤块体间的运动形式具有松散介质特征,利用离散元的方法即 DEM 成为揭示块体垮落规律的首选。在对煤体流动研究方面 Yao Shexie、Ferhan Simsir 等[161-163]均选择 DEM 软件颗粒流程序 PFC^{2D},本书根据实际情况亦选择 PFC^{2D}作为离散化煤体的垮放分析计算程序。

在前文中煤体通过炸药爆破和注水实现了强度不同程度的降低,并获得了对应炸药量和注水压力下煤岩体的参数劣化特性,但此时所获得的煤岩体参数仍旧为相对模型整体赋参数的有限元体。运用基于 DEM 的 PFC^{2D}程序需要得到模型各部分的细观参数,使得离散元模型的宏观力学行为等效于有限元模型,从而实现煤岩体耦合致裂后离散化态的模拟,才能进一步分析不同耦合致裂参数下放顶煤的回采率、铰接结构等,最终为工作面工程尺度的开采实践提供指导,完成煤岩体耦合致裂后"整体-散体"转化。为此,本节的主要内容即是实现煤体耦合致裂后整体-散体参数的转化。

从运用有限元到离散元,煤岩体耦合致裂完成"整体-散体"的实质是获得耦合致裂后煤岩体基于离散元的细观参数,使得离散元模型的"宏观效果"等效于有限元模型。

工程实践中,方案设计时需尽可能地考虑现场的地质构造及条件,需要模型尽可能地逼真,但限于地质构造等因素的隐伏性及不确定性,很多时候并不能够全面地反映实际岩体的节理、断层等内容,而工程设计又必须要保障方案的可靠性,退而求其次,"等效"的概念应运而生。虽然不能够完全涵盖自然界的所有属性,但可以通过对模型及参数的调整使得其行为等效于工程现场。例如大尺度岩体试验具有天然的困难性,亦如同本书涉及的爆破与注水耦合致裂研究,但关于此类问题的研究又非常具有实践意义。随着计算机水平的发展,能够尽可能囊括地质体内节理、裂隙的数值计算方法引起了研究者的注意,例如吴顺川等[164-165]基于PFC的等效岩体技术可将岩体实际节理嵌入颗粒模型中,以解决全面考虑实际节理空间分布特征的工程尺度问题。

基于以上认识,本书考虑构建等效于煤岩体耦合致裂后强度的离散元模型,根据耦合致裂结果得到的模型强度曲线,建立对等的PFC^{2D}模型、制取应力应变曲线,并不断与耦合致裂结果的曲线校核、逼近,获得离散状态下模型的细观参数。同时由于模型本身为颗粒状,这直接解决了煤岩体耦合致裂后的块度问题,输入此细观参数的离散元模型宏观力学行为即认为其等效于耦合致裂后的有限元模型,在离散元的模型中进行顶煤的垮放、流动等研究,为工作面煤体在耦合致裂后的离散化程度评估及垮放效果预计提供基础。

9.5.1　离散元分析原理

以Cundall在1972年提出的细观力学颗粒流数值模拟分析方法为理论基础,Itasca公司开发了基于离散元(discrete/distinct element method,DEM)的二维颗粒流程序PFC^{2D},该程序主要用于模拟众多颗粒介质的运动及其相互作用。它用成千上万个颗粒组成需要模拟的对象,利用对颗粒细观参数的定义描述、揭示自然界宏观力学行为的机制与特点。

一个PFC^{2D}模型是由一系列圆形的二维圆盘组成的。PFC^{2D}模型中的圆形颗粒,被作为"ball",还有称作"wall"的墙。球和墙彼此相互融合于接触点产生的力。PFC中接触有两种,分别是球-球接触和球-墙接触[150]。两种类型的接触形式见图9-23。

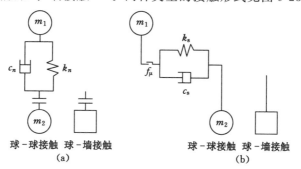

图 9-23　颗粒元接触模型

(a)法向方向;(b)剪切方向

接触存在于球与球或球与墙之间,并在模拟的过程中自动形成和破断。在每一个时间步的开始,接触的更新来自于已知的球和墙的位置。力-位移定律被应用于每一个接触,以更新基于接触点两个通道和接触模型相互关系的接触力。下一步,给每一个颗粒应用运动定律以更新它的速度和位置,它们是基于作用于颗粒上接触力和任意体力的合力和动量。并且,墙的位置是基于墙的具体速率而不断更新的。

PFC^{2D}中的墙仅要求力-位移定律满足ball-wall接触,牛顿第二定律不适用于墙,其运动行为靠使用者决定。力-位移定律用来描述ball-ball和ball-wall接触。图9-24中的A和B展示了ball-ball接触的相对方程。图9-25是球形颗粒和墙的ball-wall接触方程,U^n代表重叠。

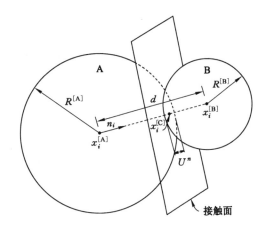

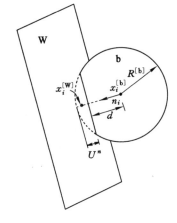

图 9-24　球与球接触　　　　　　　图 9-25　球与墙接触

对于 ball-ball 接触,单位法向 n_i 定义了接触力[166]:

$$n_i = \frac{x_i^{[B]} - x_i^{[A]}}{d} \text{ (ball-ball)} \tag{9-18}$$

在这里 $x_i^{[A]}$ 和 $x_i^{[B]}$ 是球 A 和球 B 中心的位置,d 是球中心间的距离:

$$d = |x_i^{[B]} - x_i^{[A]}| = \sqrt{(x_i^{[B]} - x_i^{[A]}) x_i^{[B]} - x_i^{[A]}} \text{ (ball-ball)} \tag{9-19}$$

对于球和墙接触,n_i 沿着球中心和墙间的最短距离线 d 的法向,这个方向靠测定球中心与所定义墙空间相对比例的关系而确定。

这种思想以图 9-26 中两条线 AB 和 BC 的二维墙来表述。所有在墙活动面上的空间能靠在末端延伸与每个球的法向而被分解为五个区域。假如球中心处在 2 或 4,它将会沿着长度接触墙,并且 n_i 垂直于墙的延伸方向。但是,假如球中心处在 1,3,5,它将会在各自球的末端接触墙,并且 n_i 沿着线末端和球中心的方向。不论模型如何变化,DEM 的原理和计算过程都是一样的,在计算过程中交替应用牛顿第二定律与力-位移定律,实现颗粒的位置、速度和接触力的不断更新,完成颗粒运动的模拟。

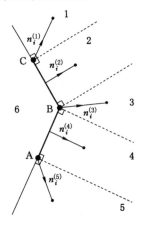

图 9-26　球和墙接触的法向方向 n_i 的确定

9.5.2　等效耦合致裂的 DEM 模型设计与参数制取

首先运用离散元获得原煤的单轴抗压强度曲线,在此基础上进一步制取不同耦合致裂方案下试件的应力曲线。在制取原煤的应力曲线时,模型大小按照与固-液耦合态模型相同的大小设计,离散元模型设计及构建完毕见图 9-27。根据原煤的应力曲线制取方法,获得 6 种耦合致裂方案中与之等效的压力曲线。

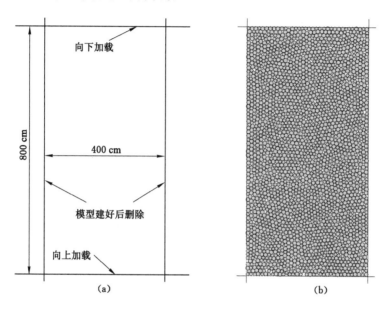

图 9-27　等效耦合致裂模型的离散元模型
(a) 模型设计;(b) 离散元模型

图 9-28 为离散元建立的耦合致裂模型及对应的轴向应力曲线。将不同耦合致裂方案中 PFC 和 FLAC^{3D}制取的应力曲线峰值对比,分析等效离散元参数获取的准确性。表 9-5 是对比结果及离散元相关参数。结果表明 PFC 实验值误差较小,较好地实现了有限元向离散态的等效过渡。模型中颗粒最小半径 0.075 m,最大半径 0.100 m,粒径比为 1.33,考虑的法向刚度和切向刚度均为 5×10^8 N/m,保障颗粒在运移过程中不会发生重叠。密度均为 1 320 kg/m^3。

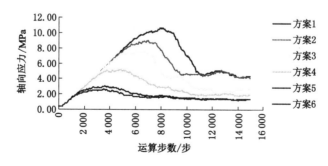

图 9-28　不同耦合致裂模型的轴向应力曲线

表 9-5　　　　　　　基于 DEM 制取的等效耦合致裂模型细观参数

序号	方案 1	方案 2	方案 3	方案 4	方案 5	方案 6
耦合致裂方案	2 MPa $r=2.1$	4 MPa $r=3.0$	6 MPa $r=3.75$	8 MPa $r=4.7$	10 MPa $r=5.65$	12 MPa $r=6.65$
耦合致裂后/MPa	10.7	9.05	7.47	5.23	3.08	2.59
PFC 获得/MPa	10.65	9.02	7.51	5.16	3.04	2.62
误差/%	0.47	0.33	−0.54	1.34	1.17	−1.16
均方根误差	0.106					
n_bond/MN	1.33	1.08	0.88	0.55	0.24	0.17
s_bond/MN	1.33	1.08	0.88	0.55	0.24	0.17
密度/(kg/m³)	1 320	1 320	1 320	1 320	1 320	1 320

PFC 中颗粒间的铰接关系及相互作用力的大小和方向可以通过力链的粗细和方向形象地显示。图 9-29 反映了 6 个试件加载结束时模型中颗粒间力链及接触的分布特征。力链图中黑色链条为压应力,局部为拉应力,力链图下方为颗粒间接触的分布。随着试件强度从方案 1 向方案 6 逐渐减弱,拉应力数量随之减小,压应力数量增大;颗粒间的接触数量在试件整体强度较大时最多,如方案 1 中所示;随着耦合致裂效果的提高试件的强度趋于下降,接触数量也不断减小,在进行煤岩体垮放时能够顺利地放出,降低了颗粒间铰接形成结构、阻碍放出的概率。

颗粒间的力链及接触分布表明,高强度的煤岩体耦合致裂后形成的块体较大,相当部分仍连接在一起,这解释了加载过程中为什么出现较多的拉应力。块体间较多的接触抑制了煤岩体的冒放性。在方案 6 中除了拥有较多的压应力外,接触的数量也最少,这表明加大注水压力和装药量降低煤岩体强度、提供其冒放性的一个重要表现是:块体间拉应力和接触数量的同步减小。

9.5.3　耦合致裂参数与可放性指数的量化关系

煤层按照硬度系数(单轴抗压强度除以 10 MPa)的不同分为极硬煤层($4<f<5$)、硬煤层($3<f<4$)、中硬煤层($1.5<f<3$)、软煤层($0.8<f<1.5$)、极软煤层($0.5<f<0.8$)5 种,本研究所涉及的煤层为煤层群,各个煤层硬度不一,按照硬度划分应属于中硬煤层。耦合致裂的目的即是降低煤体的整体强度,将硬及中硬煤层转化为软煤层。但是这种划分方式只是对煤体的硬度做了说明,对于某一定硬度下的煤层所对应的可放性程度并没有定量化的描述。

事实上顶煤的可放性除了与煤层的硬度有关外,还有裂隙发育程度、埋深、倾角等其他因素,不同地质条件下同硬度的煤层冒放性也不尽相同。在使用数值模拟再现顶煤的垮放模拟时,比较难以统计回收率,但是可以精确地识别流进支架放煤口的颗粒数量,为此将统计不同耦合致裂方案中运算同样时间从低位放顶煤支架后部流出的颗粒数量。通过对 6 组放煤数量的累加求和,求出每个方案放出颗粒所占的比例 R_i,建立不同强度煤体在同样放煤时间和条件下的可放性指标 U 来描述可放性(由于放顶煤工作面最高回采率不可能达到 100%,式中 R_{max} 小于实际开采中放出的煤量,一般放顶煤工作面最大回采率接近 90%,故乘以 90%)。

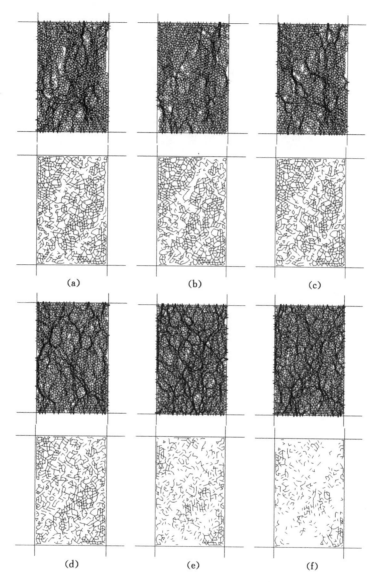

图 9-29　离散元等效模型中颗粒间力链(上)与接触(下)分布
(a) 方案 1;(b) 方案 2;(c) 方案 3;(d) 方案 4;(e) 方案 5;(f) 方案 6

$$R_i = \frac{Num_i}{(\sum\limits_{i=1}^{N} Num_i)} \times 100\% \tag{9-20}$$

$$U = \frac{R_i}{R_{max}(1,2,\cdots,N)} \times 90\% \tag{9-21}$$

　　图 9-30 为建立的离散元垮放模型,在支架上方加一个 wall,限制初期顶煤及覆层散体的垮落,正式开始计算时,删除 wall,目的在于避免架后沉积的煤矸混合物的影响。模拟煤岩体在不同耦合致裂方案时的垮放情况,在模型下部设置收集流出颗粒的空间,运用颗粒统计程序计算越过支架放煤口的颗粒数量,进而评估耦合致裂参数与可放性指数间的关系。

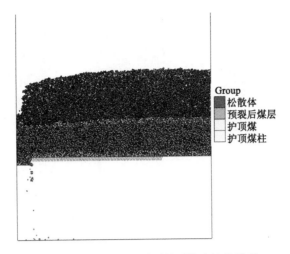

图 9-30　等效耦合致裂效果的颗粒流垮放模型

不同的耦合致裂方案对应的可放性指数见表 9-6。

表 9-6　　　　　　　　　　　　耦合致裂方案对应的可放性指数

序号	方案 1	方案 2	方案 3	方案 4	方案 5	方案 6
注水水压/MPa	2	4	6	8	10	12
炸药单耗/(kg/m³)	0.09	0.19	0.29	0.46	0.67	0.92
垮放数量/个	681	829	898	991	1 053	1 018
可放性指数/%	60.21	73.29	79.39	87.61	93.09	90.00

　　结合"煤体裂隙分形与顶煤冒放性的相关研究"文章中提到的凤凰山、阳泉一矿、王庄等矿煤层的单轴抗压强度和其对应的工作面回采率,综合本实验得出的煤岩体耦合致裂后的放出率,得到了 30 MPa 以下的煤体强度和可放性指数间的关系,见图 9-31。可以看出,放出指数与煤体强度呈现出显著的反比关系,强度越大,可放性越差。在试件强度处于 5 MPa 以下时放出率差异不大,表明试件强度在 5 MPa 以下时已能够实现充分垮放,所以放出颗粒数量基本均等。这从侧面反映出将 5 MPa 作为煤体充分垮放的指标值是合适的,可以作为煤岩体耦合致裂实施效果评判的考量值。将煤岩体耦合致裂参数与离散元放煤模型中颗粒的放出率结合考虑,获得了耦合致裂作用下煤岩体整体状态的抗压强度 σ_c 与放出指数 U 间的顶量化表达式:

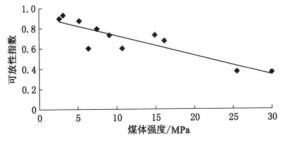

图 9-31　不同煤体强度对应的可放性指数

$$U = -0.019\ 2\sigma_c + 0.917\ 2 \tag{9-22}$$

按照国家规定,煤层厚度大于 3.5 m 的回采率要大于等于 75%,放顶煤开采的煤层厚度一般均大于 3.5 m,即要求放顶煤工作面顶煤采出率不低于 75%。将此要求代入上式计算可得 σ_c 为 8.7 MPa,即煤层耦合致裂后满足回采率要求时整体强度至少应小于 8.7 MPa。在此基础上,建立耦合致裂参数和可放性指数间的关系,形成具有实践指导意义的煤岩体耦合致裂设计依据,见下式:

$$U = 0.740\ 4\ (pQ)^{0.105\ 9} \tag{9-23}$$

9.5.4 低位放顶煤工作面顶煤流动规律

通过应力-应变曲线获得的 PFC 参数即可认为是耦合致裂后煤岩体的破碎参数,将此参数输入到 PFC 构建的顶煤垮放模型中,即可开展顶煤的垮放实验,分析耦合致裂后煤体散体化后的流动规律。

在放顶煤开采中,低位放煤的方式以其放煤效率高、不容易卡住放煤口的特点逐渐替代了高位及中位放煤。传统所应用的放煤理论是椭球放矿理论,其来源于金属矿山的崩落法,主要针对高位放煤;放煤位置的改变也将引发放煤形态的变化。低位放煤时,破碎的顶煤在支架后方以散体的形态流动,架后煤体及矸石的流动迹线与传统的椭球放矿理论不同。

为实时对比两种开采方法所形成颗粒流动规律的差异性,构建了放矿模型,在同一个模型中同时完成高位放煤和低位放煤。具体是将模型横向平均分成两份,中间用刚性 wall 隔开,wall 左侧为高位放煤,右侧为低位放煤,放煤口大小相同并同时打开,模型中以多种颜色的颗粒代表标志层,用以区分、识别颗粒的流动迹线,放煤过程见图 9-32。

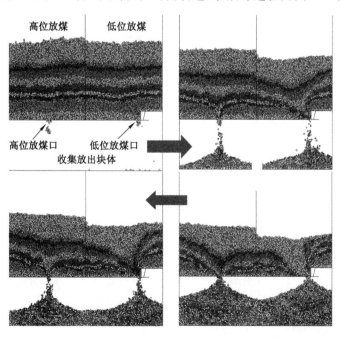

图 9-32 高、低位放煤时煤岩体垮放形态差异性考察

低位放煤与高位放煤的差异性可从图 9-32 中观察到:一是低位放煤的效率较高。右侧颗粒的顶部平面在放出过程中均明显低于左侧,表明同样时间内低位放煤的方式放出的颗

粒数量大于高位放煤。二是煤岩体的流动迹线在两种放煤方式的模型中存在显著差异。主要是高位放煤时模型中颗粒的流动迹线在靠近放煤口时垂直向下延伸,而低位放煤时流动迹线斜向放煤口方向,这表明传统的椭球体放矿理论在低位放煤中需要调整。

针对低位放煤工作面架后煤体的放出规律,中国矿业大学的王家臣[4]教授通过相似模拟、数值计算、现场实测等方式创新性地提出了散体介质流理论。笔者通过图 9-32 的高、低位放煤形态的数值实验认为,在低位放煤中散体介质流理论较为契合开采实践,适用于顶煤充分致裂散体化的低位放煤。为此,基于散体介质流理论,经过对放出煤体后各层煤体垮落状态的详细分析。图 9-33 给出了特厚煤层耦合致裂综放开采低位放煤的煤体流放模型。其中,放出前边界——AD 弧线,放出后边界——BC 弧线,放出煤量即 S_{ABCD} 的面积[167],根据 S_{ABCD} 的面积即可估算放出煤量的大小。

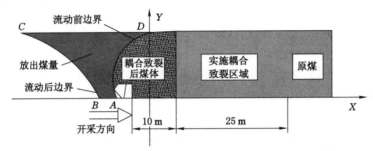

图 9-33　特厚煤层耦合致裂综放开采的煤体流放模型

9.5.5　离散化块体的铰接结构及支架载荷分析

很多时候,影响顶煤放出的因素是架后煤体形成结构,无法随着支架的支撑和移动而坍塌、垮落。借助于离散元模型中众多颗粒的运动模拟,以及众多颗粒间铰接、接触形态的分析,可以查看架后煤矸混合物形成的结构,分析不同耦合方案力链结构的差异性。图 9-34 为耦合致裂后块体垮放过程中相互间接触力的链式结构。在支架前方有着较大的压应力出现,煤体强度越高,压应力的力链越宽、密度越大,表明强度大的煤层工作面前方支承压力较大。

从图 9-34(a)~(f)的力链稀疏程度可以看出,随着模型强度的降低,力链趋于稀疏、宽度减小,支架后方颗粒间的铰接结构减小,有利于架后颗粒的放出,体现出耦合致裂是通过降低煤体整体强度实现了减少煤体块度和块体铰接形成结构的概率,提高了煤体的冒放性和采出率。图 9-35 中接触的分布特征也显示出随着模型整体强度的降低,颗粒间的接触数量显著减少,这就减轻了颗粒间铰接的程度及数量,增加了颗粒的离散化程度,更有利于颗粒的顺利放出。

不同耦合致裂方案中煤岩体的块度不同,垮放及流动过程中对支架的顶梁和尾梁的冲击作用也存在差异。强度劣化率高的方案中颗粒的破碎程度较高、块度间黏结力小,颗粒间的接触数量少,颗粒的离散化程度高,煤岩体垮放有序,流动较为均匀,减轻了对支架及工作面的冲击,放出率也较高。破碎程度较低的煤岩体块度大,垮放困难,突然的垮放必将对支架及工作面产生较大的冲击载荷,甚至压迫采空区内的有毒有害气体进入工作面及回采巷道中,严重影响工作面作业人员的安全和支架的使用寿命。

从图 9-36 垮放模型中顶梁和尾梁承受的水平和垂直方向载荷变化可看出,煤体强度高

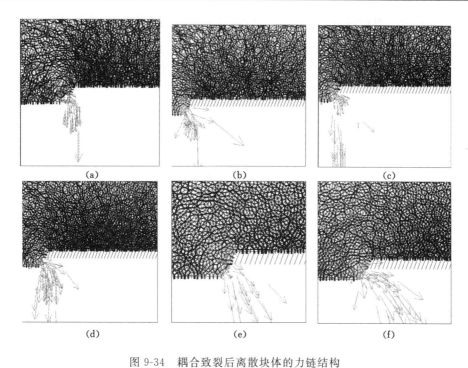

图 9-34　耦合致裂后离散块体的力链结构

(a) DEM 方案 1；(b) DEM 方案 2；(c) DEM 方案 3；(d) DEM 方案 4；(e) DEM 方案 5；(f) DEM 方案 6

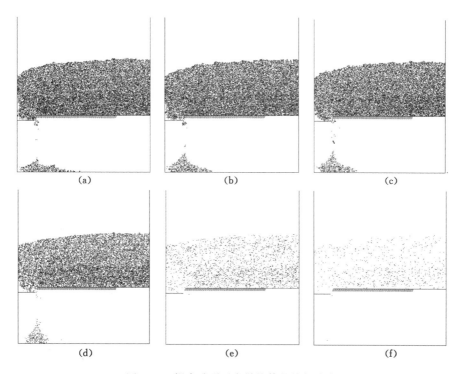

图 9-35　耦合致裂后离散块体的接触分布

(a) DEM 方案 1；(b) DEM 方案 2；(c) DEM 方案 3；(d) DEM 方案 4；(e) DEM 方案 5；(f) DEM 方案 6

时,支架承受载荷冲击相对较大;煤体强度低时支架载荷的变化频率较高,这与煤体垮放及流动充分导致支架持续不断受力所致;煤体强度高时,垮放具有冲击性。表现出实施煤岩体耦合致裂措施以降低强度、提高冒放性的必要性及措施的合理性。

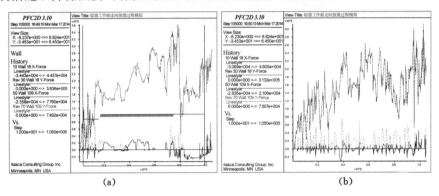

图 9-36　顶梁(wall 18)、尾梁(wall 109)水平和垂直方向载荷

(a) 方案 1:$\sigma_c = 10.7$ MPa;(b) 方案 6:$\sigma_c = 2.59$ MPa

9.6　本 章 小 结

　　本章界定了耦合致裂的含义,揭示了耦合致裂机制,提出将强度劣化率 f 作为评估耦合致裂效果的指标,并给出了耦合致裂技术实施时裂纹的扩展准则,确定了耦合致裂后煤岩体强度劣化的分析方法,在此基础上建立了施加爆破动载的固-液耦合态模型,完成了耦合致裂后模型的加载,获得了承受爆破动载作用下固-液耦合态煤岩体的应力-应变关系及强度劣化特性,以模型整体的强度为指标实现了煤体整体-散体的等效离散化转化,分析了耦合致裂后离散态颗粒间的铰接关系及其对垮放程度的影响,量化了装药量、注水压力和放出率之间的非线性映射关系。结果表明:

　　(1) 耦合致裂的本质是爆炸形成的爆生气体和冲击波共同在已软化的煤岩体中传播,耦合致裂效果大于两者的简单叠加。获得了注水压力和试件最大承载力与强度劣化率间的关系,掌握了注水压力和模型试件强度劣化率间的关系式。

　　(2) 建立了动载作用下固-液耦合态体的分析模型,获得耦合致裂主要参数与强度劣化程度 f 的关系,定量评估了炸药单耗和注水压力所对应的煤岩体破坏程度。实现了煤体整体-散体的等效转化,定量获得了等效耦合致裂效果的离散化模型细观参数。

　　(3) 通过垮放实验研究了高、低位放顶煤的流动规律,建立了煤岩体不同强度和不同耦合致裂参数时分别所对应的可放性指数,认为散体介质流理论更能诠释低位放顶煤工作面架后顶煤的垮放规律,并以此建立了特厚煤层耦合致裂后综放开采的煤体流放模型。耦合致裂不仅可以降低被爆炸体的强度,降低其承载能力,还可降低整体的应力水平,减小应力分布梯度。

第四篇 工程实践

10　复杂环境下急倾斜特厚煤岩体的耦合致裂应用与效果评估

煤岩体的耦合致裂参数与其造成的强度劣化率和可放性指数之间无法建立直接的映射关系。BP 神经网络以其可实现非线性映射的特点得到了广泛的应用。经过复杂的固-液耦合与动载扰动影响的计算分析、有限元向离散元的等效转变与实验才能获得其对应的致裂效果,为拓展研究结果的应用范围,提高对后续工程设计的指导能力,提出数值模拟和神经网络预计相结合的煤岩体耦合致裂效果评估方法。基于以上对耦合致裂促使煤岩体从整体向散体转化的定量化研究结果,将本方法应用于具有复杂煤岩体结构和动力灾害特征的急倾斜特厚煤层,结合数值计算结果给出了急倾斜特厚煤体及岩体的耦合致裂方案。根据实验结果构建耦合致裂效果预计的神经网络模型,运用神经网络完成耦合致裂方案结果的预计,并在开采实践中监测分析复杂条件下急倾斜特厚煤岩体耦合致裂方案的致裂破碎和卸压效果,验证本方法的合理性。

10.1　煤岩体耦合致裂工艺设计方法

对于大部分矿井来说,同一井田范围内矿产资源的属性大多具有相似性,但各个矿井间的煤岩体属性千差万别,这使得一个矿井的开采技术和巷道支护、参数等具有特定性,移植性较差。即在煤岩体的耦合致裂工艺设计中要考虑各个矿区及矿井条件的差异性,也要使得同一矿井内部耦合致裂参数具有可移植性。

根据以上认识,认为在矿井首次进行耦合致裂时,需要全面系统的考虑,建立矿井内部在不同耦合致裂方案中煤岩体强度劣化程度的定量化表达式,形成耦合致裂参数对应的可放性指数,后续在设计过程中即可直接依据公式计算,大大提高了工作效率。首次进行耦合致裂工艺设计的步骤如下:

(1) 进行岩石力学实验,获得煤岩体物理力学性质,采用 FLAC^{3D} 进行大尺度岩石力学实验,获得等效于煤岩体强度的有限元参数。

(2) 选用 LS-DYNA 模拟使用炸药的爆炸载荷曲线,并将爆炸载荷施加至固-液耦合态的 FLAC^{3D} 模型中,计算后按照岩石力学实验标准,在模型两端进行加载,分析试件的破坏特性和强度劣化程度,建立耦合致裂参数和模型强度劣率 f 的量化关系。

(3) 建立等效于耦合致裂措施实施后的离散元模型,进行垮放实验,获得耦合致裂后煤体的垮放特性,统计并分析颗粒的可放性指数 U 和试件强度的关系。

(4) 设计耦合致裂方案,按照强度劣化率 f 的计算公式确定不同耦合致裂方案中所需的注水参数和爆破参数,并根据强度劣化率预计可放性指数 U。

(5) 按照设计的耦合致裂方案及确定注水和爆破进行工业试验,对试验过程中的回采率、产量等指标进行统计分析,根据分析结果调整、优化耦合致裂方案及强度劣化率 f 与可

放性指数 U 的计算公式,为矿井后续工作面的耦合致裂方案设计提供可靠依据。

煤岩体的耦合致裂工艺主要是注水和爆炸参数的设定。注水所涉及的参数主要有注水压力、注水时间、流量、钻孔的长度与间距等;爆炸方案需要确定的有炸药类型选择、装药直径大小、装药长度、封口长度、护巷煤柱宽度等。综合对耦合致裂参数的理解认为,水压大小和炸药的单耗是影响耦合致裂效果的主要因素,其他如注水时间可由是否出现漏水现象确定;加大注水流量、封孔长度等影响较小。

注水设计要点:注水设计中,水压应尽可能大,特别是在岩体中注水时;注水钻孔直径适当加大;在不出现大范围泄水现象和水压突降的情况下保持注水;保证封孔效果;超前工作面注水,将注水软化的效应发挥到最大;在注水溶液中添加碱性物质,中和煤岩体孔隙中吸附及游离的硫化氢;对实施效果进行跟踪记录分析、不断优化。

爆破设计要点:选择大直径的装药半径;保障封孔效果,避免冲孔现象;巷道围岩软弱区加强支护,并适当减少装药量;为巷道留设护巷煤柱;在工作面支架上方留 $2 \sim 3$ m 的护顶煤防范爆炸造成工作面冒顶;在本分层上部留设 $2 \sim 3$ m 的垫层,避免本分层顶煤和采空区直接连通;对实施效果进行跟踪记录分析、不断优化。

10.2　急倾斜特厚煤体耦合致裂方案

以乌东煤矿南采区所开采的急倾斜煤层 +500 m 水平 B_{3+6} 综放工作面为工程背景开展耦合致裂的工程实践,逐步向 +522 m 水平 B_{1+2} 综放工作面推广。乌东煤矿南采区位于乌鲁木齐北郊的天山脚下,由原小红沟煤矿、大洪沟煤矿、五一煤矿合并而成,地面副井标高 807 m, +500 m 水平 B_{3+6} 煤层综放工作面位于 +500 m 水平,开采由 B_3、B_4、B_5、B_6 煤层组成的煤层组 B_{3+6},整个煤层组平均倾角 88°,沿轨道巷北帮即顶板向南倾斜挤压回风巷南帮即底板。该工作面的胶带巷(B_6 巷)布置在 B_6 煤层中,轨道巷(B_3 巷)布置在 B_3 煤层中,段高 22 m,机采高度 3 m,放顶煤高度 19 m,两巷平均中心距 42.5 m,设计回采长度 2 312 m,具体见图 10-1。

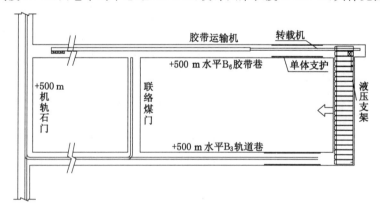

图 10-1　+500 m 水平 B_{3+6} 工作面布局

由于 +500 m 水平东翼 B_{3+6} 煤层阶段高度达到 35 m(原大洪沟煤矿遗留下来的煤层厚度),已掘出的 B_3 和 B_6 两巷内经常出现气体超限现象,为了确保 +500 m 水平 B_{3+6} 综放工作面的安全回采,解除高阶段煤柱的威胁,提高对历史遗留煤柱的回收率,实现煤炭资源的安全、高效开采目标。对高阶段煤体进行注水＋预裂爆破的耦合致裂处理,同时也为下一分层的回采创造出有利条件。在实施注水致裂及软化煤体的同时,在水中添加一定量的 $NaCO_3$,用以中和煤体分子间游离和吸附的硫化氢,即在开采前完成对硫化氢的预处理,防范开采期间硫化氢的积聚,保障工作面开采安全。

10.2.1 注水方案

为了提高煤体的冒放性,降低煤体块度,解除高阶段煤体对下方工作面产生的应力集中,在煤体中注水致裂并浸润煤体提高高阶段煤体的冒放性,同时减轻动力灾害的威胁;煤体含水程度的提高亦可减少放顶煤工作面粉尘浓度,弥补爆破致裂煤体的缺点,改善耦合致裂效果和工作环境。设计注水钻孔沿煤层走向布置,以煤门为钻机施工位置向东西两侧布置注水钻孔,实际施工中由于煤门东侧工作面剩余长度过小不再布置钻孔,仅向西侧布置钻孔。具体是在 ＋500 m 水平 B_{3+6} 煤层的煤门向西侧煤体施工 3 个注水孔,注水孔孔径113 mm,水平角度为 10°,孔长 152 m,封孔长度 20 m,采用膨胀性较好的玛丽散封孔,具体参数如图 10-2 所示。煤层中注水水压过大时会造成泄水现象,因此注水泵的泵压逐渐加大,基本控制在 5~10 MPa,直到煤壁出现一定程度的渗水停止注水。

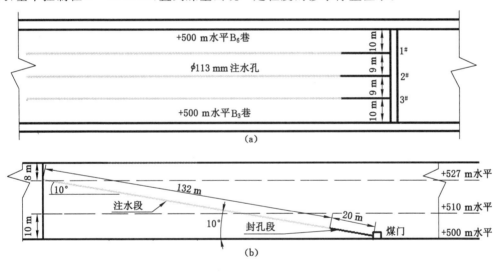

图 10-2　注水钻孔布置图
(a) 平面图;(b) 剖面图

10.2.2 爆破方案

在注水致裂及浸润煤体的基础上,采用爆破的方式提高煤体冒放性并破除历史残留煤柱的影响,进一步加大煤体的可放性,减轻煤柱造成的应力集中,实现通过高阶段煤柱区域的安全、高效开采,为此设计了高阶段煤体的爆破方案和常规阶段的爆破方案。

高阶段煤体爆破:由 B_3 巷向 B_6 巷方向布置扇形爆破孔,沿巷道每隔 4 m 布置一排 $\phi100$ mm 爆破孔,每排 6 个,其中每排的①③⑤号炮孔与②④⑥炮孔错开 1 m 的间距。具体方案布置如图 10-3 所示。

常规阶段煤体爆破:由 B_3 巷向 B_6 巷方向布置扇形爆破孔,沿煤层走向每隔 4 m 布置一排 $\phi133$ mm 爆破孔,每排 9 个,其中每排的①③⑤⑦⑨号炮孔与②④⑥⑧炮孔错开 1 m 的间距。具体方案布置如图 10-4 所示。

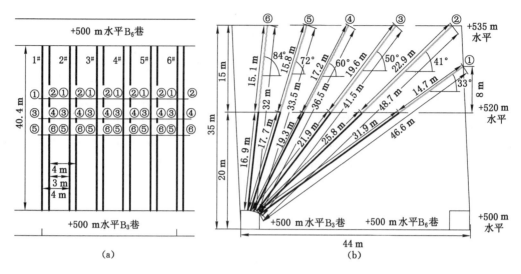

图 10-3 　+500 m 水平 B_{3+6} 综放工作面高阶段煤体爆破方案

(a) 平面图；(b) 立面图

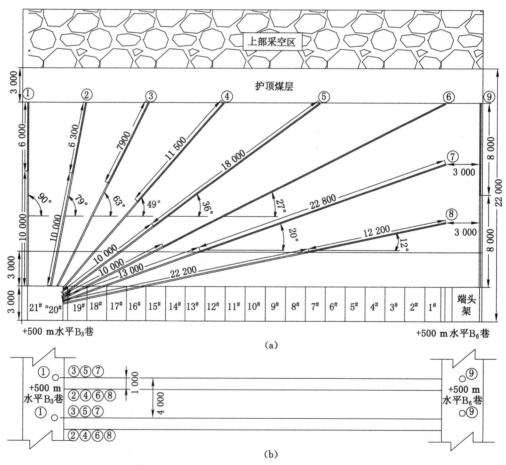

图 10-4 　+500 m 水平 B_{3+6} 综放工作面常规阶段煤体爆破剖面图和平面图

(a) 剖面图；(b) 平面图

10.3　急倾斜坚硬耸立岩体的耦合致裂方案

对急倾斜条件下特厚煤层开采的布局分析认为,造成工作面动力灾害的力源是 B_{1+2} 煤层和 B_{3+6} 煤层之间的坚硬急斜耸立岩柱,如图 10-5(a)所示。随着两组煤层的开采特别是 B1+2 煤层的开采,岩柱的弯曲撬动作用于 B_{3+6} 煤层底板区域并压迫 B_{1+2} 煤层顶板区域。该条件下的数值模拟结果显示,随着煤层埋深的增加垂直应力亦不断增加,从上至下的应力等值线分别是 4 MPa、5 MPa、6 MPa、7 MPa、8 MPa,反映出 B_{1+2} 煤层和 B_{3+6} 煤层之间的岩柱承受着较大的垂直应力,在 B_3 巷道的底板侧达到了 8 MPa。在煤层与顶底板结合处等值线密集,应力集中明显,反映出在岩柱的弯曲与撬动效应下巷道围岩应力较为集中。需防范应力畸变带来的结构失稳问题,避免出现应力集中现象。根据以上认识,在坚硬急斜岩柱中实施耦合致裂措施,消除坚硬急倾斜岩柱对巷道及工作面围岩的撬动效应[168]。

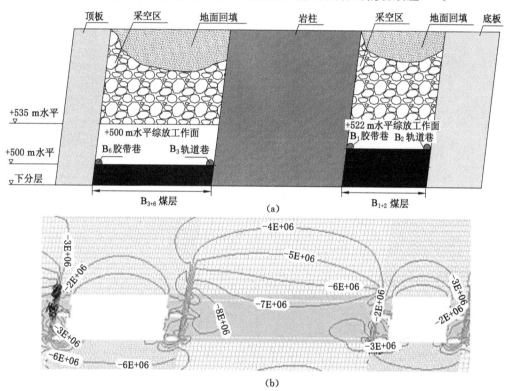

图 10-5　工作面整体布局及急倾斜煤岩体模型垂直应力特征

(a) +500 m 水平 B_{3+6} 工作面和 +522 m 水平 B_{1+2} 工作面整体布局;

(b) 急倾斜煤岩体模型垂直应力特征

10.3.1　岩体注水方案

(1)钻场布置。在 +500 m 水平 B_2 巷 1 355 m 处开口,垂直巷道帮沿岩体倾向施工石门,并在石门末端施工卸压硐室。石门长度 20 m,断面 4 m²(2 m×2 m),卸压硐室断面 18 m²(长度 5 m,宽度 6 m,高度 3 m)。石门、钻场施工采用炮掘方式,锚网钢带支护。钻场施工如图 10-6 所示。

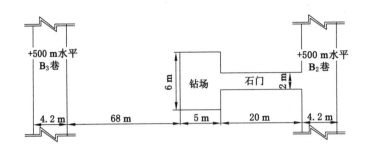

图 10-6　石门注水爆破工艺巷施工平面图

　　(2) 注水参数。在硐室东西两侧沿岩柱走向分别布置 2 个注水孔，角度 9°和 80°，由于岩石强度较高故选择稍大的孔径：113 mm，封孔长度 15 m，马丽散封孔。在实际施工过程中，1# 孔长度 192 m，2# 孔长度 105 m，3# 孔长度 114 m，4# 孔长度 299 m。注水孔布置如图 10-7 所示。

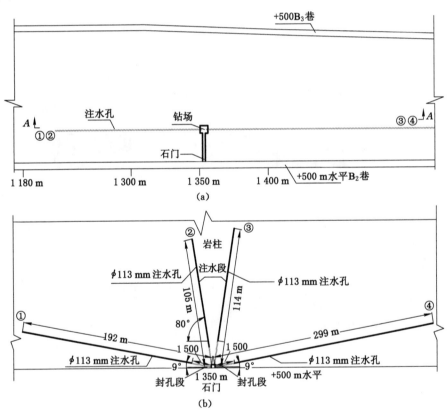

图 10-7　石门岩柱注水布置图
(a) 平面图；(b) A—A 剖面图

　　(3) 现场实施。注水水压原则上按照实验中的最大水压 12 MPa 实施，具体实施过程中根据现场试验条件做了适当调整。2# 注水孔水压达到 8 MPa 左右时，石门淋水较大，故停止注水，注水历时 1 d。为减少漏水量，将 1# 注水孔水压控制在 8 MPa 左右时，1 320 m 处的原爆破卸压孔处出现漏水现象后停止注水，注水历时 2 d。3# 和 4# 注水孔距离工作面较远,岩体较为完整,为保障注水效果将两孔的注水压力均提升至12 MPa。3#注水孔持续2 d后水压降到7 MPa左右,3 d后停止注水。4#注水孔注水压力达到12 MPa,持续2 d后水压降到8 MPa左右,8 d后停止注水。

10.3.2 地面大直径钻孔爆破方案

基于对急倾斜煤层动力灾害原因的认识,认为对+500 m水平B_{3+6}工作面顶板的坚硬、耸立岩体进行大直径钻孔爆破卸压,充分诱导并释放岩柱中集聚的能量,即可控制本工作面灾害显现的程度和频次,又起到降低下分层开采期间应力集中现象。

设计在地面沿B_2-B_3岩柱倾向方向分别在距离石门位置1 400 m处,使用潜孔钻机施工4个爆破孔,爆破孔底标高为+600 m水平(地面标高+850 m水平)。爆破孔直径300 mm,孔深260 m,炮孔角度90°,孔间距8 m,对岩柱进行预裂,以达到在倾向方向切断岩柱,防止应力沿走向方向传递的目的。具体详见图10-8,地面4个钻孔由上至下分别是1#、2#、3#、4#。各孔的坐标分别为:1#孔:4 864 795.265,29 562 067.951,878.071;2#孔:4 864 788.055,29 562 072.186,878.172;3#孔:4 864 780.844,29 562 076.357,878.180;4#孔:4 864 772.189,29 562 081.365,878.105。

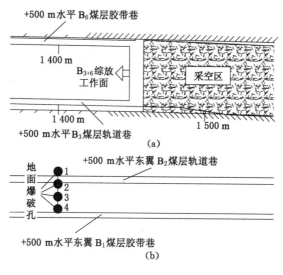

图 10-8 地面爆破孔布置示意图
(a) B_{3+6}工作面;(b) +500 m水平东翼

根据孔径及分段起爆药量,计算出炸药松动岩石半径$R=Kq^{1/3}$(q为分段药量),K根据岩性取值0.5~1.5,本次取1,计算得出的半径为16.8 m,即为孔底距离巷道的安全距离参考值,选择2倍的值即33.6 m,由于本次爆破目的为破碎岩石,边排距选择7 m即可;巷道距离边排孔底的垂直距离14 m,从而得出孔深295−30=265 m,取值260 m。

爆破采用单孔分三段装药、四个孔一次性爆破的方式,炸药采用现场混装乳胶基质炸药。每个孔的装药结构见图10-9。自下而上三段的装药长度分别为50 m、50 m、60 m,孔间由木桩和细沙填塞。第一段装药时先装入一定药量,保证孔壁上的浮渣被清理干净,然后开始正常装药,第一段装药控制在50 m,每米装药量96 kg,即4.8 t炸药。该段装药充填采用直径为200 mm的木头,其长度取0.3 m,在充填时,保证木头底部距离炸药上表面4 m,留给炸药合理的敏化发泡空间,将木头用钢丝在地面固定,木头由卡扣固定在钢丝绳上面,木头上面充填 10 m 细沙,然后开始第二段、第三段装药,方法比照第一段。每孔三段有效装药 160 m,总药量 15.36 t。

起爆药包由 100 mm 的皮管保护好,用胶布缠好固定在电缆和钢丝绳上,每一段装一个药包,药包采用延期电雷管引爆,从而引爆炸药,药包起爆能力为 2 t 乳化炸药。充填时利用测绳上刻度校核填塞长度,填塞材料采用细沙,并将其堆放在炮孔周围。为降低爆破的振动效应,改善岩石的爆破质量,采用微差爆破的方式来控制爆破时的冲击与振动效应。为减少地表孔外雷管的传爆时间,孔间传爆采用小段别电雷管连接方法。孔内采取高段别电雷管连接方式,每个孔内三个药包依次使用毫秒 9 段、11 段、13 段雷管起爆,采用并联的方式接到每个孔的主线上。孔外每个孔的主线依次连接一个毫秒 1 段、3 段、5 段、7 段雷管,采用并联的方式接到总主线上。

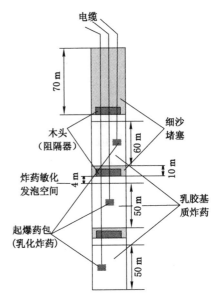

图 10-9 地面大直径深孔爆破装药结构

做到分段起爆,控制最大段单响药量 5.76 t,即第三段。具体参数见表 10-1。

表 10-1　　地面爆破方案技术参数

孔号	炮孔长度 /m	第一段装药长度 /m	第一段封孔及间隔长度 /m	第一段装药量 /kg	第一段雷管消耗(发)及段别(段)	第二段封孔长度 /m	第二段装药量 /kg	第二段雷管消耗(发)及段别(段)	第三段装药长度 /m	第三段封孔长度 /m	第三段装药量 /kg	第三段雷管消耗(发)及段别(段)	起爆药包 /个	每孔电缆长度 /m	钢丝长度及型号	木桩长度及型号	药包保护管个数及型号	木桩螺丝卡扣及钢丝型号
1#	260	50	10 / 4	4 800	1 发 / 9 段	50	4 800	1 发 / 11 段	60	70	5 760	1 发 / 13 段	3	600	600 m / 6 mm	40 cm / 200 mm	3 个 / 100 mm	3 个 / 12 号
2#	260	50	10 / 4	4 800	1 发 / 9 段	50	4 800	1 发 / 11 段	60	70	5760	1 发 / 13 段	3	600	600 m / 6 mm	40 cm / 200 mm	3 个 / 100 mm	3 个 / 12 号
3#	260	50	10 / 4	4 800	1 发 / 9 段	50	4 800	1 发 / 11 段	60	70	5 760	1 发 / 13 段	3	600	600 m / 6 mm	40 cm / 200 mm	3 个 / 100 mm	3 个 / 12 号
4#	260	50	10 / 4	4 800	1 发 / 9 段	50	4 800	1 发 / 11 段	60	70	5 760	1 发 / 13 段	3	600	600 m / 6 mm	40 cm / 200 mm	3 个 / 100 mm	3 个 / 12 号

由于岩体的耦合致裂层位相差较大,运用已建立的神经网络进行预计将带来较大的误差,在此不再对岩体的耦合致裂效果进行神经网络预计,后续以现场监测的方式对其效果进行评估。

10.4　耦合致裂效果的 BP 神经网络预计

10.4.1　BP 神经网络特点

BP 神经网络以其较强的非线性映射能力在多个领域都得到了广泛使用。BP 神经网络对输入的样本数据还有很强的识别与分类能力,这拓展了神经网络在预测与评估方面的使用空间。其在数据不完备的情况下,还能实现对输入信息的联想记忆,确保网络可以从不完整的信息中恢复原始的完整信息。为此,许多非线性分类及多元函数的求解问题都通过神经网络得到了较好的解决。事实上并不是非线性问题都需要异常复杂的网络,理论上只要隐层上的神经元数目足够多,一个三层或者三层以上的 BP 网络即能以任意精度逼近一个非线性函数,这大大降低了构造神经网络的复杂度。

无论是对于线性还是非线性问题的求解,网络学习率的合理设置都十分重要。过大、过小的学习率除了会导致线性网络出现训练过程不稳定、训练时间过长的现象,也影响非线性网络的训练。并且非线性多层网络很难直接获得很好的学习率,一般认为缺省参数值即可当作是最有效的设置。与线性网络不同的是,非线性网络经过训练迭代后的网络好坏与初始点的选择关系很大,如果初始点靠近局部最优点而不是全局最优点,那么即便进一步加大节点数目也不会提高网络的训练效果,在后期的测试及仿真中误差也将偏大。解决初始点选择不当的方法就是选取多个不同的初始点进行训练、测试,以保证训练结果的全局最优性。网络的训练结果与隐层神经元的数目也密切相关,一般认为神经元数目越多网络的训练误差愈小,与学习率的设置对网络的训练影响较为类似的是,神经元数目过少、过多也会引起计算结果的失真。

Matlab 工具箱中已经预先构造出许多神经网络所需的典型框架和函数,网络设计者在建立网络与训练网络时直接调用工具箱中有关的设计和训练命令即可,简化了烦琐的神经网络的建立过程,对网络设计者来说所需的只是结合各个函数的适用特点及研究对象的特性确定合理的计算函数,设定对应函数的各项参数,提高了工作效率。

10.4.2　BP 网络算法

BP 网络中的样本数据流是前向计算,而误差信号是反向传播,采用最速下降法的学习规则,在误差反向传播的过程中不断调整网络各层的权值和阈值,使网络输出结果的均方差最小。BP 神经网络模型一般分为输入层、隐层和输出层三层,样本数据首先由输入层输入,期望值与输出层输出的信号进行对比,对比产生的误差在反向传播过程中被分摊给各层的神经元,各神经元的权值以此为基准进行修正,完成网络的训练。因此可以说神经网络训练的实质就是权值的调整,直到训练好的网络输出的误差满足需求或者达到设定的学习次数时网络的迭代进程停止。

(1) 正向传播过程

设 BP 网络的输入层有 n 个节点,隐层有 q 个节点,输出层有 m 个节点,输入层与隐层之间的权值为 v_{ki},隐层与输出层之间的权值为 w_{jk},如图 10-10 所示。隐层的传递函数为 $f_1(\cdot)$,输出层的传递函数为 $f_2(\cdot)$,则隐层节点的输出为:

$$z_k = f_1\left(\sum_{i=0} v_{ki} x_i\right) \quad k = 1,2,\cdots,q \tag{10-1}$$

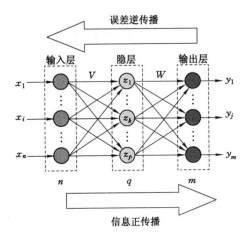

图 10-10　三层神经网络拓扑结构

输出层节点的输出为：

$$y_j = f_2(\sum_{k=0}^{q} w_{jk} z_k) \quad j = 1, 2, \cdots, m \tag{10-2}$$

这样，BP 网络就实现了 n 维输入层空间向量向 m 维输出空间的近似映射。

（2）反向传播过程

① 误差函数的定义

假设输入的学习样本有 p 个，用 $x^1, x^2, \cdots, x^p$ 来表示。第 p 个样本输入运算后输出的结果为 $y_j^p(j = 1, 2, \cdots, m)$。第 p 个样本的平方型误差 E_p 为：

$$E_p = \frac{1}{2} \sum_{j=1}^{m} (t_j^p - y_j^p)^2 \tag{10-3}$$

式中　t_j^p——第 p 个学习样本所对应的网络输出期望值。

对于 p 个样本，全局误差为：

$$E = \frac{1}{2} \sum_{p=1}^{p} \sum_{j=1}^{m} (t_j^p - y_j^p) = \sum_{p=1}^{p} E_p \tag{10-4}$$

② 输出层权值的变化

采用累计误差的 BP 算法调整隐层与输出层之间的权值 w_{jk}，减小全局误差，输出层的神经元权值调整为：

$$\Delta w_{jk} = -\eta \frac{\partial E}{\partial w_{jk}} = -\eta \frac{\partial}{\partial w_{jk}} (\sum_{p=1}^{p} E_p) = \sum_{p=1}^{p} (-\eta \frac{\partial E_p}{\partial w_{jk}}) \tag{10-5}$$

式中　η——学习率。

定义误差信号 δ_{yj} 为：

$$\delta_{yj} = -\frac{\partial E_p}{\partial S_j} = -\frac{\partial E_p}{\partial y_j} \frac{\partial y_j}{\partial S_j} \tag{10-6}$$

其中第一项：

$$\frac{\partial E_p}{\partial y_j} = \frac{\partial}{\partial y_j} \left[\frac{1}{2} \sum_{j=1}^{m} (t_j^p - y_j^p)^2 \right] = -\sum_{j=1}^{m} (t_j^p - y_j^p) \tag{10-7}$$

第二项:

$$\frac{\partial y_j}{\partial S_j} = f'_2(S_j) \tag{10-8}$$

是输出层传递函数的偏微分。

于是:

$$\delta_{yj} = \sum_{j=1}^{m}(t_j^p - y_j^p)f'_2(S_j) \tag{10-9}$$

由链定理得:

$$\frac{\partial E_p}{\partial w_{jk}} = \frac{\partial E_p}{\partial S_j}\frac{\partial S_j}{\partial w_{jk}} = -\delta_{yj}z_k = -\sum_{j=1}^{m}(t_j^p - y_j^p)f'_2(S_j) \cdot z_k \tag{10-10}$$

将上式代入式(10-5)得到输出层各神经元权值的最终形式:

$$\Delta w_{jk} = \eta \sum_{p=1}^{p}\sum_{j=1}^{m}(t_j^p - y_j^p)f'_2(S_j)z_k \tag{10-11}$$

③ 隐层权值的变化

根据梯度法,隐层神经元系数调整的公式为:

$$\Delta v_{ki} = -\eta\frac{\partial E}{\partial v_{ki}} = -\eta\frac{\partial}{\partial v_{ki}}\left(\sum_{p=1}^{p}E_p\right) = \sum_{p=1}^{p}\left(-\eta\frac{\partial E_p}{\partial v_{ki}}\right) \tag{10-12}$$

按照与输出层神经元权值调整相类似的推导方法,得到了隐层各神经元的权值调整公式为:

$$\Delta v_{ki} = \sum_{p=1}^{p}\sum_{j=1}^{m}\eta(t_j^p - y_j^p)f'_2(S_j)w_{jk}f'_1(S_k)x_i \tag{10-13}$$

BP 网络误差的逆传播即是通过对输出层权值 Δw_{jk} 和隐层权值 Δv_{ki} 的不断调整,直到输出层得到期望的输出值 y_j,或者直到误差达到预定值为止。

10.4.3 BP 神经网络模型构建流程

BP 神经网络模型的构建流程按照顺序可分为三个大的部分(图 10-11):BP 网络构建、BP 神经网络训练和 BP 神经网络预测。在构建网络时首先需要获得足够数量的合格学习样本,按照需要对数据进行归一化处理以促进网络的收敛,降低迭代次数,并分析确定网络运算所需的各项参数。神经网络的训练可看作是为构建完毕后的网络寻找一组权值使给定的误差函数最小。具体实施时需要根据上一步确定的基本参数编制 BP 神经网络的程序代码,利用一定数量的学习样本数据和相应期望输出值来训练网络,调整网络各部分的权值,确定网络的最终形式。最后采用非训练的样本进行网络预测能力测试,评估网络的预测效果,误差较大时重复这一过程。

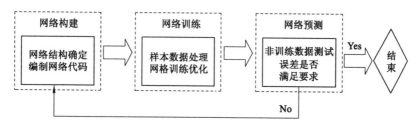

图 10-11 BP 神经网络模型构建流程

10.4.4 BP 网络的结构确定

构造 BP 网络需要确定的参数有网络的层数、每层的神经元数目、层间的传递函数、学习算法等。确定这些参数时已有一些经验及例子可以利用,但大多还是靠经验和试凑。

（1）隐层数的确定

由于理论上一个三层的 BP 网络即可完成任意的 n 维到 m 维的映射,为减小网络的复杂性,选择含有一个隐层的网络进行训练,即网络中的输入层、隐层、输出层各有一个。

（2）BP 网络常用传递函数

BP 网络的传递函数有多种,各种传递函数如图 10-12 所示。Log-sigmoid 型函数和 tansig 函数以及线性传递函数 purelin 的输入值均可取任意值,不同的是 3 个函数的输出值范围不同。在本书的网络训练中,输出层的神经元采用线性传递函数,隐层的传递函数选用 tansig 函数,增强网络对输入数据的适应性。

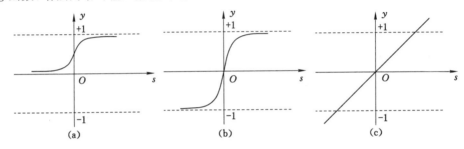

图 10-12　BP 神经网络常用的传递函数

(a) $y=\mathrm{logsig}(s)$；(b) $y=\mathrm{tansig}(s)$；(c) $y=\mathrm{purelin}(s)$

（3）每层节点数的确定

构建神经网络的目的是预测评估不同耦合致裂参数对应的强度劣化率和可放性指数,输入层和输出层均为两项,因此 BP 网络的输入层和输出层的节点个数分别为 2。

神经网络中隐层的节点数目不能过多,必须小于 $N-1$（其中 N 为训练样本数量）。输入层的节点数（变量数）也必须小于 $N-1$。训练样本数一般为网络模型连接权数的 $2\sim10$ 倍,在样本数量较少时必须分成几部分采用“轮流训练”的方法才可能得到可靠的神经网络模型。

单隐层的三层 BP 网络,根据如下经验公式选择隐层节点数:

$$n_1 = \sqrt{n+m} + a \tag{10-14}$$

式中　n——输入层节点的个数；

　　　m——输出层节点的个数；

　　　a——$1\sim10$ 之间的常数。

确定神经网络隐层节点的合理数目与网络预测结果的准确性有密切关系。节点数目太少时网络获取的信息太少,不足以建立输入与输出间的关系；节点数量太多则增加了训练时间,而且还有可能出现“过渡拟合”现象。隐层节点数选择的原则是在能正确反映输入输出关系的基础上尽可能地减少隐层节点数。本书采用网络结构增长型方法确定节点的合理数目,即先设置较少的节点数,完成网络的训练及测试,记录下对应节点的误差,然后逐渐增加节点数,从中选择误差最小的网络所拥有的隐层节点数。

（4）训练函数

在 Matlab 中网络的训练有两种方式：逐变模式和批变模式。前者的权重和阀值在每一个样本输入后即更新一次；后者则在所有样本输入后更新一次批变模式相对较为方便，在网络的训练中选用批变模式的训练函数（命令为 train）。主要有：基本梯度下降函数 Traingd、带有趋势动量的梯度下降算法 Traingdm、自适应学习速度算法 traingdx、强适应性 BP 算法 Trainnp、变梯度算法 Traincgf Fletcher-reeves、变梯度算法 Traincgp Polak-Ribiere 等。训练时直接输入函数名，并赋予对应参数值，一般函数的有最大训练次数（epochs）、学习速率（lr）、目标误差（goal）、显示频度（show）。

自适应学习速率法 traingdx 可以根据误差性能函数进行调节，能够解决非线性网络映射时学习速率选择不当的问题，在本次网络训练中即选用此函数。

10.4.5　误差的选取

在神经网络训练过程中需要选择合理的误差计算公式。常用的主要有标准 BP 算法的误差、累计误差 BP 算法、均方误差。标准 BP 算法的误差 E_p 定义见式（10-3），该算法的缺点在于权矩阵在每个样本计算后都进行一次修改，这造成每一次的权值调整都会影响到了后续其他样本的误差，无形中增大了迭代次数增加。累计误差 BP 算法的全局误差可降低网络的全局误差，收敛速度快、学习时间也较短，但此时权值的调整发生在所有样本都学习之后，这导致网络容易出现震荡，造成个别样本误差异常偏大。特别是当样本数目 p 和输出层 m 不同时，难以判别全局误差增大的实质原因。累积误差 BP 算法见下式：

$$E = \frac{1}{2} \sum_{p=1}^{p} \sum_{j=1}^{m} (t_j^p - y_j^p) = \sum_{p=1}^{p} E_p \tag{10-15}$$

均方误差 MSE 克服了上述两种算法的缺点，既能减小全局误差有客准确描述不同的样本和输出层数目时网络的性能，所以选用均方误差算法训练网络，用下式表示：

$$MSE = \frac{1}{mp} \sum_{p=1}^{p} \sum_{j=1}^{m} (\hat{y}_{pj} - y_{pj})^2 \tag{10-16}$$

其中　m——输出节点的个数；

　　　p——训练样本数目；

　　　$\hat{y}_{pj}$——网络期望输出值；

　　　y_{pj}——网络实际输出值。

10.4.6　神经网络训练结果

使用 Matlab 建立 BP 神经网络主要用到 3 个函数：前馈网络的创建函数、神经网络的训练函数和仿真函数（sim）。利用 Matlab 程序，按照上述确定的网络结构及所需调用的函数，完成三层 BP 网络的构建，其中传递函数采用 tansig 函数；输出层选用线性输出（purelin）函数，训练函数采用 traingdx 函数规避学习率选择不当的影响。训练样本数据见表 10-2，其中，数据 1～24 为训练样本，25～30 为测试样本。隐层的节点数量按照式（10-14）计算，可得 n_1 应为 3～12，在此范围内逐个建立不同隐层节点的网络，各个节点对应的训练误差和测试误差见表 10-3。通过观察每个网络的训练误差及相同测试数据的测试误差，以确定最优化的网络结构，实现耦合致裂参数向强度劣化率和可放性指数的映射。

表 10-2 网络训练的样本数据

序号	输入参数		输出参数	
	p/MPa	Q/(kg/m³)	f/%	U/%
1	2.0	0.10	21.13	62.44
2	2.2	0.15	25.18	65.84
3	2.3	0.20	28.30	68.19
4	2.5	0.23	30.60	69.83
5	3.0	0.30	35.81	73.22
6	3.5	0.28	36.90	73.88
7	4.5	0.45	47.60	79.78
8	5.0	0.37	46.11	79.02
9	5.5	0.35	46.76	79.36
10	6.0	0.80	64.44	87.42
11	6.5	0.60	59.91	85.52
12	7.0	0.45	55.58	83.61
13	7.5	0.60	62.99	86.82
14	8.5	0.45	59.50	85.34
15	9.0	0.56	65.55	87.87
16	9.5	0.78	75.04	91.53
17	10.5	0.82	79.10	93.00
18	11.0	0.76	78.28	92.71
19	12.0	0.80	82.18	94.08
20	13.0	0.50	71.67	90.27
21	13.5	0.40	67.15	88.52
22	14.0	0.30	61.49	86.19
23	14.5	0.40	68.86	89.19
24	15.0	0.35	66.49	88.25
25	2.0	0.09	20.51	60.00
26	4.0	0.19	32.76	73.29
27	6.0	0.29	44.50	79.39
28	8.0	0.46	61.14	87.61
29	10.0	0.67	77.12	93.09
30	12.0	0.92	80.76	90.00

表 10-3 隐层不同节点数对应的误差

节点数	3	4	5	6	7	8	9	10	11	12
Epochs	5 697	8 682	36 748	142	5 012	535	230	182	424	453
训练误差	1.00E-03	1.00E-03	1.00E-03	9.96E-04	1.00E-03	1.00E-03	9.95E-04	9.98E-04	9.96E-04	9.96E-04
测试误差	0.001 8	0.001 2	0.012 9	0.001 9	0.006 5	0.001 8	0.048	0.003 6	0.027 5	0.013 1

由表 10-2 可以看出,增加隐层节点数虽然减少了训练误差,但整体上训练误差相差不大,训练误差最小为 $9.951\,2\times10^{-4}$,最大为 $1.000\,0\times10^{-3}$,相差不到 $0.000\,01$。按照测试误差来决定隐层神经元个数。测试误差在隐层神经元为 4 个时最小,此时训练误差为 $0.001\,2$,综合决定隐层节点数选用 4,BP 网络结构如图 10-13 所示,网络训练过程如图 10-14 所示。

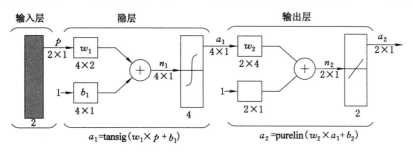

图 10-13　三层 BP 网络结构

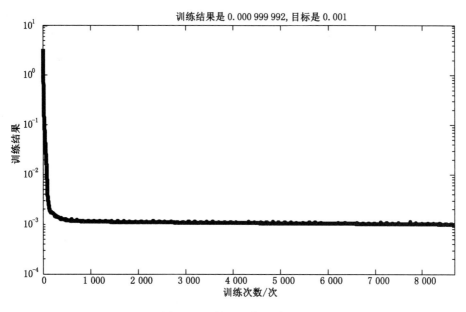

图 10-14　神经网络训练过程

网络训练过程表明 4 个节点的网络较早地实现了稳定,对已知 6 个耦合致裂方案的预计对比见图 10-15,图中对比了可放性指数 U 和强度劣化率 f 分别采用实验值、公式值和神经网络预计的差异,可以看出柱状图中各个方案的实验值、公式计算值和网络预计值均接近,数值基本相等。反映出该网络较好地定量评估了耦合致裂效果,实现了耦合致裂参数到煤岩体强度劣化率的转换,可以用来进行煤岩体耦合致裂效果的评估。在后续的耦合致裂方案设计中,可利用该网络对耦合致裂参数进行不断调整以定量地评估对应方案的致裂效果,而不是定性地模糊描述,指导工程实践。

10.4.7　特厚煤体耦合致裂效果的神经网络预计

按照特厚煤层耦合致裂方案,运用训练完毕的神经网络对其效果进行预测,注水水压按照 10 MPa 计算;爆破孔每 4 m 一组所控制的煤量为 8 131 t。综合高阶段炸药和常规阶段

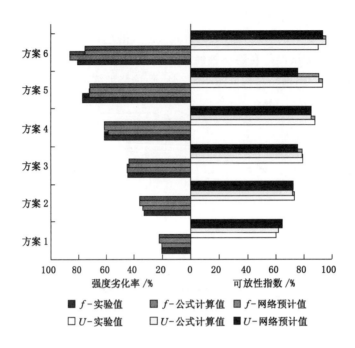

图 10-15　实验值、公式计算值与神经网络预计值综合比较

炸药之后得到炸药单耗为 0.291 2 kg/t。求解得 f 为 0.649 2，U 为 0.869 1，即强度劣化率为 64.92%，强度小于原来强度的 40%，按照 13.46 MPa 进行估算，则耦合致裂后煤体强度为 4.72 MPa，低于煤体强度充分垮放的指标值 5 MPa，因此认为此耦合致裂方案已达到实现煤体充分垮放的强度劣化目标。

为检验耦合致裂后强度劣化公式 $f = 0.371\ 6\ (pQ)^{0.350\ 9}$ 和抗压强度 σ_c 与放出指数 U 间的定量化表达式 $U = -0.019\ 2\sigma_c + 0.917\ 2$，煤岩体耦合致裂后可放性指数表达式 $U = 0.740\ 4\ (pQ)^{0.105\ 9}$ 的准确性，进一步将数据代入计算。

将神经网络预测的耦合致裂后强度代入可放性指数预计式 $U = -0.019\ 2\sigma_c + 0.917\ 2$，得 $U = 82.65\%$。

将 p 和 Q 直接代入耦合致裂后可放性指数表达式 $U = 0.740\ 4\ (pQ)^{0.105\ 9}$，得 $U = 82.91\%$。

将 p 和 Q 代入耦合致裂后强度劣化式 $f = 0.371\ 6\ (pQ)^{0.350\ 9}$ 得 $f = 54.07\%$，利用 f 求得煤体耦合致裂后的强度为 6.18 MPa，再将此强度代入 $U = -0.019\ 2\sigma_c + 0.917\ 2$ 得 $U = 79.85\%$。

将计算所得的可放性指数取平均值得 81.80% 与神经网络预计的 86.91% 对比可见，神经网络预计值偏大 6.24%，考虑到影响煤岩体耦合致裂及垮放的因素众多，此误差在可以接受的范围内。

综合以上神经网络预计及公式计算结果认为，此耦合致裂方案实施后煤体可充分弱化，达到充分垮放的标准。可见神经网络预计结果与实验结果分析得出的可放性指数结果较为一致，可以用于后续工程实践的设计依据及预测预估方法。

10.5　耦合致裂效果的现场实测分析

10.5.1　煤体耦合致裂后的垮放情况统计分析

工程实践地点选择乌东煤矿南采区＋500 m 水平 B_{3+6} 综放工作面，＋522 m 水平 B_{1+2} 工作面作为推广应用工作面，重点对 B_{3+6} 综放工作面煤体的垮放及采出率情况进行统计分析。从图 10-16 可以看出，2～7 月每推进 1 m 的产量变化不大，维持在 2 000 t 左右，7 月份经历了"7 月 2 日动力显现事件"之后，对煤体采取了上述注水及爆破措施，提高了顶煤的冒放性；加上该区域为高阶段区域，即历史上该段被小煤窑开采情况不明，多次探测发现留有较大高度的顶煤(高 60 m)，现场技术人员形象地称之为"通天柱"，这给其下部工作面的开采造成应力集中的现象，导致＋500 m 水平 B_{3+6} 回采巷道出现多次动力灾害，必须采取措施予以处理，否则在＋475 m 水平开采时仍将受到"通天柱"的影响。

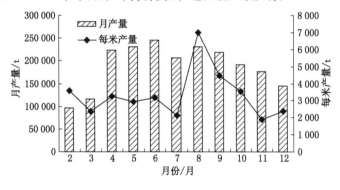

图 10-16　工作面产量统计

顶煤耦合致裂弱化措施实施以后，在推进度保持稳定上升的情况下，8 月份每米产量迅速增加，最高达到约 7 000 t，较好地处理了高阶段煤柱的影响，并提高了资源的采出率。该段每米产量所以能够达到如此高的水平，主要原因在于历史上遗留下来的煤柱。随着工作面的推进，＋500 m 水平 B_{3+6} 综放工作面逐渐远离高阶段煤柱范围，工作面放煤量不断下降并趋于常规水平。10 月份由于实施注水和地面爆破等措施，适当降低了推进度，给予覆岩结构充分的时间完成塌陷，防范了其对地下工作面的影响。

由＋500 m 水平 B_{3+6} 工作面回采率统计图 10-17 表明，10 月份在注水和爆破措施的综合实施下回采率从 9 月份的 155.6％提升至 220.2％，回采率超过 100％是由于上分层遗留煤炭在本分层开采时被放出来，加大了采出率，同时也可看出煤岩体的耦合致裂措施大大增加了回采率。此时的回采率是按照 22 m 段高计算的，如按照工作面通过高阶段煤柱时期的段高 35 m 计算则 7、8、9 月份的回采率依次为 87.81％、87.80％、97.82％。按照本书提出的公式计算所得的可放性指数取平均值得 81.80％，神经网络预计为 86.91％，对比可见，在高阶段煤体和常规阶段煤体复合交叉区域预测的数据仍具有一定的可靠性。11 月份和 12 月份工作面逐渐远离高阶段煤柱的影响区域，其采出率也随之降低，但回采率仍高于未实施注水与耦合致裂的月份。

随着耦合致裂技术在乌东煤矿南采区＋500 m 水平 B_{3+6} 工作面和＋522 m 水平 B_{1+2} 工

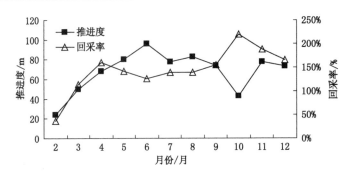

图 10-17　工作面推进度和回采率统计

作面的应用,南采区产量得到稳步提升,2013 年南采区产量从 2012 年的 304 万 t 增加至 406.66 万 t。耦合致裂技术在急倾斜特厚综放工作面的应用,使得工作面顺利通过了高阶段煤柱区域,提高了煤体的破碎和垮放程度,增加了工作面单位推进度的放煤量,达到了急倾斜煤层单采区 400 万 t 的水平。按照新疆地区吨煤 160 元计算,新增产值 1.64 亿元,取得了良好的经济效益。高阶段煤体的放出在提升回采率的同时,解除了历史上残留煤柱的影响,提前减轻了下分层工作面的开采压力,同时也降低了工作面的粉尘浓度,改善了井下人员的作业环境。

10.5.2　岩体耦合致裂效果检验

对于岩体的卸压来说,结合前文所述,主采煤层之间约 50 m 的岩柱是动力事件出现的根源。储存在煤岩体中的弹性势能突然释放时一般伴随有巨大的声响、煤块的抛射和巷道的剧烈变形等现象。根据伴随有巨大声响、震动这一特征,微震监测可用来作为煤矿动力失稳灾害的预测与评估手段引起了广泛注意。为此采用微震监测手段对岩柱进行监测,统计分析注水前后岩体内部微震事件的分布特征,评估注水的卸压效果。

微震事件的统计分析以岩柱实施注水的区域为研究对象,分析注水区域内(空间区域在 1 160～1 650 m)微震事件的时空分布特征。监测时间分为三段:① 注水前:2013 年 10 月 14 日至 2013 年 10 月 25 日;② 注水期间:2013 年 10 月 26 日至 2013 年 11 月 6 日;③ 注水期后:2013 年 11 月 7 日至 2013 年 11 月 18 日。

在急斜坚硬岩柱注水前、注水期间、注水后,对岩柱内微震事件的次数及能量等级进行统计(图 10-18),分析岩柱整体能量释放和岩柱活动剧烈程度。图中等级 I 代表 $0\sim10^3$ J,等级 II 代表 $10^3\sim10^4$ J,等级 III 代表 $10^4\sim10^5$ J,等级 IV 代表 $10^5\sim10^6$ J,等级 V 代表 $10^6\sim10^7$ J,等级 VI 代表 $10^7\sim10^8$ J。注水期间及注水后,低能量等级如属于等级 I 和 II 的微震事件数上升,高等级的如等级 IV、V 下降幅度较大。综合来看高等级事件数下降的能量远大于新增低等级事件数的能量,表明注水后岩柱内能量集中现象得到了有效缓解,降低了区域应力集中和释放的程度。从能量释放的数值上看注水后释放能量仅是注水前的 12.5%,反映出注水从降低岩体强度和黏聚力为突破口,改变了岩柱由于弯曲、撬动效应造成的能量积聚程度,缓解了岩体对煤体的压力,其效应突出表现在将高等级的微震能量转化为较多低等级能量事件的缓慢释放,降低了动力灾害的频次和程度,实现了动态灾害显现向静态缓慢释放的转变,有效降低了矿井内部坚硬耸立覆岩的运移程度,提高了工作面的安全性。

注水后煤岩体内部积聚的能量得到了释放,微震监测数据反映出注水效果较为显著,动

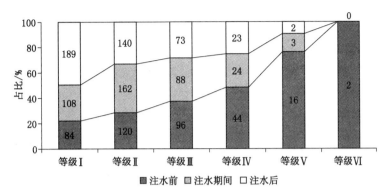

图 10-18   注水前后微震监测事件统计
(图中数字为对应等级的微震事件数量)

力灾害得到了一定控制。急倾斜煤层围岩灾害原因的分析表明:急倾斜煤层开采期间的动力灾害源不仅有工作面附近采空区顶板及底板岩柱,还有急倾斜煤层特殊的赋存结构所具有的独特的上覆顶板与采空区等覆盖层(采空区始终位于工作面上方)。为彻底消除急斜坚硬耸立的岩体对本分层工作面开采的压迫及撬动效应,减缓未来深部分层工作面的开采压力,在注水软化煤体和岩体的基础上对岩体实施地面大直径钻孔($\phi300$ mm)爆破,人工诱导集中应力释放,通过爆破破坏覆岩当中处于悬空态的不稳定结构,以期彻底解决高阶段煤柱区域的动力灾害问题。

图 10-19 为地面爆破钻孔的施工及炸药装填情景,钻孔施工位置靠近＋500 m 水平 B_{3+6} 顶板侧,旁边即为开采所产生的"V"形塌陷区[图 10-19(a)]。地面爆破于 2013 年 11 月 21 日 12 时爆破完成。采用微震监测评估卸压效果,爆破前后所监测到的＋500 m 水平 B_{3+6} 工作面附近的微震事件能量及频次统计见图 10-20,图中等级与前述相同。11 月 18 日至 11 月 20 日作为爆破前微震分析时间段,共监测到微震事件 206 次;11 月 22 日至 11 月 24 日作为爆破后微震分析时间段,共监测到微震事件 162 次。

(a)   (b)

图 10-19   地面爆破场景
(a) 爆破孔旁边的塌陷坑;(b) 乳胶基质炸药现场装填

微震监测结果表明:爆破后覆岩释放的能量和频次明显降低,高能量等级的频次降低幅度最大,与注水期间的监测类似的是低等级的微震事件次数略有上升,如等级Ⅱ的微震事件发生频次,但由于较高等级的Ⅲ、Ⅳ、Ⅴ、Ⅴ,特别是等级Ⅳ下降幅度较大,所以释放的总能量是减少的,与爆破前相比降低了 51%。通过对急倾斜特厚煤层复杂条件下煤岩体井上下综合致裂措施的实施,提高了煤体的冒放性,回采率得到了保障,降低了工作面粉尘浓度,改善

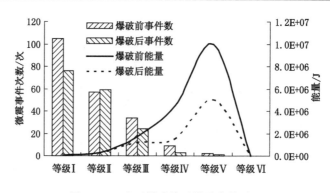

图 10-20　地面爆破前后微震事件对比

了作业环境;注水和爆破的耦合致裂作用起到了良好的卸压作用,微震监测反映出煤岩体动力失稳的力源经过处理后,覆岩结构体内蓄积的能量得到充分的诱导、释放,即降低了本分层工作面开采时压力积聚的程度,也遏制了向深部转移的工作面发生动力灾害的概率。

10.6　本章小结

本章提出了耦合致裂工艺设计方法,以复杂环境下急倾斜特厚煤岩体的耦合致裂为实践背景,设计了提高急倾斜特厚煤岩体冒放性和解除应力集中的耦合致裂方案,构建了能够定量评估了耦合致裂效果的 3 层 BP 神经网络,利用神经网络预计评估了急倾斜特厚煤岩体的耦合致裂效果,最后对工业试验中煤体的垮放情况和耦合致裂后岩体卸压程度进行监测分析,总结了微震事件的频次和能量释放规律。结果表明:

(1) 运用 BP 神经网络进行包含多元素、非线性的映射是合适的,在高阶段煤体和常规阶段煤体复合交叉区域预测的数据仍具有一定的可靠性,可以实现煤岩体耦合致裂效果的评估。

(2) 注水期间及注水后,高等级事件数下降的能量远大于新增低等级事件数的能量,注水后岩柱内能量集中现象得到有效缓解,注水后释放能量仅是注水前的 12.5%。其效应突出表现在将高等级的微震能量转化为较多低等级能量事件的缓慢释放,降低了动力灾害的频次和程度,实现了动态灾害显现向静态缓慢释放的转变。

(3) 地面爆破后,覆岩释放的能量和频次明显降低,低等级的微震事件次数略有上升,高能量等级的频次降低幅度最大,释放的总能量与爆破前相比降低了 51%。注水与爆破相结合的耦合致裂大幅度减轻了应力集中,促使高压力缓慢释放、主动诱导—集中释放,实践结果反映出在煤岩体的耦合致裂措施下,顶煤的冒放性和动力灾害问题均得到了较好的控制和解决。

参 考 文 献

[1] 中国工程院办公厅宣传处(新闻办公室). 中国建成世界最大能源供应体系[EB/OL]. [2017-06-12]. http://www. cae. cn/cae/html/main/col1/2017-06/12/20170612145200038196972_1. html.

[2] 中国工程院战略咨询中心项目二部. 中国工程院重大咨询项目"推动能源生产和消费革命战略研究(一期)"成果发布会暨出版物首发仪式在北京召开[EB/OL]. [2017-06-15]. http://www. cae. cn/cae/html/main/col1/2017-06/15/20170615112206811404966_1. html.

[3] 钱鸣高. 煤炭的科学开采[J]. 煤炭学报,2010,35(4):529-534.

[4] XIE H P, CHEN Z H, WANG J C. Three-dimensional numerical analysis of deformation and failure during top coal caving[J]. International Journal of Rock Mechanics and Mining Science,1999,36(5):651-656.

[5] 王金华. 综放开采是解决厚煤层开采难题的有效途径[J]. 煤炭科学技术,2005,33(2):1-6.

[6] 王家臣. 厚煤层开采理论与技术[M]. 北京:冶金工业出版社,2009.

[7] 张子飞,来兴平. 复杂条件下急斜厚煤层高阶段综放开采超前预爆破[J]. 煤炭学报,2008,33(8):845-849.

[8] 伍永平,李开放,张艳丽. 坚硬顶板综放工作面超前弱化模拟研究[J]. 采矿与安全工程学报,2009,26(3):273-277.

[9] 来兴平,李云鹏,王宁波,等. 基于梁结构的急斜煤层综放工作面顶板变形特征[J]. 采矿与安全工程学报,2015,32(6):871-876.

[10] 陈建强. 急斜特厚煤层层间岩柱稳定性对工作面的动态影响[J]. 煤炭科学技术,2016,44(4):11-16.

[11] 陈忠辉,谢和平,林忠明. 综放开采顶煤冒放性的损伤力学分析[J]. 岩石力学与工程学报,2002,21(8):1136-1140.

[12] 来兴平,杨毅然,陈建强,等. 急斜特厚煤层群采动应力畸变致诱动力灾害控制[J]. 煤炭学报,2016,41(7):1610-1616.

[13] 宋选民,康天合,靳钟铭,等. 顶煤冒放性影响因素研究[J]. 矿山压力与顶板管理,1995,3(4):85-88.

[14] 夏小刚,黄庆享. 急斜煤层顶煤可放性因素分析[J]. 湖南科技大学学报(自然科学版),2007,22(1):5-8.

[15] 朱川曲,缪协兴. 急倾斜煤层顶煤可放性评价模型及应用[J]. 煤炭学报,2002,27(2):134-138.

[16] 崔峰,来兴平,曹建涛,等. 动力灾害发生机理与防治策略研究[J]. 煤矿安全,2017,48

(1):156-159.

[17] 黄庆享.急倾斜放顶煤工作面来压规律[J].矿山压力与顶板管理,1993(1):50-54.

[18] 来兴平,刘彪,陈建强,等.急倾斜特厚煤层层间岩柱动力学失稳诱灾倾向预测[J].西安科技大学学报,2015,35(3):277-283.

[19] 戴华阳,易四海,鞠文君,等.急倾斜煤层水平分层综放开采岩层移动规律[J].北京科技大学学报,2006,28(5):409-412.

[20] 邵小平,石平五,贺桂成.急斜放顶煤开采顶板卸载拱结构分析[J].北京科技大学学报,2007,29(5):447-451.

[21] 王金安,冯锦艳,蔡美峰.急倾斜煤层开采覆岩裂隙演化与渗流的分形研究[J].煤炭学报,2008,33(2):162-165.

[22] 谢广祥.综放工作面及其围岩宏观应力壳力学特征[J].煤炭学报,2005,30(3):309-313.

[23] 王卫军,侯朝炯.急倾斜煤层放顶煤顶煤破碎与放煤巷道变形机理分析[J].岩土工程学报,2001,23(5):623-626.

[24] 崔峰,来兴平,曹建涛,等.急倾斜煤层水平分段综放面开采扰动影响分析[J].采矿与安全工程学报,2015,32(4):610-616.

[25] 伍永平,来兴平,柴敬.大倾角综采放顶煤开采裂隙非稳态演化规律[J].长安大学学报(自然科学版),2003,23(3):67-70.

[26] 靳钟铭,魏锦平,闫志义,等."两硬"综放面煤岩冒放规律及控制研究[J].太原理工大学学报,1999,30(3):221-224.

[27] 谢和平.坚硬厚煤层综放开采爆破破碎顶煤技术研究[J].煤炭学报,1999,24(4):350-352.

[28] 徐刚,贾昆,于永江.深孔爆破技术在煤矿中的应用[J].辽宁工程技术大学学报,2006,25(增):28-30.

[29] 陈建强,崔峰,崔江,等.急斜厚煤层综放面应力分布与演化规律[J].西安科技大学学报,2010,30(6):657-661.

[30] 索永录.综放开采大放高坚硬顶煤预先弱化方法研究[J].煤炭学报,2001,26(26):616-620.

[31] 来兴平,漆涛,蒋东晖,等.急斜煤层(群)水平分段顶煤超前预爆范围的确定[J].煤炭学报,2011,36(5):718-721.

[32] CUI FENG,LAI XINGPING,CAO JIANTAO. Analysis on weakening effect of preblasting in top coal of steep and thick seams based on nonlinear dynamics[C]//2nd International Young Scholars' Symposium on Rock Mechanics. Beijing:[The Publisher is Unknown],2011:775-778.

[33] 西安科技大学,神华新疆能源公司.碱沟煤矿急倾斜煤层综放开采顶煤超前预爆弱化技术[R],2010.

[34] 靳钟铭,赵阳升,张惠轩,等.预注水软化顶板岩石在特厚煤层多分层开采中的实践[J].岩土工程学报,1991,13(1):68-74.

[35] 崔峰,来兴平,曹建涛,等.基于非线性动力学的急倾斜特厚煤层超前预爆破弱化分析

[C]//第十届全国煤炭工业生产一线青年技术创新优秀论文集.北京:煤炭工业出版社,2016:26-38.

[36] 吴健,张勇.顶煤裂隙的发展趋势及其对注水防尘的影响[J].煤炭学报,1998,23(6):580-584.

[37] 张坤,来兴平,王宁波.急斜特厚煤层顶煤注水弱化技术试验[J].西安科技大学学报,2010,30(2):154-158.

[38] 康天合.顶煤冒放性与预注水处理顶煤的理论研究及其应用[D].武汉:中国科学院武汉岩土力学研究所,2002.

[39] 杨宽荣,景源,王忠武.注水技术在急倾斜煤层中的应用[J].中国矿山工程,2007,36(3):23-28.

[40] 刘增平,王坚志,孙京凯.深井低空隙率煤层注水技术研究与实践[J].山东科技大学学报(自然科学版),2009,28(4):102-105.

[41] 孟智奇.煤层动压注水降尘技术在综放工作面的应用[J].中国煤炭,2009,35(4):66-68.

[42] 赵从国.煤层注水工艺与效果分析[J].煤炭科技,2005(1):45-47.

[43] 闫少宏,宁宇,屈天智,等.用注水软化提高含较厚夹矸顶煤体冒放性的实践[J].煤炭科学技术,2001,29(10):6-8.

[44] 牛锡倬,谷铁耕.用注水软化法控制特硬顶板[J].煤炭学报,1983(1):1-10.

[45] 李林魁,孟海霞.空气炮在鄂尔多斯地区储煤仓的应用[J].内蒙古煤炭经济,2009(2):67-68.

[46] 周同龄,张萌.煤仓堵塞的空气炮疏通法[J].江苏煤炭,1997(3):5-7.

[47] 许学培.国外几种空气炮介绍[J].水泥工程,2001(1):22-24.

[48] 宋秀索.大型煤仓用空气炮的计算原理分析[J].选煤技术,2006(2):11-12.

[49] 张晋红.柱状药包在岩石中爆炸应力波衰减规律的研究[D].太原:中北大学,2005.

[50] 杨善元.岩石爆破动力学基础[M].北京:煤炭工业出版社,1993.

[51] 魏有志,谢和平.爆破机理的动云纹法研究[J].煤炭学报,1989(4):83-95.

[52] 杨小林,王梦恕.爆生气体作用下岩石裂纹的扩展机理[J].爆炸与冲击,2001,21(2):111-116.

[53] 杨小林,王树仁.岩石爆破损伤及数值模拟[J].煤炭学报,2000,25(1):19-23

[54] 钱七虎.岩石爆炸动力学的若干进展[J].岩石力学与工程学报,2009,28(10):1945-1968.

[55] 钱七虎,戚承志,王明洋.岩石爆炸动力学[M].北京:科学出版社,2006.

[56] 王明洋,戚承志,钱七虎.岩体中爆炸与冲击下的破坏研究[J].辽宁工程技术大学学报(自然科学版),2001,20(4):385-389.

[57] 陈士海,王明洋,赵跃堂,等.岩石爆破破坏界面上的应力时程研究[J].岩石力学与工程学报,2003,22(11):1784-1788.

[58] 陈士海,王明洋,钱七虎.岩体中爆破破坏分区研究[J].爆破器材,2004,33(3):33-35.

[59] 夏祥,李海波,李俊如,等.岩体爆生裂纹的数值模拟[J].岩土力学,2006,27(11):1987-1991.

[60] 索永录.坚硬顶煤弱化爆破的破坏区分布特征[J].煤炭学报,2004,29(6):650-653.

[61] 戴俊.岩石动力学特性与爆破理论[M].北京:冶金工业出版社,2002.

[62] 戴俊.柱状装药爆破的岩石压碎圈与裂隙圈计算[J].辽宁工程技术大学学报(自然科学版),2001,20(2):144-146.

[63] 戴俊.深埋岩石隧洞的周边控制爆破方法与参数设定[J].爆炸与冲击,2004,24(6):493-498.

[64] 戴俊,万元林,徐长磊.周边爆破造成围岩损害的试验研究[J].岩石力学与工程学报,2005,24(1):4728-4734.

[65] 宗琦,孟德君.炮孔不同装药结构对爆破能量影响的理论探讨[J].岩石力学与工程学报,2003,22(4):641-645.

[66] 宗琦.岩石内爆炸应力波破裂区半径的计算[J].爆破,1993(1):15-17.

[67] 夏祥,李俊如,李海波,等.广东岭澳核电站爆破开挖岩体损伤特征研究[J].岩石力学与工程学报,2007,26(12):2510-2516.

[68] 夏祥.爆炸荷载作用下岩体损伤特征及安全阈值研究[D].武汉:中国科学院武汉岩土力学研究所,2006.

[69] XIA X, LI H B, LI J C, et al. A case study on rock damage prediction and control method for underground tunnels subjected to adjacent excavation blasting[J]. Tunnelling and Underground Space Technology,2013,35(4):1-7.

[70] 来兴平,崔峰,曹建涛,等.特厚煤体爆破致裂机制及分区破坏的数值模拟[J].煤炭学报,2014,39(8):1642-1649.

[71] 喻长智,古德生,杜炜平,等.炮孔堵塞长度的计算[J].矿冶工程,1999,19(4):9-11.

[72] 王仲琦,张奇.单自由面垂直炮孔爆炸作用的数值模拟[J].工程爆破,2000,6(4):9-13.

[73] 郝亚飞,李海波,刘恺德,等.单自由面爆破振动特征的炮孔堵塞长度效应[J].岩土力学,2011,32(10):3105-3110.

[74] 唐海,李海波,周青春,等.预裂爆破震动效应试验研究[J].岩石力学与工程学报,2010,29(11):2277-2284.

[75] 唐海.地形地貌对爆破振动波影响的试验和理论研究[D].武汉:中国科学院武汉岩土力学研究所,2007.

[76] 赵坚,陈寿根,蔡军刚,等.用 UDEC 模拟爆炸波在节理岩体中的传播[J].中国矿业大学学报,2002,31(2):111-115.

[77] 李清.爆炸致裂的岩石动态力学行为与断裂控制试验研究[D].北京:中国矿业大学(北京),2009.

[78] 徐颖,丁光亚,宗琦,等.爆炸应力波的破岩特征及其能量分布研究[J].金属矿山,2002,308(2):13-16.

[79] 李启月.深孔爆破破岩能量分析及其应用[D].长沙:中南大学,2008.

[80] 龚敏,黄毅华,王德胜,等.松软煤层深孔预裂爆破力学特性的数值分析[J].岩石力学与工程学报,2008,27(8):1674-1681.

[81] 龚敏,刘万波,王德胜,等.提高煤矿瓦斯抽放效果的控制爆破技术[J].北京科技大学

学报,2006,28(3):223-226.

[82] 卢文波,陶振宇.预裂爆破中炮孔压力变化历程的理论分析[J].爆炸与冲击,1994,14(2):140-147.

[83] 谢冰,李海波,王长柏,等.节理几何特征对预裂爆破效果影响的数值模拟[J].岩土力学,2011,32(12):3812-3820.

[84] 谢冰.岩体动态损伤特性分析及其在基础爆破安全控制中的应用[D].武汉:中国科学院武汉岩土力学研究所,2010.

[85] HUBBERT M K, WILLIS D G. Mechanics of hydraulic fracturing[J]. Developments in Petroleum Science,1972,210(7):369-390.

[86] GIDLEY J L,HOLDITCH S A,NIERODE D E,et al. Recent advances in hydraulic fracture[J]. Society Petroleum Engineering Monograph,1989(12):452.

[87] MURDOCH L C, SLACK W W. Forms of hydraulic fractures in shallow fine-grained formations [J]. Journal of Geotechnical and Geoenvironment Engineering,2002,128(6): 479-487.

[88] KEIGHIN C W, SAMPATH K. Evaluation of poregeometry of some low-permeability sandstone-Uinta Basin[J].Journal of Petroleum Technology,1982,34(1):65-70.

[89] DU W, KEMENY J M. Modeling borehole breakout by mixed mode crack growth, interaction and coalescence [J]. Internal Journal of Rock Mechnicm Mining Science & Geomech,1993,30(7):809-812.

[90] 李夕兵,贺显群,陈红江.渗透水压作用下类岩石材料张开型裂纹启裂特性研究[J].岩石力学与工程学报,2012,31(7):1317-1324.

[91] 杨天鸿,唐春安,刘红元,等.水压致裂过程分析的数值试验方法[J].力学与实践,2001,23(5):51-54.

[92] 杨天鸿,唐春安,梁正召,等.脆性岩石破裂过程损伤与渗流耦合数值模型研究[J].力学学报,2003,35(5):533-541.

[93] 杨天鸿.岩石破裂过程渗透性质及其与应力耦合作用研究[D].沈阳:东北大学,2001.

[94] TANG C A,THAM L G,LEE P K K,et al. Coupled analysis of flow,stress and damage (FSD) in rock failure[J]. International Journal of Rock Mechanics and Mining,2002,39(4):477-489.

[95] 朱珍德,胡定.裂隙水压力对岩体强度的影响[J].岩土力学,2001,21(1):61-67.

[96] 姜文忠,张春梅,姜勇,等.水压致裂作用对岩石渗透率影响数值模拟[J].辽宁工程技术大学学报(自然科学版),2009,28(5):693-696.

[97] 李根,唐春安,李连崇,等.水压致裂过程的三维数值模拟研究[J].岩土工程学报,2010,32(12):1875-1881.

[98] 张春华,刘泽功,王佰顺,等.高压注水煤层力学特性演化数值模拟与试验研究[J].岩石力学与工程学报,2009,28(增2):3371-3375.

[99] 康红普.水对岩石的损伤[J].水文地质与工程地质,1994(2):39-40.

[100] 邓广哲.煤层裂隙应力场控制渗流特性的模拟实验研究[J].煤炭学报,2000,25(6):593-597.

[101] 邓广哲,王世斌,黄炳香.煤岩水压裂缝扩展行为特性研究[J].岩石力学与工程学报,2004,23(20):3489-3493.

[102] 康天合,张建平,白世伟.综放开采预注水弱化顶煤的理论研究及其工程应用[J].岩石力学与工程学报,2004,23(15):2615-2621.

[103] 康天合.煤层注水渗透特性及其分类研究[J].岩石力学与工程学报,1995,14(3):260-268.

[104] 崔峰,来兴平,曹建涛.水压致裂机制及其尺度效应的模拟分析[J].煤矿安全,2015,46(8):156-159.

[105] 崔峰,来兴平,曹建涛.孔隙水压与轴向荷载作用下试件的破坏行为特征[J].煤炭工程,2015,47(7):78-81.

[106] 李宗翔,孙广义,王继波.煤层长钻孔注水过程的数值模拟与参数的合理确定[J].煤炭学报,2001,26(4):389-393.

[107] 李宗翔,潘一山,题正义.木城涧矿煤层高压注水的数值模拟分析[J].岩石力学与工程学报,2005,24(11):1895-1899.

[108] 章梦涛,宋维源,潘一山.煤层注水预防冲击地压的研究[J].中国安全科学学报,2003,13(10):69-72.

[109] 秦书玉,秦伟瀚,李健.煤层注水参数的数量化理论正交设计优化法的研究[J].系统工程理论与实践,2004(3):139-143.

[110] 金龙哲,傅清国,任宝宏.煤层注水中添加粘尘棒降尘试验[J].北京科技大学学报,2001,23(1):1-5.

[111] 李丽丽.煤层注水效果分析的仿真研究[J].计算机仿真,2012,29(4):234-237.

[112] 刘增平,王坚志,孙京凯.深井低空隙率煤层注水技术研究与实践[J].山东科技大学学报(自然科学版),2009,28(4):102-106.

[113] 郭建卿.液固全耦合爆破致裂防治冲击地压机理与应用研究[D].北京:中国矿业大学(北京),2010.

[114] 蔡美峰,冯锦艳,王金安.露天高陡边坡三维固流耦合稳定性[J].北京科技大学学报,2006,28(1):6-11.

[115] BEATY M H, BYRNE P M. A synthesized approach for modeling liquefaction and displacements [C]//FLAC and Numerical Modeling in Geomechanics, Proceedings International FLAC Symposium on Numerical Modeling in Geomechanics. Rotterdam:Balkema,1999:339-347.

[116] WANG Z L,EGAN J,SCHEIBEL L,et al. Simulation of earthquake performance of a waterfront slope using fully coupled effective stress approach[C]//Proceedings of the 2nd International FLAC Conference. Lyon,France:Balkema,2001:101-108.

[117] CUNDALL P A. A simple hysteretic damping formulation for dynamic continuum simulations[C]//4th International FLAC Symposium on Numerical Modeling in Geomechanics. Madrid, Spain:Itasca Consulting Group,2006.

[118] HAN Y,HART R. Application of a simple hysteretic damping formulation in dynamic continuum simulations[C]//4th International FLAC Symposium on Numeri-

cal Modeling in Geomechanics. Madrid,Spain:Itasca Consulting Group,2006.

[119] 题正义,衣东丰.爆堆矿岩块度分布测试方法概述[J].辽宁工程技术大学学报,2003,
22(增):1-3.

[120] KIPPME,GRADYDE. Numerical studies of rock fragmentation[R]. Albuquerque,
USA:Sandia National Laboratories,1978.

[121] KUSZMAUL J S. A New constitutive model for fragmentation of rock under dynam-
ic loading[C]//Proceedings of the 2nd International Symposium on Rock Fragmen-
tation by Blasting. Columbia:[s. n.],1987:412-423.

[122] 谢和平,陈忠辉,段法兵,等.综放顶煤爆破能量的分形研究[J].力学与实践,2000,22
(1):16-18.

[123] 谢和平.分形-岩石力学导论[M].北京:科学出版社,1997.

[124] 谢贤平,谢源.分形理论与岩石爆破块度的预报研究[J].工程爆破,1995,1(1):
26-32.

[125] 张继春,钮强,徐小荷.节理岩体爆破的块度计算模型[J].金属矿山,1997(11):1-5.

[126] 杨更社,刘增荣.岩石爆破块度分布的分形结构[J].西安矿业学院学报,1994(2):
120-124.

[127] 刘慧,冯叔瑜.炸药单耗对爆破块度分布影响的理论探讨[J].爆炸与冲击,1997,17
(4):359-362.

[128] 谭云亮,刘传孝,赵同彬.岩石非线性动力学初论[M].北京:煤炭工业出版社,2008.

[129] 王家臣,白希军,吴志山,等.坚硬煤体综放开采顶煤破碎块度的研究[J].煤炭学报,
2000,25(3):238-242.

[130] 王家臣,熊道慧,方君实.矿石自然崩落块度的拓扑研究[J].岩石力学与工程学报,
2001,20(4):443-447.

[131] 崔峰,来兴平,曹建涛,等.煤体耦合致裂后整体-散体的等效转化及其垮放能力评估
[J].岩石力学与工程学报,2015,34(3):565-571.

[132] 张宪堂,陈士海.考虑碰撞作用的节理裂隙岩体爆破块度预测研究[J].岩石力学与工
程学报,2002,21(8):1141-1146.

[133] 张宪堂.节理裂隙岩体爆破效果预测研究[D].泰安:山东科技大学,2000.

[134] 董卫军.矿石崩落块度的三维模型与块度预测[J].矿冶,2002,11(2):1-3.

[135] 张力民,王明,刘红岩.岩石爆破块度的数值流形方法预测[J].矿业研究与开发,
2008,28(6):73-76.

[136] 葛宏伟,梁艳春,刘玮.人工神经网络与遗传算法在岩石力学中的应用[J].岩石力学
与工程学报,2004,23(9):1542-1550.

[137] WANG MING, HAO HONG, DING Yang,et al. Predictionof fragment size and
ejection distance of masonry wallunder blast load using homogenized masonry mate-
rial properties [J]. International Journal of Impact Engineering,2009,36(6):
808-820.

[138] 郭连军.爆破优化的神经网络模型[J].工程爆破,1996,2(2):11-15.

[139] 祝文化,朱瑞赓,夏元友.爆破块度预测的神经网络方法研究[J].武汉理工大学学报,

2001,23(1):60-62.

[140] 汪学清,单仁亮.人工神经网络在爆破块度预测中的应用研究[J].岩土力学,2008,29(增):529-532.

[141] 梁富生.放顶煤煤体破碎度实验研究[J].科技情报开发与经济,2005,15(13):170-171.

[142] 东兆星,周同岭.工程爆破中岩石破碎块度的理论研究[J].爆破,1998,15(2):1-4.

[143] 戚承志,王明洋,钱七虎,等.爆炸作用下岩石破裂块度分布特点及其物理机理[J].岩土力学,2009,30(增):1-4.

[144] 单仁亮,黄宝龙,李广景.基于灰色关联分析的综合评价模型在爆破方案选定中的应用[J].岩土力学,2009,30(增):206-210.

[145] 赵老生.改善高韧性顶煤爆破效果的数值模拟[J].辽宁工程技术大学学报(自然科学版),2010,29(1):17-19.

[146] 唐海,袁超,梁开水.基于神经网络的预裂爆破参数智能设计[J].工程爆破,2012,18(1):11-15.

[147] 谷拴成,于远,朱彬.坚硬顶煤预裂爆破弱化的数值模拟分析[J].矿业安全与环保,2008,35(2):36-38.

[148] 刘敦文,古德生,徐国元.模糊优选理论评价预裂爆破质量[J].中南工业大学学报,1999,30(5):449-452.

[149] CUI FENG, LAI XINGPING, CAO JIANTAO, et al. Exploration technology of sound wave and electromagnetic wave united optical imagining verification for evaluating stability of mining roadway in steeply dipping coal seams[C]//Rock Characterisation,Modelling and Engineering Design Methods-Proceedings of the 3rd ISRM SINOROCK 2013 Symposium,2013:735-740.

[150] SHAN PENGFEI,LAI XINGPING,CAO JIANTAO,et al. Research on combined tests to entry disturbed zone(EDZ) of rock masses in steep coal seams[J]. Advanced Materials Research,2013(718-720):842-847.

[151] 王宁波,张农,崔峰,等.急倾斜特厚煤层综放面采场运移与巷道围岩破裂特征[J].煤炭学报,2013,33(8):1312-1318.

[152] 孙博.煤体爆破裂纹扩展规律及其试验研究[D].焦作:河南理工大学,2011.

[153] 褚怀保.煤体爆破作用机理及试验研究[D].焦作:河南理工大学,2011.

[154] 李夕兵,古德生.岩石冲击动力学[M].长沙:中南工业大学出版社,1994.

[155] 杨秀敏.爆炸冲击现象数值模拟[M].合肥:中国科学技术大学出版社,2010.

[156] 唐春安,王述红,傅宇方.岩石破裂过程数值试验[M].北京:科学出版社,2003.

[157] 潘鹏志,冯夏庭,吴红晓,等.水压致裂过程的弹塑性细胞自动机模拟[J].上海交通大学学报,2011,45(5):722-727.

[158] 倪冠华,林柏泉,翟成,等.脉动水力压裂钻孔密封参数的测定及分析[J].中国矿业大学学报,2013,42(2):177-182.

[159] 崔峰,来兴平,曹建涛,等.煤岩体耦合致裂作用下的强度劣化研究[J].岩石力学与工程学报,2015,34(S2):3633-3641.

[160] 赵延林,曹平,汪亦显,等. 裂隙岩体渗流-损伤-断裂耦合模型及其应用[J]. 岩石力学与工程学报,2008,27(8):1634-1643.

[161] ITASCA CONSULTING GROUP INC. PFC2D/3D (Particle Flow Code in 2/3 Dimensions), Version 2.0[Z]. Minneapolis,MN:ICG,1999

[162] YAO SHEXIE,YANG SHENGZHAO. Numerical simulation of the top coal caving process using the discrete element method[J]. International Journal of Rock Mechanics & Mining Sciences,2009,46(6):983-991.

[163] FERHAN SIMSIR, MUHARREM KEMAL OZFIRAT. Determination of the most effective longwall equipment combination in longwall top coal caving (LTCC) method by simulation modelling[J]. International Journal of Rock Mechanics and Mining Sciences,2008,45(6):1015-1023.

[164] 吴顺川,周喻,高利立,等. 等效岩体技术在岩体工程中的应用[J]. 岩石力学与工程学报,2010,29(7):1435-1441.

[165] 吴顺川,周喻,高斌. 卸载岩爆试验及 PFC³ᴰ 数值模拟研究[J]. 岩石力学与工程学报,2010,29(增2):4082-4088.

[166] 武建文. 急倾斜水平分段放顶煤顶煤放出规律研究[D]. 西安:西安科技大学,2006.

[167] CUI FENG,LAI XINGPING,CAO JIANTAO. Numerical simulation of top-coal caving in steeply dipping and thick coal seam mining[C]//47th United States Rock Mechanics/Geomechanics Symposium,2013:1896-1901.

[168] 崔峰,来兴平,陈建强,等. 急斜特厚煤岩体耦合致裂应用研究[J]. 岩石力学与工程学报,2015,34(8):1569-1580.